JN297288

家族酪農の経営改善

根室酪農専業地帯における実践から

吉野宣彦

日本経済評論社

目次

序章　課題と方法 …………………………………………………… 1

　　1. 課題の背景　1
　　2. 既存研究の到達点　3
　　3. 課題と分析方法　11

第1章　根室酪農の地域的条件 ………………………………………… 19

　第1節　北海道酪農の展開　　　　　　　　　　　　　　　　　19
　　1. 急速な規模拡大と淘汰　19
　　2. 労働時間と機械施設の増加　21
　　3. 生産性の向上と停滞　22

　第2節　根室酪農の特徴　　　　　　　　　　　　　　　　　　24
　　1. 地域酪農の変化　24
　　2. 酪農経営の特徴　26
　　3. 根室内部の地域性　31

　第3節　分析対象地域の特徴　　　　　　　　　　　　　　　　35

第2章　収益性格差の実態と経営改善の可能性 ………………… 39

　第1節　収益性の実態　　　　　　　　　　　　　　　　　　　40
　　1. 頭数規模階層別の経営収支　41
　　2. 同一階層における収益性格差　44
　　3. 低収益農家群における経営収支の特徴　45

　第2節　収益性格差の要因　　　　　　　　　　　　　　　　　47

    1. 収益性格差の概要　50

    2. 低収益グループの特徴　52

    3. 経営変化の経過　71

  第3節　経営改善の可能性　　　　　　　　　　　　　　　　　　　　73

第3章　家族酪農における経営管理の実態………………………………　77

  第1節　多頭化の経営管理への影響　　　　　　　　　　　　　　　　78

    1. 酪農の技術的特性　78

    2. 生乳生産工程の分化　82

    3. 意思決定の複雑化　84

  第2節　「新酪農村建設事業」における農業者の意思決定　　　　　　91

    1. 「新酪農村建設事業」の概要とその評価　92

    2. 事業の計画と実施の経過　96

    3. 事業完了後の地域的対応　100

    4. 地域農業管理組織化の必要性　107

  第3節　「新酪農村建設事業」完了後の経営展開　　　　　　　　　108

    1. 入植整備農家の到達点　109

    2. 入植整備後の離農者の特徴　116

    3. 移転入植農家による負債償還の経過　119

    4. 大規模開発による経営改善の阻害　129

  第4節　急速な拡大と地域管理組織の未確立　　　　　　　　　　　130

第4章　個別的な経営改善の実践経過
　　　　　―簿記とクミカンの利用―………………………………………　137

  第1節　経営分析に関する情報提供の進展　　　　　　　　　　　　137

    1. 経営分析情報の提供事業　138

    2. 「クミカン分析プログラム」による情報提供　141

    3. 「クミカン分析プログラム」の開発と利用の経過　146

第2節　経理委託農家における帳票の活用	147
1.　経営管理行為の把握方法　148	
2.　営農情報ニーズ　152	
3.　技術的特徴と将来意向　156	
4.　帳票の利用状況　159	
5.　大規模農家群における経営管理の未熟性　164	
第3節　農協における「クミカン分析シート」の利用効果	166
1.　アンケートの概要　167	
2.　意識改善への影響　168	
3.　経営収支への影響　170	
第4節　個別的な経営改善の困難性	174
1.　経営分析情報の意義　174	
2.　経営分析情報の活用条件　175	

第5章　集団的な経営改善の実践経過
　　―「マイペース酪農交流会」による学習会活動―　　　　　　179

第1節　集団的な経営改善の経過	179
1.　交流会活動の管理面での特徴　180	
2.　経営改善の経過　187	
3.　経営変化と意思決定　192	
4.　交流会活動の影響　205	
第2節　学習会活動の形成条件	208
1.　「マイペース酪農」の定義をめぐって　208	
2.　運動としての「マイペース酪農」　214	
3.　「マイペース酪農運動」の目的　219	
4.　経営改善運動の成立条件　228	
第3節　集団的な経営管理の必要性	233

終章　家族酪農における経営改善の方策 …………………………………… 241
　　1. 経営改善の必要性と可能性　241
　　2. 意思決定への集団活動の影響　245
　　3. 経営改善への地域的な体制整備　248
　　4. 酪農における家族経営の改善　249

参考文献 ………………………………………………………………………… 251
あとがき ………………………………………………………………………… 265
初出一覧 ………………………………………………………………………… 269

序章

課題と方法

1. 課題の背景

　日本酪農は急速に規模拡大した点に特徴がある．今日では頭数規模や1頭当たり生産乳量などで多くの酪農先進国の水準に達し，今後もいっそうの拡大が進む状況[1]にある．しかし農業者による経営管理が欧米水準に達したという考えはこれまでに示されたことがない．急速な拡大が，農業者によっていかに経営管理されて進んだかについては，十分に研究されてこなかった．

　経営管理の条件については，例えばアメリカで広く実施されているDHIのように技術と経営成果の分析情報を提供する体制は日本にはない[2]．経営分析情報に関するこの条件の下で農業者がいかに経営を管理してきたかが問題となる．

　急速な拡大に伴いかつて負債問題が顕在化したが今日では沈静化している．これは一面では激しい淘汰の結果と政策による負債対策の成果でもあるが，半面では激しい淘汰を生き残った農業者の経営改善の努力にもとづいている．生産調整，乳価の低下など大きな経済変動の中を生き残り，優良とされる農業者による経営改善の経過は，多くの農業者が今後の規模拡大やコスト削減などを判断する上で極めて重要な情報となりうる．これらの経験的な情報を利用しやすいかたちで蓄積し，活用されることが強く求められている．とりわけ穀物の干ばつによる不作，アジアでの需要増，エネルギー利用への転換を契機に，価格が高騰する2000年代後半になり，コスト削減は多くの農業

者にとって極めて切実な課題になっている．こうした事態への対応は，すでに農業者によって多くの実践が取り組まれてきた．

多くの農業者の経験的な情報を活用する場合に，まず酪農技術の激しい変化を考慮する必要がある．例えば搾乳に関しては過去50年ほどの間に，手搾りからバケットミルカーがまず普及し，その後パイプラインミルカーが，今日ではミルキングパーラーが普及しつつある．規模拡大は新しい機械・施設の普及を伴って進んだ．この機械化が経営管理に与える影響で，例えば農作業の省力化により経営管理の時間を確保できるメリットが生じうる．しかし，逆に新しい機種の選定，操作方法の習熟，普及初期に生じるトラブルへの対応などにより管理時間が増加してデメリットともなりうる．加えて，この種の管理に関する農業者の経験的な情報を数値化することは極めて難しい．数値化が困難な情報はどう活用されたのだろうか．

また酪農技術の耕種技術と比べた特性を考慮する必要がある．酪農技術は，農地を利用して飼料を生産し，家畜に飼料を給与して生乳を生産する迂回性に特徴がある．このため例えば家畜飼養で給餌作業をミキサーなどにより機械化すると，同時に飼料の収穫調製で細断化する機械化も必要となる．このように経営全体としてのバランスを，いかに素早く取るかが強く求められる．つまり酪農の経営改善では，機械や乳牛や草地などの経営資産をどう増やすかと同時進行で，いかに組み合わせるかが問われることになり，極めて困難な管理行為になる．

さらに経営改善を進めた主体の多くが一貫して家族経営であったことも無視できない．家族経営は家計と経営とが未分化であることを主な理由として，経営管理の未成熟さが問題とされてきたからである．しかし急速に拡大し，激しい淘汰を経て存続している今日の専業的な酪農の家族経営は，すでに戦後の創業期の未熟な段階ではなく，多くの経験を蓄積し，家族経営にみあった管理を創造してきたと考えるべきであろう．とりわけ酪農専業地帯での激しい淘汰は，地域の人口減少に直結し，学校や病院など生活条件の後退を導いてきた．経営改善には，営利を追求する経営者としてだけではなく，生活

条件を維持する生活者としての行動が強く影響することを予想できる．

　急速に拡大して淘汰された日本の酪農では，農業者は経営管理に関する情報が少ない中で，経営者として管理の方法を工夫せざるを得なかったはずであり，加えて地域の生活者として協力する必要が求められた．酪農技術と家族経営の特性に制約されつつもその性質を活かした経営改善の経過を捉えることが求められている．

2. 既存研究の到達点

　20世紀には，家族酪農の経営改善に関して，技術論，管理論，主体論それぞれにおいて，以下の研究がなされた．

1) 管理のない技術論的な多頭化論

　1980年代までに酪農の多頭化は，農業者の消極的な行動として各分野から以下のように指摘された．

　第1に，農産物市場論の分野から農産物の過剰問題を軸にして，次の指摘があった．1970年代までには，「専業的酪農および複合的酪農は，一応酪農生産部門としての基盤を持っているので，市況が悪化しても直ちに乳牛飼育を中止するようなことはない．つまり，不可逆である」[3]とした．この考えは「増産メカニズム」[4]と表現され，「施設型農業」全般に拡張された[5]．この考えを批判して「酪農民は価格に対して『不可逆的』反応をしているとはいえない」との指摘はあったが[6]，それを実証する可逆的な行動の実態は示されなかった．

　第2に，農業経営学の分野では，「連鎖的」「循環的」「増幅的」な拡大とされた．

　例えば「近年の多頭化は，飼料生産関係の機械化と畜舎・施設の増築・新築とを並行的ないしは連鎖的に進めることを求めており，この一連の投資が，たえず循環的・増幅的に進行しているところに特色がある」[7]．「1つの投資

が他の投資を連鎖的に呼び起こさずにはおかないという，今日の酪農技術のあり方が問題」[8]と指摘された．

これは次の表現に引き継がれて必然化された．とくに「土地利用型酪農における規模拡大は……飼養管理部門の拡大と……飼料作部門の拡大とが並行しなければならない」，「一連の機械，施設装備のため，投資も『循環的，増幅的』に拡大し，固定資本投下額も多額化せざるを得ない」[9]，「負債償還と金利支払いに促進された"増産メカニズム"」[10]などと必然化された．昭和「40年代後半以降の急激な多頭化，『増産メカニズム』の展開過程は，……農家経済の特質をより強化し，増幅させる過程であった」．その後も「負債整理対策がそれに対して講じられ，……一定の解決・緩和がはかられてきた．しかし，……北海道酪農の持つ……特質は基本的に変化してこなかった」[11]とされた．

以上のように，多頭化は技術論的に説明され，農業者の意思決定の結果として管理論的に明示されなかった．つまり経営者の積極的な意志によらない消極的拡大と認識された．この消極的拡大の理由は，主に機械や施設を一括して装備する技術論的な必然性と，選択的拡大の代表として酪農部門が近代化政策によって誘導されたことで説明された．近代化政策を批判できても，農業者に対しては「ゴールなき拡大」以外の他の選択余地を示し得なかった．結局，近代化を批判しながら近代化を進める矛盾をはらんでいた．

2) 企業的管理論の家族農業経営への適用
(1) 一般の家族農業経営への適用

経営改善に関する研究は，酪農に限らず広く農業経営学の分野で進んだ．かつては経営の改善と構造の改善を対立的にとらえて，経営改善を消極的に示す例が多かった[12]．近年は，経営改善の過程を経営の成長や発展と明確に区分して包括的に捉えて，時間的な経過を要する過程として示す試みが以下のように例示できる[13]．

「現代農業の経営改善」については，「ビジョンに基づいて戦略を立て，そ

れを戦術で実現していく．これが農業経営の改善手順である」とし，一応，時間的経過を伴う過程として描かれている．しかしその後で「経営ビジョンを持った経営者は，社会変化への対応を前提に戦略を立て，その下で具体的な戦術を決め，実践していく．こうした一連の体系を戦略体系」と呼び，「経営改善では戦略体系の中で具体的な改善を行うことが重要である」とのみ示されて，経営改善の手順は過程として明示されなかった．さらに指導者向けに，「戦略的な手法」では「外部を十分に見て考える」「長期に対応を考える」[14]が，経営改善に当たる「問題解決の指導」では「外については……対象としない」「短期的な視点」で「経営の内部情報から…改善を指導」[15]するとあり，経営改善の過程は短期的で狭く扱われてきた．

これらは一般企業の管理を農業に規範的に当てはめる努力であり，農業者が実際に進めてきた管理行動から帰納的に導き出したものではなかった．

(2) 家族酪農経営への適用

酪農経営の管理についても，農協の指導者向けに以下のように企業の管理論を適用してきた．例えば「農民を合理的に行動する経済人として，経営を主体的に動かす経営者として，……企業家精神を持った農民としての『人』を目標とすべき」[16]と規範的に規定された．

ただし経営管理への支援については「乳牛検定事業は……酪農の生産性向上に大きく貢献してきた」とし，「これに飼料設計のコンピューターサービス等が付随すれば，アメリカのDHI……に匹敵する成果を上げうる」[17]と具体的に提案された．さらに「総合的に支援するコンピューター・ネットワークが必要」なことに「加えて検定組合，経営診断グループ，農業青色申告会等の自主的農家集団の活動があいまって，個別経営の経営管理機能の補完をする体制が望まれる」[18]とされた．しかし集団活動は「望まれる」という理想に止まり，具体的な活動に基づく実践的な成果は言及されなかった[19]．

さらに経営改善の技術的な方法については，例えば「……高泌乳の経済性は……低泌乳に劣ることがないことが確認されている」[20]とし，「生産過程のチェックが，投入量よりも産出量に向けられなければならない理由があ

る」[21]と結果指標に単純化されて,具体的な作業や管理の変更による改善には言及されなかった.

　以上のように酪農の管理面でも家族経営は積極的に捉えられず,技術的な特性は十分に考慮されなかった.とはいえ家族経営という主体と,酪農技術という対象に合わせた管理のあり方を,「自主的農家集団の活動」などの実態から導き出すことの必要性は,すでに確認されていた.

3) 家族農業経営の優位性
(1) 一般的な家族農業経営の管理面での優位性

　農業政策において日本農業の中心的な担い手は,かつての基本法の下では勤労者並みの所得水準を目指す「自立経営」であった.新しい基本法の下では「効率的かつ安定的な農業経営」に変化し,家族経営以外を含む多様な担い手として「経営体」と表現されるようになった.家族以外の「経営体」が強調されたことに対応して,逆に家族農業経営の再評価が以下の例のように試みられている.

　一般の農業において,家族経営の柔軟性[22]が次のように強調されている.まず「経営体」という行政用語には,家族経営体と組織経営体とが含まれるが[23]「なぜ家族経営をよしとするのか,会社経営をよしとするのか,その理由は説明されていない」[24]まま,「ひとすじに規模拡大路線を追うのみ」[25]と批判されている.加えて「農業経営自体の発展強化にとっては規模拡大は必要条件であるが,決してそのまま経営強化のための十分条件ではない」とされている.この「十分条件は拡大された土地,資本,装備,労働力の最適利用度」[26]であり,「家族経営の特質はこの十分条件を満たす上でどのように有効であるのか.今日の家族経営の評価はこの一点にかかっている」[27]としている.

　この上で次の家族経営での管理の柔軟性が例示されている.まず「日常のコミュニケーションを通じて意思決定と合意が比較的スムーズに進行」し,また「労働の協業調整における複雑さ,細かさに対する周到」さがあり,さ

らに「経営の短期的リスクを家計で補填」，そして「生産生活を通じて地域とのつながりにみられる相互扶助」[28]などである．

さらに家族農業経営を農村社会学の視点から，広く捉えようとする試みも進められている[29]．たとえば「収入の極大化」は「手段的な目標」で，「仕事そのものを楽しむこと」が本質的な目標であり，また「家族と多くの時間を過ごすこと」は「社会的な目標」[30]に含まれるとの考えである．

ただしこれらの家族農業経営の優位性についての説明は，事例紹介に止まり[31]，今後実証すべき課題となっている．

(2) 家族酪農経営における管理面での優位性

こうした家族農業経営の優位性は，夫婦と数世代での協業で成り立っている専業的な酪農においてこそ，より明確に把握できるものと思われる[32]．ただし酪農経営の主体的な性格は，これまでに多様に研究され，「企業的（型）酪農経営」[33]，「雇用依存型酪農経営」の他に，稲作や畑作では決して使用されない「農民的酪農経営」との表現が多用された．まずこの経過を振り返っておこう．

当初の農民的酪農経営は，「地主的経営」「貧農」との対語だった．まず戦前の北海道酪農が主に「地主的酪農」から開始したことに対して，戦間期に「第2期北海道拓殖計画」での「牛馬百万頭計画」[34]などの振興策を背景に「ごく当たり前の農家経営としての酪農経営，中農における酪農経営，とりもなおさず農民的酪農経営が成立した」[35]とされた．

また終戦直後に全体の頭数が減少したあと，少頭数規模での普及から復興し，その後基本法農政の下で数頭レベルでの規模拡大への転換を示して「貧農専業的なものや単なる副業的な牛乳生産から脱皮するような頭数水準への動き──中農層形成の局面──が看取され，いわばようやく農民的酪農経営が生まれてきつつある」[36]と表現された．

これらの農民的酪農経営は自作農による乳牛飼養を示し，その経営管理ではなく所有のあり方を主な基準としてきた．

その後，高度経済成長期を経て大規模な開発によって機械化・施設化と同

時に酪農経営の淘汰が進んだ時期に新たな意義が強調された．それはまず政治的な意義であり，例えば「農業が農民的発展である限り，農民生活をより豊かにし」「そのことは，農業政策の基調に沿った地域農業の縮小・再編に対して，真に内容的に批判・対決し農業の発展・創造の主体となる」[37]「構造的批判者」[38]と強調された．そして管理論的な意義であり「農民的酪農の内実」は「酪農民の蓄積条件に見合った経営展開」[39]と管理面に，さらに「農民の集団的・組織的学習がきわめて重要な主体的条件」[40]と集団活動に言及された．

　また近年は，家族農業経営の一形態として，家族酪農経営との呼称も使用されるようになった．しかしその定義は「①勤務的な労働力の過半と管理的な労働力をもっぱら特定の個人とその家族（ないし2ないし3親等内の血族あるいは姻族）が担い，②家族が1単位になって経営を推進していて，③経営主体は経営上で発生した経済的責任の一切を負担する無限責任者であるなどの条件を満たす経営を家族経営と称する」[41]と法的な基準を軸にしている．しかも実際の分析では「100頭以上を飼養する酪農経営は，……メガファームと見なされ……，100頭未満を飼養する酪農経営戸数の動向をもって，家族酪農経営の推移とみなして」と[42]，規模によって区分することもある．家族経営と企業経営との違いを，本来示すべき管理の違いで[43]示し得ていない点に課題が残されている．

4）分析の視角

　以上の研究成果を通じて，酪農という技術と家族という主体に制約されつつ，かつ適合した経営管理のあり方を，経営改善の実践から実証することの重要性が示される．このテーマを，経営を管理する農業者の立場と，北海道酪農という条件に引きつけると以下の視角が重要となる．

(1) 酪農の技術特性と経営改善との関係

　まず酪農技術と経営管理の関係を明確にする必要がある．

　酪農技術はこれまでの主な論調では，例えば「飼料生産部門」と「飼養管

理部門」などを区分して部門間を対立的に関連づけて技術論的に自己成長を説明されてきた[44]．その論理では管理が入る隙が見いだせない．しかし現実には共通の地域条件において100〜200頭の大規模クラスから30〜40頭の小規模クラスまで多様な規模が併存し，酪農の技術は「定型化していない」[45]と言われ続けている．農業者はそれぞれの保有する土地・労働力・機械・施設を最も効果的に稼働するよう，これらの「最適利用度」を追求したはずである．この追求の仕方が明確にされなければならない．

その場合に日本での酪農技術と管理情報に関する次の特徴を踏まえなければならない．

まず第1に技術評価の指標と管理行為との関係である．農業技術の評価に「土地生産性」は稲作や畑作などの耕種農業では広く使用されるが日本において酪農では使用されない．代わりに「1頭当たりの産乳量」つまり「乳牛生産性」が広く使用されている．この違いはなぜ生じるかという素朴な問題に立ち返る必要がある．理論的には酪農技術の評価指標はいかにあるべきかという問題である．具体的には農業者は実際に酪農技術の評価指標をいかに認識しているか．農業者によって違いがあるか．技術の評価指標が異なることが，経営改善の目標にどう影響し，改善行為をどう変えているか．耕種技術と異なる技術的な特性が経営管理に及ぼす影響をより明確にする必要がある．

また第2に，欧米のようには経営情報が提供されていない条件と農業者による経営管理行為との関係である．情報が不十分な条件下では，農業者はより客観的な管理のために情報収集を工夫することと想像できる．これまで指摘されてきた「農民の集団的・組織的学習」の経営改善に与えた管理論的な意味を明確にする必要がある．収益性を高めた農業者が「企業経営者」のように経営ビジョンや戦略を説明できなくとも，その意思決定や技術変化の実践に，優れたビジョンや戦略が隠されていることを想定しなくてはならない．

さらに第3に，2000年代の次のような新しい情勢を踏まえた経営改善のあり方を明確にする必要がある．世界的に酪農先進国では，放牧のように飼

料生産と飼養管理のいずれにも区分しにくい方法が定着している[46]。今日では食料自給率の向上のために国内でも「放牧方式の導入による土地利用型酪農を推進する」と明確な推進対象になった[47]。また「『土－草－牛』のバランスのとれた発展」[48]は多くの実践家も研究者も強調し，国の酪農政策でも強調するに至った。加えて 2006 年度からの計画生産のもとでは，「減産型」の選択者が多数に上り，農業者は「不可逆」なはずの拡大を「可逆的」に縮小した[49]。これまでの部門に分割する考えへの評価，曖昧だった「バランス」や「可逆的」な行動などの管理論的な内実を明確にする必要性が高まっている．

(2) 家族経営としての主体的な特性と経営改善

家族経営と経営管理との関係を明確にする必要がある．

第 1 に，大規模な開発事業での農業者による意思決定の経過を明らかにする必要がある．酪農経営を急速に規模拡大させた大規模開発も，事業に参加する農業者の意思決定があって実現した．事業の計画，実施，分析の過程で個々の農業者は，何らかの形で関わった．この意思決定の経過を明確にする必要がある．大規模な草地開発は 1980 年代にはほぼ完了した．当時ようやく「農民的酪農経営」として自立していく過程で，大規模開発に直面した農業者が事業の計画・実施に参加することは，その経営の規模や機械や施設に関する重要な意思決定となった．しかしこの大規模開発による規模拡大は消極的な「悪循環」の拡大と評価されてきた．なぜ消極的な拡大となったかを，この事業に農業者がどう関わったかを通じて明確にする必要がある．

第 2 に，大規模な開発事業で装備された機械や施設の「最適利用度」に向けた農業者の努力が明確にされる必要がある．『土－草－牛』のバランスのとれた発展」という数量的に把握が困難な経営改善をいかに実現したかが課題となる．家族経営がその「柔軟性」を発揮する場として，専従的な家族員の協業で成り立つ酪農経営は十分にふさわしいと思われる．

第 3 に，集団的な学習の管理論的な意味を明確にすることにある．経営全体の技術評価が困難な酪農において，欧米のような経営分析情報が提供され

ていない中で，農業者はどのようにして情報を集め，経営を分析して，改善を進めえたのであろうか．先の家族経営としての柔軟性では，たとえば「生産生活を通じて地域とのつながりにみられる相互扶助」が集団活動として発揮されうる．集団的な学習の内容，その経営への影響，管理論としての評価，そして集団活動の発生の経過を明らかにする必要がある．

　以上のように，これまでの研究成果を踏まえて，日本酪農の技術と主体の実態に合わせた分析視角が求められている．

3. 課題と分析方法

　以上の問題状況と分析視角の下で，本書の課題は，酪農技術と家族経営という特性に制約された経営管理の実態を示し，この特性を活かしながら進めた経営改善の実践をとおして，必要となる今後のサポート体制を明らかにすることにある．

　対象地域は，根室支庁・別海町とした．この地域を対象とするメリットは，根室区域農用地開発公団事業（通称「新酪農村建設事業」，以下で「新酪事業」と略す）を代表に大規模な開発事業が数度にわたって実施されたことにある．このため第1に大規模な開発事業で急速に拡大した事例を他の農業者と比較することが可能である．第2に同じ事業で共通の機械・施設を利用している農業者間での差異を比較することが可能である．

　分析素材は，農協の20年以上の取引収支データ（組合員勘定報告票，以下クミカンと略）と業務統計，各種議事録などの記述資料に加え，数度の全戸調査と動態的な事例調査による．

　分析手法の特徴は，第1に多数の経営収支と種々の全戸調査とを個票レベルで連結して，技術成果・農業者の行為や性格，意識との関係を分析したことである．第2にこの大量データと事例調査を関係づけ，たとえば事例分析は地域全体での収益性水準などを明確にして行ったことである．第3に長期の経営変化について，多数のデータと事例調査とを関連づけて行ったことで

ある.

　本書は，第1章で対象地域の全道での特徴を示した後，以下の構成とした.

　第2章では，経営改善の可能性を示した．まず1997年度の1,568戸のクミカンによる経営収支をもとに，農業者間での収益性の格差を示し（第1節），さらに収益性格差の要因を1農協での全戸調査などをもとに分析した（第2節）．最後に農業者が個人で変更の容易な要因が関係しているか否かにより，収益性を改善する可能性を考察した（第3節）．

　第3章では，個々の家族経営では経営改善が困難となる阻害要因を示した．まず酪農技術の特性と多頭化に伴う技術変化により，意思決定が複雑化したことを明らかにした（第1節）．次に「新酪事業」での計画・実施・評価の意思決定に農業者がいかに参加し得たかを明らかにした（第2節）．また「新酪事業」実施後に顕在化した負債問題に，農業者がいかに対応したかを離農者と継続者との比較に加え，1億円を超える借入金を返済した事例から明らかにした（第3節）．最後に多頭化に伴って技術が変化したこと，大規模な開発事業でのトップダウンにより計画が策定され実施されたこと，事業後に経営分析情報の不十分だったことが経営改善を阻害したことを考察した（第4節）．

　第4章では，民間や農協が経営分析情報を提供し，経営改善を農業者が個別的に進めた場合の成果と限界を示した．まず，民間や農協による経営分析情報の提供に関する取り組みを概説した（第1節）．また共通の会計事務所を利用して決算書を作成している農業者の意思決定のあり方を，高い経営管理の水準が求められる多頭数規模での特徴について示した（第2節）．次にクミカンに基づく経営分析シートを全戸配布している農協で実施したアンケートをもとに農業者の意識変化について，経営収支の変化から改善成果について明らかにした（第3節）．最後に，経営分析情報を提供することの意義と限界を考察した（第4節）．

　第5章では，自主的な学習会グループ（「マイペース酪農交流会」）を例に，集団的に進めた経営改善の成果と経過，集団活動の成立条件を明らかにした．

まず酪農技術の特性による意思決定の難しさを学習会活動を通じて克服して経営改善を進めた経過を示した（第1節）．次にこの集団的な経営改善活動が形成し持続した経過を歴史的に明らかにした（第2節）．最後に集団的な管理活動によって経営改善を効果的に進めうる可能性と条件を考察した（第3節）．

終章では，集団活動が農業者の意思決定に与えた影響を考察し，経営改善を進めるための実践的なサポート体制を示したあとに，家族農業経営の管理論に，酪農技術と家族経営の性格を踏まえて分析した本研究が付加した理論的な意義を考察した．

注
1) 中央酪農会議『平成16年度 酪農全国基礎調査結果概要（北海道編）』2005年，14頁によると，5年後の酪農経営について，「現状維持で経営を継続」は55.3%だが，「規模拡大して経営を継続」は24.8%に達している．
2) 天間征「アメリカ酪農のDHIサービスとその機能」『酪農情報の経済学』農林統計協会，1993年，137頁では，1905年にミシガン州で初めて作られ，郡レベルのDairy Herd Improvement Associationは1980年に全米で1,025あるとしている．また「酪農民が自らの経営改善に資するために自主的に作りだしたもの」としている．ヨーロッパ最大平均頭数規模のイングランドでも簡易だが，かつてのADAS等による複数の経営情報提供が広く行われてきた．吉野宣彦・坂下明彦・朴紅「ヘッジの丘を歩く―2003年2月 イングランド・デボン酪農調査日記」北海道農業研究会『北海道農業』No. 30, 2003年, 60-107頁を参照のこと．
3) 山田定市「『牛乳過剰』と乳業資本」『日本農業年報』第19集，御茶の水書房，1970年，230頁より引用した．
4) 三島徳三「北海道農畜産物の市場環境（中）」『北方農業』1981年2月，29頁では「50年代における農産物過剰問題の要因の1つに，需要の変化に対して硬直的な生産構造の問題がある」「たとえ需要が停滞しても引き続き生産を拡大して行かざるを得ない，一種の"増産メカニズム"が働いている」「高度経済成長期を通じて膨大な施設投資を行ってきたわけだから，それらの施設の遊休化をもたらすような生産の抑制はできないからである」としていた．
5) 三島徳三「農産物『需給調整』登場の意味」美土路監修『現代農産物市場論』あゆみ出版，1983年では「施設型農業には本来『増産メカニズム』が内包されている」「『増産メカニズム』は，企業的性格の強い施設型農業に法則的に貫く傾

向であり，……北海道に多く存在する資本装備の大きい専業的酪農だけではなく，程度の差はあれ施設園芸もその作用を受けている」とした．
6) 鈴木敏正「酪農民は価格に対して『不可逆的』反応をしているとはいえないし，価格低下そのものが『過剰』のあらわれなのだから，それから『過剰』を説明することはできない」(鈴木敏正「『不足払い法』下の牛乳『過剰』の性格について」『農業経済研究』第45巻1号，1973年，12頁）としているが実証はしていない．
7) 七戸長生「北海道酪農の構造と再編方向」『特別研究 日本農業の構造と展開方向研究資料』第10号，農業総合研究所，1983年，20頁．
8) 同上，25頁．
9) 田畑保「酪農経営の展開と農家経済構造—昭和50年代北海道酪農の展開の特質—」『農総研季報』No.1，1989年，56-57頁．
10) 田畑保「北海道酪農の農家経済構造と農民層分解」美土路・山田編著『地域農業の発展条件』御茶の水書房，1985年，254頁には「規模拡大競争の中で存続していくために借入金によって規模拡大をはかり，更にその借入金の利子支払いと償還のために一層の規模拡大を行わざるを得ないと言うような経営も少なくなかった．『負債償還と金利支払いに促進された"増産メカニズム"』である．……平均的に見る限り70年後半はそうであった」とある．
11) 田畑保「酪農経営の展開と農家経済構造—昭和50年代北海道酪農の展開の特質—」『農総研季報』No.1，1989年，30頁より引用した．
12) 経営改善の消極的な評価の例として，たとえば，岩片磯雄『農業経営学通論』養賢堂，1981年（17版）「8章1節 経営計画と経営改善」で，「経営改善は外部条件……を，単に予見として受け取り，それに適応するものとしてのみ実現されるものではない」(247頁)．「経営改善の手段として」「簿記」「経営内部の反省」「先進地や先進農家を訪ねて，新しい知識の導入に努めている」「これらは経営改善のために望ましい努力であるが，それだけでは必ずしも経営改善を導かない」「つまりは試行錯誤の努力に外ならない」(248頁）とある．また渡辺兵力『新版農業の経営学—若い営農家のために—』養賢堂，1976年の「補章 農業経営構造の改善」には，「新しく経営構造という類似の用語を必要としたのはなぜ……か」(210頁)．「『経営改善』を広く解釈すれば，経営構造改善とは経営改善の一環である」「従来の経営改善は……要約すると……個々の経営の基本的条件すなわち，経営耕地面積，主作目といった点をそのままにして……少しでも経営全体の収益を増やそうというやり方」「『小手先の改善』とでもいえる改善であった」(216-217頁）とある．さらに磯辺秀俊『農業経営学—変革期における経営改善—』養賢堂，1971年では，戦前に「経済更生運動」や「分村計画……に関連して……適正規模の問題が取り上げられた」(5頁）が，「土地生産性の向上と労働生産性の向上をどうして両立させるのかが問題で，……根本的な技術改善，経営改善が問題となった」(6頁）が，『改訂版』1984年では副題「経営改善」が消え，代わ

りに「7章6節 I. 経営構造改善の方向」が設定された．「今後日本農業の発展のためには，経営耕地を拡大して大規模農家を増加して，経営構造改善を図っていく必要がある」(236頁)とした．
13) 木村伸男『成長農業の経営管理』日本経済評論社，1994年，104頁より引用した．
14) 木村伸男「農業経営指導の今日的視点」『新 農業経営ハンドブック』1998年，141-145頁より引用した．結局，経営改善は短期的に捉えられている．また稲本志良「『新しい農業経営』の理論的課題」日本農業経営学会『農業経営研究』第38巻第4号，2001年3月では，「経営発展の諸局面と経路」を図示して「経営の成長は，一方で①固定的規模要素の成長，他方で，経営革新による経営構造の改善を通して，②生産性や収益性など，経営効率シフト要因の成長，③集約度や操業度を意味する固定的規模利用度の成長を直接的な源泉」として達成されるとしている．この①の「経営構造の改善」には（ ）で「経営体質」が並列している．この体質改善が経営改善を示すと考えられるが，この論文では経営構造の改善と経営改善は明確に区別されていず，経営改善の経過は示してはいない．さらに坪井信広「農業経営の管理と改善」『新版 農業経営ハンドブック』1993年では「経営発展のプロセスの中で『ビジョンに基づいて戦略を立て，それを戦術で実現していく．これが農業経営の改善手順』である」「ビジョン構築と経営改善過程（基本目標，経営指針の設定）が戦略体系を構成し……今日の経営管理の主要な内容をなす」(303-304頁)とした上で「構築された経営ビジョンのもとで基本目標と経営指針の設定すなわち経営改善が行われる」とある．つまり「設定」という意識的な活動が「改善」であるかのようにきわめて短期的に認識されている．
15) 木村伸男「農業経営指導の今日的視点」『新 農業経営ハンドブック』1998年，141-145頁より引用した．
16) 新井肇『畜産経営と農協』筑波書房，1989年での「第4章 畜産経営改善の課題と農協の役割」89頁から引用した．
17) 同上，151頁より引用した．
18) 同上，151頁より引用した．
19) 乳検情報を農業者が集団的に利用して産乳量の向上に効果を発揮した例は，志賀永一・黒河功「乳検情報の活用と情報内部化の諸条件」天間征『酪農情報の経済学』農林統計協会，1993年，66-87頁にある．また志賀永一『地域農業の発展と生産者組織』農林統計協会，1994年にも示されているが，経営の収益性の改善に分析は及んでいない．
20) 新井肇，前掲書，1989年，115-116頁より引用した．
21) 同上，123頁より引用した．
22) 金沢夏樹「家族農業経営の現在」『日本農業経営年報 No.2 家族農業経営の底力』農林統計協会，2003年，1-15頁より引用した．

23) 農林水産省「食料・農業・農村基本計画」2005年の（第1表）主要品目における対応方向の畜産の項にある．この参考資料の「農業経営の展望」「農業構造の展望」に「個別経営体」と「組織経営体」として都道府県の基本指標が例示されている．
24) 金沢夏樹，前掲論文，2003年，5頁より引用した．
25) 同上，5-6頁より引用した．
26) 同上，4頁より引用した．
27) 同上，6頁より引用した．
28) 同上，7頁より引用した．
29) 岩元泉「家族農業経営の会計構造の特質と変貌」松田藤四郎・稲本志良編著『農業会計の新展開』農林統計協会，2000年，28-40頁に示されている．
30) 同上，33頁より引用．出所となる邦訳，ルース・ガッソン，アンドリュー・エリングトン著『ファーム・ファミリー・ビジネス―家族農業の過去・現在・未来―』筑波書房，2000年も参照した．
31) 金沢夏樹編著『日本農業経営年報No.2 家族農業経営の底力』農林統計協会，2003年を参照した．
32) 河合知子『北海道酪農の生活問題』筑波書房，2005年では，家族のうち女性の役割を生活問題の視点から研究がされている．
33) 畠山尚史・志賀永一「企業的酪農経営の雇用調達と労務管理に関する事例研究」北海道大学農学部『農経論叢』第61巻，2005年，247-258頁に示されている．
34) 松野弘『北海道酪農史』北海道農政部畜産課，1964年を参照した．
35) 同上，91頁から引用．なお，櫻井守正編著『北海道酪農の経済構造―十勝における共同研究』農水省農業総合研究所，1953年でも同様に，「地主的酪農」（54頁）のつぎに「農民的酪農」（58頁）の項をおいている．
36) 宇佐美繁「北海道酪農の動向とその性格」『農業経済研究』日本農業経済学会，第40巻第4号，1969年，168頁より引用した．
37) 美土路達雄・山田定市編著『地域農業の発展条件』御茶の水書房，1985年，16頁より引用した．中原准一「農民的酪農の形成に関する実証的研究」『酪農学園大学紀要』第12巻第1号，1987年，1-133頁も参考にした．
38) 美土路・山田編著，同上書，534頁より引用した．
39) 同上，535-536頁より引用した．
40) 同上，537頁より引用した．
41) 久保嘉治『酪総研選書　ここまでできる家族酪農経営』酪農総合研究所，2003年，6-8頁より引用した．
42) メガファームについては通称であり，畠山尚史・志賀永一「企業的酪農経営の雇用調達と労務管理に関する事例研究」北海道大学農学部『農経論叢』第61巻，247-258頁を参照した．

43) 末広昭『ファミリービジネス論―後発工業化の担い手―』名古屋大学出版会，2006年では，「経営者企業とファミリービジネスはどこが違うか」について，「ある企業において，所有から切り離された『俸給経営者』が存在し，彼ら（彼女ら）が支配している場合を『経営者企業』と定義する．……『所有の分散』はしばしば経営主企業の成立を促す要件となるが，必要条件とは見なさない……」とし，「問題は経営の支配権の方であ」り，とくに「企業の戦略と人事に関して最終意思決定を下す権限を持っている場合を，……経営者企業と定義する」としている．
44) たとえば，七戸長生「畜産における土地利用技術の展開と中心課題」中央畜産会『畜産における土地利用の展開』1981年，7頁では「4つの分野に」分けて「相互に複雑に関連しあっている」としているが，農業者がどう関連させようとしてきたかなど管理の実態に言及していない．
45) たとえば，七戸長生「酪農の経営経済の視点から」七戸長生・萬田富治編著『日本酪農の技術革新』酪農事情社，1989年，13頁には「……酪農生産は単純なものではないし，その技術も定型化していない……」とある．
46) 以下を参照のこと．荒木和秋『世界を制覇するニュージーランド酪農』デーリィマン社，2003年．吉野宣彦・朴紅・坂下明彦「ヘッジの丘を歩く―2003年2月 イングランド・デボン酪農調査日記―」北海道農業研究会『北海道農業』No. 30，2003年，60-107頁．『平成4年度畜産先端技術開発調査促進事業海外調査報告書 イギリスにおける省力的酪農経営』(社)畜産技術協会，1993年．
47) 農水省『酪農及び肉用牛生産の近代化を図るための基本方針』2005年，8頁を参照した．以前の『同基本方針』1998年，12頁では，営農類型の1つに「放牧主体型」が表記されただけで説明はなかった．
48) 農水省，同上，2005年，1頁から引用．
49) 『北海道酪農基盤維持対策』では，2006年度から3年間に，タイプA（経営維持・拡大意向）とタイプB（1割減産で目標数量を固定）を選択し，タイプBを選択した生産者には需給調整格差金として単価4円/kg（税別）が支払われる．2006年4月12日時点でタイプBの内訳は，871戸（全道の11.3%），出荷乳量で39万266t（全道の10.5%）に及んでいた．

第1章

根室酪農の地域的条件

　本章では，第1節で全道酪農の動向を概観する．第2節では，まず分析対象とした根室地域の酪農の特徴を道内他地域と比較し，次に主な分析対象とした別海町内で「新酪事業」による入植農家を多数含む農協の特徴を根室地域内部で比較して示す．第3節では，この地域を分析対象とすることの意義を明確にする．他地域や根室内部での比較は，1960年以降の長期間の統計と，1990年以降の悉皆的なアンケート調査をもとに行う．

第1節　北海道酪農の展開

1. 急速な規模拡大と淘汰

　およそ1970年から2000年にかけての全道の酪農生産の推移を他の経営形態と比較すると，急速な規模拡大の特徴と淘汰の経過を確認できる．

　表1-1には1960-2000年にかけて全道の乳牛飼養について，表1-2には同じく水稲作付について基本指標を示した．両者を比較すると，酪農は次のように急速に変化したことを示しうる．

　まず水稲作付戸数は115千戸から26千戸へと22.6%に減少した．これに対して乳牛飼養戸数は57.8千戸から9.7千戸へと15.2%に急速に減少し，酪農では著しく淘汰が進んだことになる．

　また水稲の1戸当たり作付面積は1.47から5.23haへと3.6倍に拡大した．これに対して1戸当たり乳牛飼養頭数は3.1から82.7頭へと26.3倍に急速

表 1-1 乳用牛飼養戸数・頭数の推移
（北海道，1962-2000 年）

	飼養戸数	飼養頭数		
	（千戸）	（千頭）	（頭/戸）	指数
1960	57.8	182	3.1	1.0
1965	46.2	271	5.9	1.9
1970	37.7	444	11.8	3.7
1975	25.6	592	23.2	7.4
1980	19.3	701	36.3	11.5
1985	16.4	774	47.1	15.0
1990	14.3	825	57.7	18.4
1995	11.6	841	72.7	23.1
2000	9.7	801	82.7	26.3

資料：農水省『世界農林業センサス』各年より．
注：指数は1962年を1.0とした．次表も同じ．

表 1-2 水稲の収穫戸数・面積の推移
（北海道，1962-2000 年）

	収穫戸数	収穫面積		
	（千戸）	（千ha）	（ha/戸）	指数
1960	115	170	1.62	1.0
1965	108	201	1.87	1.3
1970	95	249	2.62	1.8
1975	62	156	2.53	1.7
1980	55	167	3.05	2.1
1985	47	151	3.20	2.2
1990	41	143	3.49	2.4
1995	34	171	5.00	3.4
2000	26	136	5.23	3.6

資料：農水省『世界農林業センサス』各年より．

表 1-3 農家の経済動向（北海道1戸当たり，

		酪農単一経営				稲作単	
		1970	1980	1990	2000	1970	1980
農業粗収益	（千円）	3,293	18,809	30,451	42,789	2,408	4,682
農業経営費	（〃）	2,202	13,781	21,862	32,617	1,041	2,829
農業所得	（〃）	1,091	5,028	8,589	10,172	1,367	1,853
農業所得率	（％）	33.1	26.7	28.2	23.8	56.7	39.6
農外所得	（千円）	169	−239	−200	…	188	1,517
農家所得	（〃）	1,260	4,790	8,389	…	1,555	3,370
農業固定資本	（〃）	5,657	29,281	38,196	48,048	2,051	4,537
負債残高	（〃）	2,510	23,360	24,797	30,557	2,076	7,193
負債残高/農業所得	（％）	230	465	289	300	152	388
負債残高/農家所得	（％）	178	356	234	…	108	142
自家農業の投下労働時間	（時間）	6,094	7,166	7,374	7,175	4,157	2,514
家族の自家農業労働時間	（時間）	5,920	6,957	7,228	6,951	3,614	2,411
家族農業就業者	（人）	2.92	2.91	2.88	2.62	2.50	2.10
農業就業者1人当たり労働時間	（時間）	2,087	2,463	2,560	2,739	1,663	1,197
資本回転率	（％）	0.58	0.64	0.80	0.89	1.17	1.03

資料：農林水産省北海道統計事務所『北海道農林水産統計年報（農家経済編）』1990年までの各年．同
注：1) 単一経営は70年度では酪農部門の現金収入が農業現金収入の60％以上を占めている経営，80
 2) 資産額，貯蓄額，負債額は各年度末の数字．流動資産，流通資産は家の資産．
 3) 1991年に経営費などの計上範囲の見直しが行われたため農業所得，資産額については以後連続
 4) 負債残高は年度末負債残額＋買掛未払金．

に拡大した．

酪農は全道的に，急速な淘汰と規模拡大の歴史を歩んできた．

2. 労働時間と機械施設の増加

表1-3には，単一経営の形態ごとに経済的な数値の推移を示したが，酪農では以下の特徴を示すことができる．

第1に，家族の労働時間が大きく，かつ規模拡大に伴い増大している．家族農業就業者1人当たりの年間労働時間は2000年に，酪農で唯一2,000時間を超えて最大となっている．1970年から2000年にかけて，稲作単一経営，畑作経営ともに減少したのに対して，酪農単一経営では，2,087時間から2,739時間へと増大した．

第2に，固定的な機械施設が突出して大きく，かつ急速に増加した．まず2000年で，農業固定資本額は，酪農で48,048千円に達し，稲作の5.5倍，畑作の3.9倍と大きい．この農業固定資本の回転率は，稲作では1.21回，畑作では1.88回であるのに対して，酪農では0.89回に過ぎない．同じ粗収益を上げるために，酪農がいかに重装備かを示しうる．また1970-2000年にかけて農業固定資本額は，酪農では5,657千円から

1970-2000年）

	一経営		畑作経営			
	1990	2000	1970	1980	1990	2000
	5,641	10,565	3,113	11,511	15,920	23,003
	3,412	8,126	1,718	6,389	11,390	15,519
	2,229	2,439	1,395	5,122	4,530	7,485
	39.5	23.1	44.8	44.5	28.5	32.5
	3,485	…	227	1,106	763	…
	5,714	…	1,621	6,228	5,293	…
	3,818	8,751	2,610	6,130	11,378	12,232
	9,453	9,382	2,433	7,909	16,576	14,635
	424	385	174	154	366	196
	131	…	139	101	256	…
	2,501	2,905	5,862	3,555	4,686	3,943
	2,412	2,780	5,582	3,120	4,097	3,618
	2.09	2.20	2.78	2.11	2.52	2.46
	1,197	1,320	2,109	1,685	1,860	1,603
	1.48	1.21	1.19	1.88	1.40	1.88

事務所『同年報（農業経営統計編）』2000-01年による．
年以降は80%以上を占めている経営．

性がない．

48,048千円へと8.4倍に増加した．同じ期間に稲作では4.2倍，畑作では4.6倍に止まった．この30年の間に，酪農は急速に重装備化したことになる．

　第3に，経済的な効率は低位で不安定であった．まず農業所得率は2000年については米価の低落により稲作には勝るが，以前の年次では常に酪農で低い．また財務の安定性を負債残高を農業所得で割って示すと，酪農では1990年くらいから低下し，稲作よりも改善し，畑作よりも良好な時期も確認できるようにはなった．しかし負債残高を農外所得を含む農家所得で割ると酪農では一貫して高い．農外収入が得られない技術的，立地的な条件が農家経済を不安定にしてきた．

　機械化と施設化が著しく進んだにもかかわらず，労働時間が増大し，財務は不安定なことに，酪農の特徴がある．

3. 生産性の向上と停滞

　酪農の経営全体の技術評価について，図1-1にいくつかの指標を示した．

　第1に，技術的な効率は一面では，以下のように上昇した．まず労働生産性は90年代に至っても上昇し続けた．労働100時間当たりの生産乳量は，乳脂肪率3.2％換算で，1980年代半ばに5,000kg程度であり90年には6,000kgを突破し，2000年代には9,000kgに達した．さらに搾乳換算頭数当たりの3.2％換算乳量は，1970年に5,000kgを，90年に8,000kgを超え，2000年には9,000kgを突破した．

　第2に，技術的な効率は反面では，以下のように低下した．まず搾乳牛に給与している飼料の自給率が著しく低下した．TDN自給率は1970年代には70％を超えていたが，1990年には60％を，2000年には50％を下回った．先の1頭当たりの乳量の上昇は，輸入穀物の多給で可能になっていた．また土地生産性に当たる指標は低下した．図中の「自給飼料100a当たり生産乳量」は，生産乳量にTDN自給率を掛け，経営耕地と採草，放牧地の合計の生産農地で割り返した指標になる（3.2％換算生産乳量×TDN自給率／生産

第1章　根室酪農の地域的条件

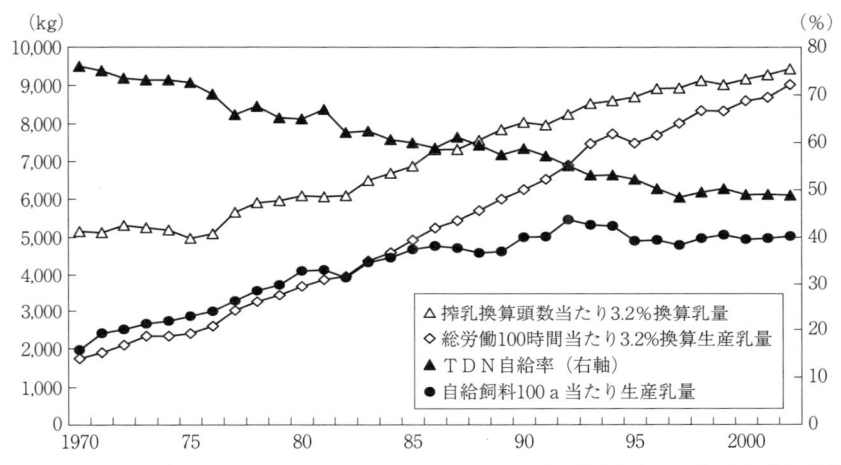

凡例:
- △ 搾乳換算頭数当たり3.2%換算乳量
- ◇ 総労働100時間当たり3.2%換算生産乳量
- ▲ ＴＤＮ自給率（右軸）
- ● 自給飼料100a当たり生産乳量

資料：農林水産省『生乳生産費調査』及び農林水産省農林水産技術会議事務局編『日本標準飼料成分表（1995年版）』中央畜産会1995年による。

図 1-1　酪農生産性の変化（1970-2002年）

農地．ただし田，畑作地が含まれている）．この指標は1992年に最高値に達したが，以後は低下した．酪農においては，面積当たりの生産性指標はこれまで重要視されてこなかった．しかしこの指標は限られた農地をいかに効率よく利用しているかを示す社会的な指標として重要である[1]．

以上のように全道の酪農は，激しい淘汰を経て急速に多頭化し，機械化と施設化を進めて生産性を高めた．しかし，家族の労働時間は増大し，不安定な財務のまま推移し，国外の輸入飼料に依存して，国内の農地からの生産効率を停滞させている．

第2節　根室酪農の特徴

分析対象とする根室地域の特徴を以下のように示す．第1に，1960年代から今日までの急激な酪農生産における変化の主要因を農林統計をもとに示す．第2に，技術や財務，意識について他地域との差異を，第3に根室内部

表1-4 根室地域の酪農の変化 (1965-2005年)

			1965	1970	1975	1980	1985	1990
総農家数		(戸)	4,324	3,447	2,857	2,611	2,348	2,190
農地面積	経営耕地面積	(ha)	34,845	60,686	82,190	94,514	100,458	103,729
	耕作放棄地	(ha)	…	…	2,507	3,402	3,032	944
	耕地以外の採草放牧地	(ha)	24,638	17,931	19,883	7,422	6,036	6,693
	草地面積合計	(ha)	59,483	78,617	104,580	105,338	109,526	111,366
家畜飼養	乳牛飼養頭数	(頭)	33,997	66,598	104,057	134,996	152,407	164,305
	飼養農家数	(戸)	3,403	3,012	2,547	2,303	2,175	2,023
	うち2才以上	(頭)	21,503	48,692	75,468	99,787	98,173	103,420
	飼養農家数	(戸)	3,303	2,997	2,516	2,274	2,129	1,990
	肉用牛飼養頭数	(頭)	750	2,514	9,642	8,359	12,106	13,171
	飼養農家数	(戸)	219	453	745	429	273	189
トラクター台数		(台)	181	1,389	2,894	4,405	5,064	5,792
雇用労働力など	常雇	(人)	…	…	…	…	…	87
	臨時雇	(人日)	27,048	62,951	64,452	75,458	55,406	39,412
	手間替えなど	(人日)	25,795	30,907	44,347	17,696	1,348	7,672
	手伝い	(人日)	7,727	6,588	4,764	4,460	2,050	1,578
	臨時的受入のべ人日	(人日)	60,570	100,446	113,563	97,614	58,804	48,662
1戸当たり	草地面積	(ha)	14	23	37	40	47	51
	乳牛飼養頭数	(頭)	10	22	41	59	70	81
	2才以上飼養頭数	(頭)	7	16	30	44	46	52
	トラクター	(台)	0.04	0.40	1.01	1.69	2.16	2.64
換算頭数当たり草地面積		(a)	211.5	133.5	110.6	86.6	83.4	79.3
10,000ha当たりトラクター台数		(台)	30	177	277	418	462	520

資料:農業センサス各年による.
注:1975年の耕地以外の採草放牧地には原野を含む.総農家数は1990-2005年では販売農家数.2005含む.農作業を請け負わせた農家数には,畜産作業は含まない.

の地域差を,農林統計等に加え90年代に全道的に実施された悉皆的アンケート調査を素材に検討する.

1. 地域酪農の変化

表1-4には,根室地域に関する農業指標の推移を示したが,以下のように大規模な開発事業に強く左右されたことを示しうる.

第1章 根室酪農の地域的条件

	1995	2000	2005
	1,990	1,776	1,608
	104,737	104,843	110,140
	10,867	929	893
	3,094	2,329	1,880
	118,698	108,101	112,913
	171,944	174,424	169,215
	1,843	1,677	1,507
	110,837	115,794	108,265
	1,818	1,650	1,476
	16,396	11,610	11,698
	197	233	250
	6,246	6,531	6,592
	127	206	291
	36,266	56,422	41,334
	3,869	5,147	12,462
	…	…	…
	40,135	61,569	53,796
	60	61	70
	93	104	112
	61	70	73
	3.14	3.68	4.10
	79.3	71.6	78.1
	526	604	584

年は耕作放棄地,不耕作地を

第1に,1965年から1970年までの多頭化は,次のように主に自然資源の開発と労働力の利用による.まず経営耕地面積は3.3万haから6.1万haに倍増した.これは耕地以外の採草放牧地が5.0万haから1.7万haに減少して,耕地化したことによる.また農家戸数は減少したが臨時雇用数が2.7万人日から6.3万人日へと倍増した.

第2に,1970年から1990年までの多頭化は,自然資源の開発に加えて以下のように急速な機械化による.まず経営耕地面積が急速に増加したが,これは採草放牧地や原野の減少を上回り,開発による外延的な拡大による.また臨時雇,手間替え,手伝いを合わせた人数が1975年の11.4万人をピークに減少に転じて,1990年には4.9万人へと減少した.さらに1戸当たりのトラクター台数が75年には1.0台に達し,90年には2.6台へと増加したことが象徴するように,機械化が著しく進んだ.

第3に,1990年以降には,農地開発が停止したまま以下のように労働と資本の集約化が進んだ.まず草地面積は減少したが多頭化は進み,2000年に換算頭数1頭当たりの草地面積は72aまで減少した.家畜密度は1965年の3倍に達した.また1戸当たりのトラクター台数が3.7台に達し,草地1万ha当たりトラクター台数は604台へと集約化した.さらに臨時雇,手間替えなどの家族外の労働力は増加に転じた.とくに常雇を利用する農家の総農家に対する比率は8%を超えるに至った.

以上のように,かつては開発による外延的な草地拡大を基礎に1960年代にはいわば「人海戦術」で,1970年代には機械化・近代化によって多頭化が進んだ.これに対して1990年代は草地拡大は終わり,土地に対する乳牛

と労働力，機械・施設の集約化が進んだ．これまでに組み込まれた生産要素をいかに効率的に利用するかが，強く問われる時期となった．

2. 酪農経営の特徴

1) 根室地域の優位性

全道の地域別の平均値と比較して，根室地域の酪農には次の肯定的な特徴を示すことができる（表1-5）．

第1に，全道で最大の規模を誇っている．2000年には1戸当たり成牛飼養頭数は70頭に達し，第2位の釧路地域を10頭近く引き離している．1戸当たり販売金額は3,733万円に達し，第2位の十勝を1,000万円以上引き離している．

第2に，広大な自給飼料生産を基盤にしている．1995年の1戸当たりの経営耕地面積は根室地域では56ha，放牧地の比率は22%といずれも最大で

表1-5 地域別に見た酪農の性格差（1995-2000年）

	規模（2000年）		土地の保有と利用（95年）				経営主の年間作業時間[*3]
	1戸当たり成牛飼養頭数[*1]	正組合員戸数1戸当たり当期販売取扱高[*2]	経営耕地面積[*3]	放牧地率[*3]	飼料作物に占める借地率[*3]	畑1団地当たり面積[*1]	
	(頭)	(千円)	(ha)	(%)	(%)	(a)	(時間)
全道	56.0	11,787	40.7	13.7	15.8	444	3,239
釧路	60.8	23,884	50.5	17.3	17.3	1,200	3,201
根室	70.2	37,329	55.5	22.0	8.3	1,760	3,179
宗谷	55.9	25,638	53.0	19.9	8.9	799	3,308
十勝	58.2	26,284	37.7	6.4	15.6	626	3,202
道央	48.4	6,297	32.6	8.4	26.4	172	3,276
道南	37.8	7,465	26.8	12.2	30.6	236	3,281
網走	49.6	23,153	34.4	10.0	17.0	443	3,242
留萌	55.1	11,534	48.0	21.3	15.5	596	3,368

資料：[*1]は「センサス」による．但し，畑1団地当たり面積は，畑地のある農家数，畑1戸当たり団地に集計し直したため「センサス」の表示と異なる．[*2]は「農協要覧」による．[*3]は中央酪農会議[*4]は同98年，[*5]は同2000年による．農協要覧のみは酪農以外の全経営形態を含んでいる．

あり，借地率は8％と最小になっている．1995年の畑1団地当たりの面積は17.6haに及び，第2位の釧路支庁12.0haの1.5倍になる．

第3に，省力化が進んでいる．1995年で経営主の年間労働時間は3,179時間と最も短いが，これは通常期の1日当たりの労働時間が7.8時間と最も短いことによる．

第4に，若く意欲のある担い手が多数確保されている．まず2000年に経営主が50歳以上で，かつ後継者が「未定」あるいは「いない」を含めた後継者が不在の農家比率は14.3％で最低であった．98年に「酪農経営者であることに満足している」という回答は，75％に達し首位で，第2位の宗谷と道央地域を6％引き離していた．

以上のように根室地域では，充実した草地基盤をもとに，意欲の高い家族経営を基本として，大規模で効率的な酪農を築いてきた．

2） 根室地域の不利な性格

反面で，草地を基盤にした最大の規模で専業的な酪農経営群は，大きな開発事業によって作られてきたことにより以下の問題を深めた（表1-6）．

第1に，早くに施設投資を進めたため，その後に普及した新式の省力的な施設の普及が遅れた．2000年時点で，ミルキングパーラーとフリーストールを同時に導入している比率は16.2％であり，これは平均の頭数規模がより小さい十勝地域の16.2％と同じ水準にある[2]．根室地域では従来式のスタンチョンストールで多頭化を進めており，この施設で経産牛60頭以上に多頭化している比率は41.7％と全道最高であり，第2位の釧路支庁を11.2％も上回っている．

第2に，ふん尿の処理問題が独特の形で顕在化した．2000年でふん尿を経営外部に供給している比率は

担い手（95-2000年）	
50歳以上のうち後継者未定・いない比率[*5]（％）	酪農経営者であることに満足している比率[*4]（％）
18.2	66.9
16.8	63.9
14.3	75.0
17.6	68.7
19.0	64.8
26.5	69.3
20.3	62.5
19.0	65.5
20.4	56.2

数，畑面積計から地域ごと「酪農全国基礎調査」95年，

表 1-6 地域別に見た酪農の課題 (1995, 2000 年)

	施設 (2000 年)		ふん尿処理 (95, 2000 年)				労働力 (95	
	フリーストール・ミルキングパーラー利用農家の比率[*1] (%)	スタンチョンストールのうち60頭以上の比率[*1] (%)	ふん尿は経営内では処理できず外部に供給[*1] (%)	ふん尿は経営耕地に還元し必要量を超えている[*1] (%)	効率的・適正なふん尿処理を今後取り入れたい比率[*2] (%)	経産牛当たり耕地面積[*2] (a)	常勤 (人/戸)	繁忙期雇用 (人/戸)
全道	11.8	30.4	10.0	17.8	27.9	76	0.1	0.6
釧路	12.0	30.5	2.9	20.7	28.2	83	0.1	0.3
根室	16.2	41.7	0.1	19.7	32.8	80	0.1	0.3
宗谷	7.0	17.2	—	0.1	26.5	99	0.0	0.2
十勝	16.2	23.8	19.8	18.2	29.5	64	0.1	0.9
道央	9.4	14.7	24.3	19.1	26.1	70	0.3	0.8
道南	4.1	7.0	7.2	22.0	22.2	67	0.2	1.0
網走	9.2	13.8	18.4	14.6	26.6	77	0.1	0.2
留萌	4.0	20.7	1.7	48.3	29.7	92	0.1	0.2

資料：中央酪農会議『酪農全国基礎調査』で，[*1]は 2000 年，[*2]は 1995 年に実施したもの．[*3]は北海道度による．
注：[*2]のふん尿処理については「経営管理や生産技術などについて」「取り入れたいもの」として 9 項処理」に〇を記入した比率．[*3]は酪農家以外のすべての組合員農家を含んでいる．

0.1％ と宗谷地域と並んで極めて少ない．つまりほとんどが自己の経営耕地に還元している．その上で「必要量を超えている」という回答は，中位ではあるが 19.7％ だった．そして 1995 年に，「効率的・適正なふん尿処理技術を今後取り入れたい」と考える比率は，32.8％ と最大であった．経産牛 1 頭当たりの経営耕地面積は，草地型酪農地帯の中では，釧路は 83a，宗谷は 99a に対して，根室は 80a と最小であった．草地型の酪農地帯において，ふん尿は経営内部での利用が基本だが，面積に対する頭数の増加で，ふん尿問題は深刻化していたとみられる．

第 3 に，多頭化は家族労働の過重意識を深めた．まず雇用は少なく，95 年で 1 戸当たりの常勤と季節雇の人数合計は，道央では 1.1 人に達するが根室では 0.4 人に過ぎなかった．臨時・パートも，道央では 9.1 人に達するが，根室では 5.6 人に過ぎない．また共同の法人化は，ほとんど見られない．このため 95 年に経営主がとった年間の休日は平均で，根室では 5.5 日となった．十勝の 9.1 日，道央の 7.1 日と大きな差となった．1991 年に今後労働力

年)*2	財務 (95, 2000年)		
経営主の年間休日	組合員1戸当たり貸出金*3	貸出金/貯金*3	貸借対照表作成可能な農家の比率*2
(日)	(千円)	(%)	(%)
6.6	12,838	37	5.3
6.0	24,809	62	5.5
5.5	23,254	59	3.1
4.6	21,325	50	2.2
9.1	20,379	37	5.6
7.1	10,784	34	8.1
5.4	10,478	41	3.9
6.1	14,307	32	7.0
4.2	8,644	32	2.4

農政部『農業協同組合要覧』2000年

目のうちで「効率的・適正なふん尿

の不足について「補充する必要がない」と考える農家は15.3%と最低で，労働力不足への対応について雇用労働力を18.7%が，飼料生産委託を7.2%が選択し，いずれも最大の回答率であった[3]．都市部の未発達な遠隔地の根室では，雇用労働力をいかに確保するかが課題となっていた．

第4に，1戸当たりで最大の負債残高になっている．酪農以外を含めた数字しか得られないが，2000年度の1戸当たりの農協からの貸出金残高は，根室で2,325万円と最大になる．貯金に対する貸出金の比率では，釧路地域が62%と最大で，根室地域は59%と第2位の高さになっている．経営管理については，一方でコンピューターを使って経営記帳をしている比率は2000年で37%と最大になっているが[4]，他方で1995年で貸借対照表を作成可能な比率は3.1%と，宗谷・留萌についで少なかった．

根室地域では，大規模な酪農を，旧式の牛舎で，家族労働力で，休日なしに，作業を省力化するために，大きな借入金を利用してきた．機械化と多頭化に対応して，種々の工夫をしてきたことを予測できるが，その工夫は，企業的な経営記帳による管理とは異なっているように思われる．

3) 全道における代表性の明確化

以上の特徴と課題が生じた30年間の推移を検討すると，他地域との格差は縮小したと見ることができる（表1-7）．

第1に，かつて最悪だった根室地域での負債圧は著しく軽減した．負債残高は1970年代に急増したあと，80年代以降には貯金が増加して，安定性が高まった．たとえば農協への貯金に対する農協からの貸出金の比率は，1969

表1-7 地域別に見た規模と財務の変化（1970-2000年）

	1戸当たり成牛飼養頭数*1 (頭/戸)				成牛飼養戸数変化指数*1 (期首＝100)			貸出金/貯金*2 (%)			
	1970	1980	1990	2000	70-80	80-90	90-00	1969	1980	1990	2000
全道	9.1	26.4	37.8	56.0	54	73	69	92	76	40	37
釧路	12.0	28.2	41.9	60.8	66	79	74	135	124	68	62
根室	16.2	43.9	52.0	70.2	76	88	83	214	212	83	59
宗谷	11.9	28.9	40.6	55.9	65	81	73	194	236	94	50
十勝	8.3	25.9	38.5	58.2	52	69	67	89	87	46	37
道央	6.9	20.1	30.8	48.4	44	67	62	84	61	31	34
道南	5.9	15.8	24.8	37.8	42	61	57	94	82	42	41
網走	9.0	24.3	33.4	49.6	52	72	67	102	73	42	32
留萌	11.5	33.2	41.5	55.1	60	80	76	84	69	32	32

資料：*1はセンサスによる．*2は『農業協同組合要覧』による．
注：変化指数は，期首を100としている．

年には第1位が根室地域で214%で，第2位の宗谷194%とは類似水準だが，第3位の釧路135%を大きく引き離し，突出していた．80年には宗谷が236%へと悪化して，根室は第2位となったが212%の高さを維持した．その後，根室では貯金が増加して改善し，2000年には59%に減少した．

第2に，頭数規模は一貫して根室地域で1位だが，他の地域との格差は縮小した．1戸当たりの成牛飼養頭数は，70年には根室が16頭で，全道平均9頭の1.8倍であった．この倍率はとくに80年代に減少し，2000年には1.2倍に縮小した．多頭化は根室地域だけではなく，全道の酪農家で急速に進んだ．1991年に多頭化を希望していた比率は[5]，全道の酪農家の60.7%に達したが，根室では58.6%に止まった．

第3に，かつて大量だった離農は減少し，農家の存続率は高まった．10年ごとの成牛飼養戸数の変化指数は70年代，80年代，90年代についていずれも根室地域でトップだった．

根室地域では，70年代に累積した負債問題を，農家を存続させつつ乗り越えてきた．他の地域では，酪農部門を切り捨てる形で解消した．一面では，根室地域での酪農家の努力の成果だが，半面では根室地域では他地域ほど選抜されなかったともいえる．

90年代は全道的に多頭化が進み,かつて根室地域に「典型的」と見られた諸問題が一般化した時期と考えてよいだろう.

3. 根室内部の地域性

根室地域では,内部に以下の地域性を含んでいた.農協で分けると,定着の歴史がもっとも遅い「新酪事業」による移転入植者を多数含む別海・中春別農協(「新酪入植地区」とする),もっとも早い戦前の入植者が多い中標津・計根別・上春別農協(「戦前入植地区」とする),これらの中間で戦後の入植者が多数を占める西春・根室・標津農協(「戦後入植地区」とする)に分けることができる.それぞれの農協内部においても多様な定着時期の農業者が入り組んでいるが,まず90年代について他地区と比べた新酪入植地区の特徴を示しておこう.

1) 新酪入植地区での不利な点

大規模な補助事業により,共通の施設装備を整えた新酪入植地区では,次の問題を指摘できる(表1-8).

第1に,多頭化は主にスタンチョン牛舎によって進んだ.2000年ではフリーストールの利用率は,戦前入植地区で高く(中標津農協30%,上春別農協28%),新酪入植地区では低い(別海農協13%,中春別農協7%).さらに80頭以上の多頭数グループで,フリーストールとミルキングパーラーを利用している比率は,戦前入植地区で高く(中標津農協76%,計根別農協56%,上春別農協61%),新酪入植地区で低い(中春別農協20%,別海農協47%).

第2に,ふん尿問題が深刻化している.ふん尿が「必要量を超えている」比率は,戦前入植地区でわずか(計根別で0.0%,中標津1.7%,上春別13.4%)であるのに対して,新酪入植地区では多数(別海農協53.9%,中春別農協43.8%)となっている.「新酪事業」では,多くの農業者がスラリー

表 1-8 根室内部での酪農問題の地域差（2000 年）(1)

		合計[*1]	施設装備[*1]		糞尿問題[*1]			農協からの貸付金/農協への貯金[*2]
			フリーストール利用率	経産牛80頭以上でのフリーストール率	経営耕地に還元し必要量を超えている	経営内では処理できず外部に供給	処理できずに困っている	
		（戸）	（%）	（%）	（%）	（%）	（%）	（%）
合計		1,521	16.2	42.9	19.7	0.1	0.1	85.5
戦前入植地区	計根別農協	159	13.2	55.6	―	―	―	72.1
	上春別農協	112	27.7	60.5	13.4	―	0.9	72.4
	中標津農協	230	30.0	75.5	1.7	―	―	76.5
新酪入植地区	別海農協	293	12.6	46.9	53.9	―	―	85.9
	中春別農協	194	7.2	19.5	43.8	―	―	111.3
戦後入植地区	根室市農協	121	8.3	54.5	―	―	―	81.9
	西春別農協	225	8.0	12.5	6.7	0.4	0.4	76.9
	標津農協	172	27.3	57.9	12.8	―	―	106.2
	羅臼農協	15	―	0.0				

資料：[*1]は中央酪農会議『酪農全国基礎調査』2000 年の組み替え集計，[*2]は北海道農政部『農業協同組合要覧』2000 年度による．

ストアを設置した．当時成牛 50 頭に設計された施設を，現在は倍近くの頭数で利用し，このためふん尿問題が顕在化している．

　第 3 に，経営的な安定性は低い．2000 年の農協からの貸付金を貯金で割った比率は，新酪入植地区で高く（中春別農協 111%，別海農協 86%），戦前入植地区では低い（中標津農協 77%，計根別農協・上春別農協 72%）．

2) 新酪入植地区での優位な点

　半面で，新酪入植地区では，次の優位な点をあげることができる（表 1-9）．

　第 1 に，若い担い手を確保している．2000 年において，経営主の年齢が 50 歳以上の高齢比率は新酪入植地区で小さく（中春別農協 34%，別海農協 28%），戦前入植地区では高い（上春別農協・中標津農協 42%，計根別農協 45%）．経営主 50 歳以上でさらに後継者が「未定」か「いない」農家の比率

第1章 根室酪農の地域的条件

表1-9 根室内部で酪農問題の地域差（2000年）(2)

		50歳以上のうち後継者未定・いない比率	圃場分散箇所数が5カ所以上の比率（98年）	ふん尿処理に問題の比率（2000年）	
				スタンチョン＋ミルカー	フリーストール＋ミルキングパーラー
		(%)	(%)	(%)	(%)
	合計	14.3	38.4	19.3	24.9
戦前入植地区	計根別農協	17.0	38.9	—	—
	上春別農協	15.2	34.2	3.7	37.9
	中標津農協	21.3	40.8		7.1
新酪入植地区	別海農協	11.9	23.1	53.0	67.6
	中春別農協	12.4	22.8	42.8	45.5
戦後入植地区	根室市農協	10.0	64.1	—	—
	西春別農協	12.4	25.9	6.7	12.5
	標津農協	14.6	61.2	11.3	16.7
	羅臼農協	6.7	33.3	—	—

資料：中央酪農会議『酪農全国基礎調査』の組み替え集計による．
注：分散圃場は牧草・飼料作付知のみについての数値．

も新酪入植地区で低く（中春別・別海農協ともに12%），戦前入植地区では高い（上春別農協15%，計根別農協17%，中標津農協21%）．

　第2に，農地が団地化している．「新酪事業」では新しい開発地への移転による，いわば「間引き」の跡地を利用して交換分合事業が行われた．この地区では農地は団地化したが，それ以外の地区では分散が激しい．例えば1998年で圃場が5カ所以上に分散している比率は，新酪入植地区では低く（中春別・別海両農協でそれぞれ23%），戦前入植地区では高い（計根別農協39%，中標津農協41%）．

　第3に，ふん尿問題は，戦前入植地区でフリーストールの利用に伴い，顕在化しつつある．戦前入植地区で増加したフリーストールでは，「経営内で処理できない」比率がきわめて高い．この比率は，例えば戦前入植地区の上春別農協では，スタンチョンストールでは3%に過ぎないがフリーストールでは38%に達している．新しい牛舎施設の導入後に，多頭化が進み面積が不足し，処理施設が不足する．かつて新酪入植地区で見られた事象が繰り返

されていることを予想できる．

3) 地域差の形成経過

以上の地域差は，固定的ではなく，以下のように変遷してきた（表1-10）．

第1に，成牛頭数規模が最大の農協は入れ替わった．まず1970年には，戦前入植地区の計根別，上春別の両農協が19頭で首位にあった．しかし1980年には新酪入植地区の中春別，別海両農協が50頭台に達して首位となり，90年も60頭前後で首位を維持した．そして2000年には戦前入植地区の中標津・上春別の他，標津などの農協で急速に拡大が進み中春別，別海農協に迫り，以上すべてで70頭台前半に肩を並べることとなった．中春別，別海両農協では，「新酪事業」によって1980年前後に一気に多頭化し，その後他の農協が再び追い抜きつつある．

第2に，貯金に対する貸付金の比率も最悪の農協は入れ替わった．1960年では新酪入植地区では低かったが，1980年以降に上位を維持するようになった（表1-11）．

表1-10 根室地域の地区別に見た経営展開（1970-2000年）

		乳牛飼養農家1戸当たり経産牛頭数（頭）				草地面積当たり換算頭数（頭/100ha）				草地面積当たりトラクター（台/10,000ha）			
		1970	1980	1990	2000	1970	1980	1990	2000	1970	1980	1990	2000
合計		16.8	44.0	51.5	69.4	69	117	123	137	89	371	522	606
戦前入植地区	計根別農協	18.6	42.0	48.0	63.1	82	128	133	139	98	405	668	729
	上春別農協	19.1	43.5	48.7	73.2	79	139	129	174	109	471	587	730
	中標津農協	15.1	40.6	46.3	70.3	62	109	120	142	132	427	633	716
新酪入植地区	別海農協	15.6	51.3	57.9	73.2	61	120	123	131	51	361	486	552
	中春別農協	17.9	52.8	59.6	72.2	79	134	131	145	99	384	399	521
戦後入植地区	根室市農協	13.4	34.8	47.0	67.1	64	90	107	97	47	275	436	423
	西春別農協	16.8	38.7	47.8	62.5	66	108	121	139	101	345	537	682
	標津農協	17.9	38.9	49.9	74.5	71	108	117	136	75	325	522	555
	羅臼農協	11.0	23.4	30.8	38.7	40	74	90	102	108	248	460	566

資料：農林水産省『集落カード』各年をもとに集計した．

表1-11 根室地域の地区別に見た財務変化（貸付金/貯金，1960-2000年）

（単位：％）

		1960	1970	1980	1990	2000
合計		314	365	361	155	85
戦前入植地区	計根別農協	503	375	293	96	72
	上春別農協	217	380	277	104	72
	中標津農協	294	246	227	115	77
新酪入植地区	別海農協	311	377	364	183	86
	中春別農協	209	495	614	280	111
戦後入植地区	根室市農協	250	325	397	153	82
	西春別農協	456	355	447	125	77
	標津農協	350	497	324	172	106
	羅臼農協	…	…	…	…	…

資料：北農中央会中標津支所『JA要覧』各年をもとに集計した．
注：農用地開発公団からの借入金は含まれていない．

このように，戦前入植地区はかつて大規模で財務は不安定だったが，「新酪事業」で地位は逆転した．事業後には新酪入植地区が大規模になり，財務が不安定化した．1980年前後に実施された「新酪事業」への参加の仕方が，今日にも強く影響していることを示している．

第3節 分析対象地域の特徴

以上の分析から，以下の点を整理できる．

第1に，経営改善を進める具体的な方法を明確にする意義を広く確認できた．第1節に示したように，全道の酪農は激しい淘汰を経て急速に多頭化し，機械化と施設化を進めて生産性を高めた．しかし，家族の労働時間は増大し，不安定な財務のまま推移し，国外の輸入飼料に依存して，農地からの生産効率を停滞させ，農業所得率を低下させている．技術と収益の効率をいかに高めるかは，多くの農業者にとって共通の課題となっている．

第2に，根室地域を対象にして経営的な成果とその改善を分析することは，全道の酪農家にとって次の重要な意味がある．第2節で示したように，根室

地域は道内他地域と比較して70年代に開発により急速に多頭化し，80年代には財務が不安定化したが，90年代には著しく改善が進んだ．多頭化に伴う種々の問題が顕在化し，その後解決されてきた経過を分析するために，典型的な地域となっている．そして他の地域と根室との格差が減少していることは，根室で試された「近代化」[6]が他の地域に応用された経過を示す．かつて根釧地域を代表として示された負債問題などの経営問題が全道に広がった過程でもありうる[7]．全道の酪農に共通した課題を解く上で，典型的な地域といえる．

　第3に，主な分析対象として新酪入植地区を取り上げることの意義が確認できた．根室の内部において，大規模な「新酪事業」で移転入植し開発事業が集中した地区と，それ以外の地区によって機械や施設の装備状況が異なり，労働時間やふん尿処理などの問題状況も異なっている．この移転入植地区では，事業直後に経営が著しく悪化し，その後改善した特徴を示しており，経営改善の経過を分析する対象として最も適している．と同時に同じ新酪入植地区で，同じ技術装備で開始した農業者の中で，今日も差異が生じているのであれば，その経過の分析は，農業者の主体的な取り組みの違いを鮮明にすることになると予想できる．

注
1) 吉野宣彦「酪農規模拡大構造の再検討」（北海道農業経済学会『北海道農業経済研究』第4巻，第2号，1995年5月）で示した．技術研究分野でも以下等の多くの報告がされている．松中照夫「土地面積あたりの乳生産という考え方」『酪農ジャーナル』2007年2月号，13-15頁．松中照夫・近藤誠司「北海道の採草地1haから期待できる乳生産量―土地面積あたりで乳生産を考える」『畜産の研究』養賢堂，第60巻，641-648頁，2006年．八代田真人・藤芳雅人・中辻浩喜・近藤誠司・大久保正彦「草地型酪農地域の酪農家における土地利用方法と土地からの牛乳生産の関係」Grassland Science，第47巻，399-404頁，2001年．大久保正彦「草地からの乳・肉生産をめざして」グラース，第47巻，3-8頁，2003年．
2) 北海道農政部酪農畜産課「新搾乳システムの普及状況について」（2002年6月発表）でも，2002年2月時点で，ミルキングパーラーとフリーストールを同時

に導入している比率は根室地域では15.2%であり，平均の頭数規模がより小さい十勝地域の15.3%に劣っている．
3) 表示はしていないが，中央酪農会議『酪農全国基礎調査』各年の組み替え集計による．
4) 表示はしていないが，中央酪農会議『酪農全国基礎調査』2000年度の組み替え集計による．
5) 表示はしていないが，北海道農業協同組合中央会『酪農全国基礎調査　結果報告書（北海道版）』1992年，34頁による．
6) 宇佐美繁「草地酪農の資本形成と生産力構造」美土路・山田編著『地域農業の発展条件』御茶の水書房，1985年，319頁では，「草地酪農地域には，膨大な国家資金に支えられつつ，他部門の農民経営から見れば，隔絶した資本形成を行い，生産力水準も際だって高い農家群が叢生した．新酪農村は，その水準を最先端において示す地域と見てよい．日本全体から見れば，近代化の極限とも思われるこの事業の成果を……」としるしている．
7) 田畑保「北海道酪農の経済構造と農民層分解」美土路・山田編著，同上書では，214-215頁に「遠隔地・土地利用型の酪農ほど……機械・施設の大型化・重装備化が進み……借入金依存の傾向が強まる」とされ「とりわけ根釧酪農に典型的に現れており」とされた．260頁では，「北海道酪農の特質が最も典型的に現れるのが……根室地域」と位置づけられていた．

第2章

収益性格差の実態と経営改善の可能性

　農水省の『生産費調査』では階層区分は最大で100頭以上になっている（2006年度時点）．今日の平均的な60～80頭程度の階層が規模拡大を構想する場合には，100頭以上階層の中での詳細な階層の分析が重要になる．また，同じ規模階層でも収益性に大きな格差が見られることは，すでに多数の研究で指摘されており[1]，単なる規模階層ごとの平均値では経営改善を進めるための分析には十分ではない．

　そこで本章では収益性の格差について，規模と収益性のそれぞれの階層で，以下のように比較分析する．

　第1節では，1997年度の根室支庁1,568戸の収支をもとに，まず経産牛規模階層別に分析し多頭数階層の特徴を示す．このときフリーストールとスタンチョンストールといった牛舎の違いに分けて規模階層別に収益性を分析する．2つの施設の間には大きな技術的差異があると捉える研究例が見られるからである[2]．

　第2節では，経営改善の可能性を示す．1991-93年に実施された1農協の全戸調査をもとに，収益性について高いグループと比較した低いグループの特徴を分析する．収益性が低い理由には，個々の農業者には変更が難しい社会的事情もあり得るが，個人の努力で変更可能な作業や管理，意識なども関係し得る．仮に個人で変更可能な要因が強く関係しているならば，多数の農業者にとっても経営改善が可能なことを示すことができる．

　ここでの分析データには，対象地域の全戸の組合員勘定報告票（以下クミカンとする）や営農計画書を用いる．クミカンは農水省の『農家経済調査』

や『生産費調査』と比べると償却費や家族労賃，農協を通さない取引は把握できないため不正確ではある．しかし多数の農業者について，同じ農協と取引した収支を同一の勘定科目で比較できるメリットがある．

また収益性はクミカンによる農業所得率として次の式により算出した．

クミカン農業所得＝農業収入－（クミカン農業支出－支払利息－支払労賃）

$$\text{クミカン農業所得率} = \frac{\text{クミカン農業所得}}{\text{農業収入}} \times 100$$

この計算方法は，短期の技術的な効率をより明確に示す目的で使用した．次のようにいくつかの問題があるため，他のデータで補足的に分析をした．

第1に支払利息を農業経営費から除外している点は，農林統計の経営費とは異なる．除外理由は，支払利子には住宅など家計費の利子部分と負債整理資金の利子が含まれ，短期的な酪農の技術効率を示しにくくするからである．

第2に償却費が農業経営費に含まれないため，後に資産台帳をもとに機械の保有状況を補足的に分析した．

第3に農業経営費に支払労賃を含めない点も統計と異なる．除外理由はクミカンの支払労賃には家族への専従者給与を含む場合があり，この金額が大きいため経営費を著しく変動させることによる．この点は，農協全体の悉皆調査をもとに，雇用労働力の利用と家族労働時間を補足的に分析した．

第1節　収益性の実態

この節では，第1にフリーストールとスタンチョンストールに分けて，それぞれの経産牛飼養頭数規模階層別の平均値を比較し，同じ施設条件でスケールメリットの現れ方を示す．第2に収益性の格差について，まず根室地域内のどの農協においても収益性格差が生じていることを示す．また各農協の収益性の低いグループに共通する特徴と，さらに異なる施設や規模での収益性の高いグループに共通する特徴を示し，収益性格差の要因に迫る．

第 2 章　収益性格差の実態と経営改善の可能性　　　　　　41

1. 頭数規模階層別の経営収支

1) スタンチョンストール牛舎利用者の経営収支

　表2-1には，スタンチョンストールを利用している1,383戸についての経営収支を示した．多頭数規模層ほどみられる傾向として，以下の点をあげることができる．

　第1に，多頭数階層ほど，農業所得額が増加しているが，農業所得率は低下している．クミカン農業所得率は平均で37%だが，100頭以上では30%以下と低い．

　第2に，農業所得率の低下理由は収入の低下ではなく，主に費用の増加にある．多頭数階層ほど，換算頭数当たりの農業収入は低下しておらず，これに対して換算頭数当たりの農業経営費は明瞭に増加している．50頭前後では換算頭数当たり26万円前後に過ぎないのに対して，100頭前後では30万円に達している．

　第3に，多頭数階層ほど高まる費用の内訳は，特に飼料費であり，さらに養畜費，賃料料金，修理費など多数に及んでいる．これらの費用が増加する技術的な理由には，この表の限りでは次の点が考えられる．まず換算頭数当たり経営耕地面積が小さく自給飼料を十分に確保できないために購入飼料費が増加すること．また疾病の増加から養畜費が増加すること．さらに家族労働の過重から作業を外部へ委託して賃料料金が増加することなどである．

　多頭化によってクミカン農業所得は増加するが，クミカン農業所得率は低下し，コストが高くなっている．

2) フリーストール牛舎利用者の経営収支

　表2-2には，フリーストール牛舎を利用する185戸の経営収支を示している．クミカン農業所得率は多頭化に伴ってゆるやかに低下しているが，先のスタンチョンストールとの違いに注目すると，次の点を指摘できる．

表 2-1 スタンチョンストール牛舎利用者における経産牛頭数規模別

			平均	30頭未満	30～40	40～50	50～60	60～70	70～80
集計戸数		(戸)	1,383	62	166	339	341	250	118
出荷乳量		(t)	369	148	229	297	369	439	510
経営耕地面積		(ha)	57	35	44	51	58	64	71
乳牛飼養頭数		(頭)	97	44	61	80	98	113	127
経産牛		(頭)	54	24	35	45	54	64	73
農業収入		(千円)	32,931	13,923	20,913	26,396	32,721	39,263	45,141
クミカン農業経営費		(千円)	20,713	7,658	12,602	16,431	20,263	24,683	28,479
クミカン農業所得		(千円)	12,218	6,265	8,311	9,965	12,458	14,580	16,662
クミカン農業所得率		(%)	37.0	44.0	39.0	37.0	38.0	37.0	37.0
経産牛当たり出荷乳量		(kg)	6,776	6,700	6,505	6,665	6,863	6,904	6,969
換算頭数当たり	農業収入	(千円/頭)	434	415	437	424	430	444	453
	クミカン農業経営費	(〃)	270	224	262	264	266	278	286
	クミカン農業所得	(〃)	165	191	175	161	164	166	167
	肥料・農薬費	(〃)	23	25	26	24	22	22	20
	生産資材	(〃)	15	13	17	16	15	15	15
	水道光熱費	(〃)	20	20	22	20	19	18	19
	飼料費	(〃)	109	87	101	103	108	113	121
	養畜費	(〃)	17	15	17	17	17	19	18
	素畜費	(〃)	1	0	1	1	1	3	1
	農業共済	(〃)	18	14	17	18	18	19	18
	賃料料金	(〃)	29	24	27	28	28	31	32
	修理費	(〃)	20	14	19	20	20	20	21
	諸税公課負担	(〃)	16	16	16	16	16	16	17
	支払利息	(〃)	15	11	14	15	15	16	18
	その他経営費	(〃)	6	6	7	6	6	6	6

資料:管内農協資料による (1997年).
注:換算頭数は経産牛を1,育成牛を1/2頭に換算した頭数の合計とした.
　　クミカン農業経営費は農業支出合計－雇用労働－支払利息.クミカン農業所得＝農業収入－クミカ

　第1に,換算頭数当たり農業収入は,ほぼどの階層でもスタンチョンストールより高くなっている.平均では,スタンチョンストール群で43.4万円に対して,フリーストール群では48.0万円と高い.この主な理由は経産牛当たりの生産乳量が平均で,スタンチョンストール群は6,776kgであるのに対し,フリーストール群では7,635kgと900kgほど高いことによる.
　第2に,換算頭数当たりの農業経営費も,ほぼどの階層でもスタンチョン

の経営収支（1997年）

	80〜90	90〜100	100〜120	120頭以上
	58	26	18	5
	554	646	716	1,100
	77	75	89	101
	147	155	175	232
	82	93	106	162
	49,638	56,357	62,308	98,895
	33,423	38,533	43,198	70,188
	16,215	17,824	19,110	28,706
	33.0	32.0	29.0	30.0
	6,713	6,988	6,769	6,964
	432	455	450	512
	290	310	311	357
	142	145	139	155
	21	19	21	19
	17	12	16	14
	19	19	18	25
	123	132	139	162
	18	20	17	27
	3	2	5	0
	16	20	15	19
	32	38	33	35
	21	24	28	28
	16	18	19	20
	17	15	13	19
	5	6	6	8

ン農業経営費とした．

ストールより高くなっている．平均では，スタンチョンストールで27.0万円に対して，フリーストールでは30.9万円に達している．

第3に，フリーストール群では，ほぼどの階層でも濃厚飼料の多投入によって疾病や死廃が多発している．スタンチョンストールとフリーストールの群それぞれを平均で比較すると，換算頭数当たりの飼料費は，スタンチョンストール群は10.9万円に過ぎないのに対して，フリーストール群では14.3万円に達している．さらに養畜費もスタンチョンストール群1.7万円に対し，フリーストール群では2.0万円．また収入に占める家畜共済金はスタンチョンストール群で3.0%だがフリーストール群では3.6%に達している．

同一階層において，スタンチョンストールに比べてフリーストールでは，多産出ではあるが多投入となっている点に特徴が見られる．このため仮に50〜60頭規模でスタンチョンストールからフリーストールに移行する時，クミカン農業所得は12,458千円から11,938千円へと低下することになる．クミカンに示されていない施設の償却費などの増加を考慮すると，所得を増加するために多頭化は不可欠になる．100〜120頭規模に拡大するとクミカン農業所得は，スタンチョンストールで19,110千円に対して，フリーストールで24,689千円と5,579千円高くなる．こうして平均的に見ると農業所得を増加するために，スタンチョンストールの中での多頭化，フリ

表 2-2 フリーストール牛舎利用者における経産牛頭数規模別の経

		平均	30頭未満	30～40	40～50	50～60	60～70	70～80
集計戸数	（戸）	185	—	2	3	12	28	33
出荷乳量	（t）	678	—	289	424	386	494	572
経営耕地面積	（ha）	73	—	46	58	60	64	67
乳牛飼養頭数	（頭）	157	—	70	101	101	116	135
経産牛	（頭）	90	—	33	43	55	64	73
農業収入	（千円）	58,989	—	26,727	39,609	35,126	43,397	49,745
クミカン農業経営費	（千円）	38,157	—	16,367	23,009	23,189	27,854	32,059
クミカン農業所得	（千円）	20,832	—	10,360	16,600	11,938	15,543	17,686
クミカン農業所得率	（％）	36.0	—	40.0	42.0	34.0	36.0	35.0
経産牛当たり出荷乳量	（kg）	7,635	—	8,759	9,830	7,009	7,758	7,786
換算頭数当たり 農業収入	（千円/頭）	480	—	515	543	454	488	477
換算頭数当たり クミカン農業経営費	（〃）	309	—	315	313	297	312	307
換算頭数当たり クミカン農業所得	（〃）	171	—	200	229	157	176	170
換算頭数当たり 肥料・農薬費	（〃）	19	—	27	23	21	20	20
換算頭数当たり 生産資材	（〃）	15	—	12	11	18	16	15
換算頭数当たり 水道光熱費	（〃）	19	—	35	18	21	19	21
換算頭数当たり 飼料費	（〃）	143	—	132	136	126	146	141
換算頭数当たり 養畜費	（〃）	20	—	18	19	18	19	20
換算頭数当たり 素畜費	（〃）	1	—	0	0	2	1	1
換算頭数当たり 農業共済	（〃）	18	—	13	21	18	19	19
換算頭数当たり 賃料料金	（〃）	32	—	31	46	29	33	32
換算頭数当たり 修理費	（〃）	20	—	26	17	21	19	19
換算頭数当たり 諸税公課負担	（〃）	22	—	17	23	21	22	21
換算頭数当たり 支払利息	（〃）	14	—	9	18	13	14	15

資料：表 2-1 に同じ．
注：表 2-1 に同じ．

ーストールへの移行と多頭化が進むことになる．

2. 同一規模階層における収益性格差

ただし平均によるここまでの分析にどれほどの意味があるかが大きな問題となる．

図 2-1 には，経産牛頭数規模とクミカン農業所得との関係を，合計 1,568

営収支（1997年）

80～90	90～100	100～120	120頭以上
28	19	37	23
644	664	811	1,113
72	77	80	92
149	154	186	248
82	93	107	153
54,330	57,835	71,019	96,286
33,973	36,994	46,330	64,032
20,357	20,842	24,689	32,254
38.0	36.0	35.0	33.8
7,807	7,179	7,562	7,497
472	469	485	488
295	298	317	326
177	171	168	162
20	17	16	18
14	17	14	11
18	20	19	18
135	131	152	157
19	18	21	24
0	1	1	1
18	19	17	19
31	33	31	34
21	20	19	20
22	22	23	21
11	15	13	14

戸について示したが，同じ頭数規模でも農業所得に大きな格差を確認できる．経産牛50頭程度の規模では，低い方では400万円程度，高い方では2,000万円程度までに分散している．また図には，フリーストールとスタンチョンストールとを記号で区別しているが，同じフリーストールであっても大きな個別差があることが明瞭である．

　農業所得を増加させるために何をすべきかについて，これまでの平均での分析では，多頭化と新しい施設への移行が結論となるが，この分散状況を考慮すると，規模拡大以上にすべきことがあるように考えられる．

　さらに表2-3には，管内農協ごとにクミカン農業所得率の階層構成を示しているが，各農協ともに幅広く分散している．収益性の格差は農協内部にも確認できるため，類似した自然や歴史的な条件の下で，個別的な事情で生じている可能性が高い．

　この個別的な事情の中で，農業者が個人で変更可能な要因が強ければ，多頭化以外の多様な改善の可能性を示すことができる．

3. 低収益農家群における経営収支の特徴

　そこで，この収益性格差にどのような技術的な要因が影響しているかを，農協間で共通する点を見いだすことによって示しておこう．

　表2-4には，農協ごとに，クミカン農業所得率の階層別に区分して，換算

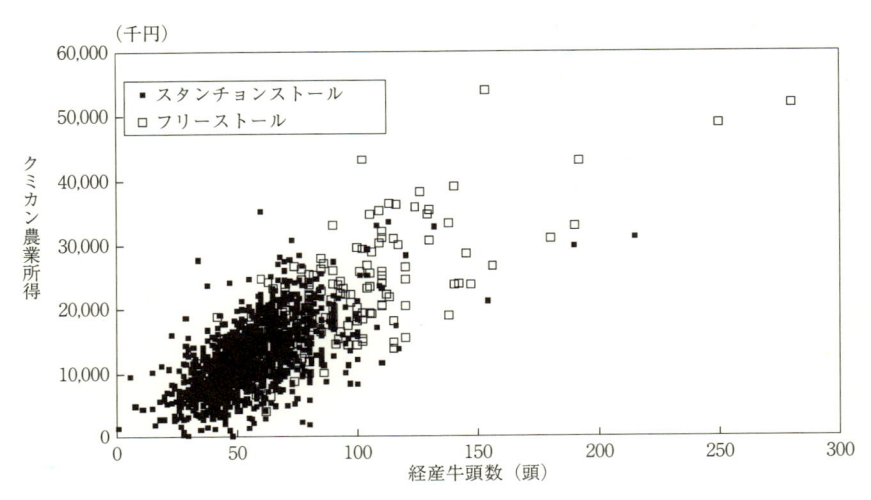

図 2-1 施設ごとの規模とクミカン農業所得との相関（1997 年）

表 2-3 農協ごとに見たクミカン農業所得率階層の構成比（1997 年）

（単位：％，戸）

	戸数	合計	クミカン農業所得率構成比		
			35%未満	35〜40	35%以上
合計	1,568	100.0	35.5	24.1	40.4
JA-A	171	100.0	19.9	26.9	53.2
JA-B	232	100.0	14.7	21.1	64.2
JA-C	189	100.0	36.0	25.9	38.1
JA-D	221	100.0	44.8	22.6	32.6
JA-E	120	100.0	46.7	27.5	25.8
JA-F	312	100.0	42.6	22.4	34.9
JA-G	180	100.0	43.3	22.8	33.9
JA-H	128	100.0	35.9	28.9	35.2
JA-I	15	100.0	53.3	20.0	26.7

資料：表 2-1 に同じ．
注：表 2-1 に同じ．

頭数当たりの収支について示している．農協間で共通する点は，以下の 2 点といえる．

第 1 に，クミカン農業所得率が低い理由は，農業収入が低いのではなく農業経営費が高いことによっている．農業所得率が低いグループほど，農業収入が低くなる農協は 8 農協中 3 農協にすぎないが，すべての農協で農業経営費が高まっている．

第 2 に，クミカン農業所得率が低いグループで農業経営

費が増加する理由は，飼料費，修理費，生産資材，賃料料金などによる．特に飼料費はすべての農協で増加しており，飼料給与のあり方は，収益性に強く影響していることが明瞭である．

次に，フリーストールのみを取り出して，規模階層に分けて収益性が低い理由を検討しよう．

表2-5には，フリーストール利用農家群について，まず経産牛頭数階層ごとに分けて，クミカン農業所得率階層ごとの収支を示した．この表のうち，戸数の少ないフリーストール群の60頭未満を除外して検討すると次の点を指摘できる．まず低収益率階層では，農業収入が小さいのではなく，農業経営費が大きいことが示される．経産牛1頭当たり生産乳量も低収益グループで低いわけではない．

また高収益率階層で減少する農業経営費のうち，もっとも共通するのは飼料費になる．この飼料費の多寡の要因としては飼料給与方法や繁殖管理などの飼養管理作業の影響が最も直接的と考えられる．飼養管理作業に差が生じる理由として，労働力や機械の装備，土地条件など，飼料生産を含めた幅広い要因が影響しうるため，これらを含めた幅広い要因分析が必要となる．

第2節　収益性格差の要因

本節では，収益性格差の要因を明らかにするために，収益性の低い農業者の特徴として，社会的な条件，機械・施設の保有，飼養管理を中心とした作業や技術の管理，経営管理や意識などの主体的な性格，とできるだけ多くの要因を分析する．これらの分析を通じて，個々の農業者による経営改善の可能性を明らかにする．

分析素材としては，やや古いが多くのデータが揃っている1991-93年を基本的な分析時期として，1農協管内の約350戸をクミカンをもとにした収益性で階層区分した上で，営農計画書に加えて，中央酪農会議等による『酪農全国基礎調査』，農協にある出荷乳量実績，機械台帳，乳牛経済検定結果を

表 2-4 農協ごとにみたクミカン農

		JA-A			JA-B			JA-C		
		35%未満	35〜40	40%以上	35%未満	35〜40	40%以上	35%未満	35〜40	40%以上
集計戸数	(戸)	23	41	82	25	35	122	60	41	70
農業所得率	(%)	27	37	46	29	37	49	28	37	46
乳牛飼養頭数	(頭)	102	107	96	87	96	81	94	95	86
経産牛頭数	(頭)	53	58	56	49	54	46	51	51	50
経産牛当たり産乳量	(kg)	6,691	7,115	7,031	6,023	6,635	6,693	7,028	7,349	7,080
換算頭数当たり (千円/頭)	農業収入	415	453	456	405	423	469	451	467	470
	クミカン農業経営費	300	284	249	289	267	237	322	294	253
	クミカン農業所得	115	169	207	115	157	232	129	174	217
	雇用労賃	2	2	1	4	2	3	2	1	1
	肥料・農薬費	23	20	21	27	22	29	23	20	20
	生産資材	18	16	13	17	14	16	18	18	13
	水道光熱費	16	14	14	17	16	16	20	18	17
	飼料費	115	111	100	120	117	102	129	117	104
	養畜費	17	19	15	23	23	17	26	24	17
	素畜費	9	3	1	6	1	0	0	0	0
	農業共済	18	19	18	21	19	18	23	23	17
	賃料料金	32	28	24	30	24	25	35	30	29
	修理費	25	25	18	26	23	16	25	20	14
	諸税公課負担	21	21	20	21	21	20	18	18	16
	支払利息	16	23	13	19	15	10	11	9	6
	その他経営費	9	8	7	9	10	6	7	6	6
	農業支出合計	319	310	264	313	284	250	335	305	261
経営面積当たり肥料費 (千円/ha)		25	23	24	34	31	34	37	33	31

資料:表 2-1 に同じ.
注:表 2-1 に同じ.

用い,収益性の変化を含めて階層間の比較を行う.分析対象とした農協は新酪事業による入植地域を含み,第 1 章での区分では新酪入植地区に含まれている.

　分析は以下のように進める.第 1 に農協管内の収益性と規模や生産性との関連を概観する.第 2 に収益性の低いグループの特徴を,社会面,技術面,管理面について,個々の農業者による変更の可能性に注目して分析を進める.

第2章　収益性格差の実態と経営改善の可能性

業所得率階層別の経営収支（1997年）

	JA-D			JA-E			JA-F			JA-G			JA-H		
	35%未満	35～40	40%以上	35%未満	35～40	40%以上	35%未満	35～40	40%以上	35%未満	35～40	40%以上	35%未満	35～40	40%以上
	39	27	24	115	65	98	69	36	61	44	36	42	93	48	72
	27	36	45	27	37	45	27	37	45	29	37	46	28	37	44
	101	91	84	111	104	98	119	120	99	95	100	91	101	91	80
	59	52	49	62	56	55	65	60	54	52	57	51	60	54	48
	6,653	6,871	6,970	6,463	7,028	6,666	7,010	7,571	7,356	6,175	6,652	6,454	6,468	6,004	6,766
	435	436	449	405	436	413	449	463	454	396	430	415	409	386	416
	315	278	248	294	275	227	327	290	251	281	271	225	294	242	232
	120	158	201	112	161	187	122	173	202	115	159	190	115	144	184
	4	0	1	7	8	5	6	8	2	2	9	1	2	1	1
	23	22	22	22	22	20	24	25	24	22	21	19	25	22	22
	16	14	12	20	18	13	19	15	16	14	12	11	15	13	12
	24	24	23	23	22	21	16	16	16	25	27	21	23	22	22
	131	116	95	113	105	88	130	117	102	111	108	94	124	96	93
	23	18	16	16	16	12	22	19	16	18	18	15	18	14	13
	5	1	3	1	0	0	5	4	1	0	0	0	0	1	0
	19	20	16	16	18	14	21	21	16	21	20	14	17	15	15
	27	25	25	29	26	22	49	39	31	34	30	24	31	24	23
	23	16	14	29	23	14	27	21	17	22	18	13	21	17	14
	19	19	18	18	18	17	10	10	10	10	11	9	16	14	14
	17	15	10	21	16	13	28	23	16	14	19	11	18	15	13
	5	4	5	8	6	5	4	4	4	6	7	5	5	4	4
	337	294	260	322	300	245	363	323	270	297	300	238	315	258	247
	36	32	30	31	32	28	38	36	31	28	26	26	33	27	28

　やや具体的に示すと，まず社会面について入植や酪農開始の時期，家族の状況を，また技術面について労働，機械保有，ふん尿処理，飼養管理，土地利用を，さらに主体面について規模拡大の意向や管理行動を実際の経営変化と合わせて分析する．

　最後にこれらの3つの側面を関連づけて，個々の農業者による変更のしやすさを基準に，農業者が収益性格差を解消して経営改善を進める可能性を整

表 2-5 規模階層ごとにみた高収益率階層の特徴（フリーストール，1997 年）

(単位：千円/頭)

			60 頭未満			60〜100			100 頭以上		
			35%未満	35〜40	40%以上	35%未満	35〜40	40%以上	35%未満	35〜40	40%以上
集計戸数		(戸)	6	4	7	42	28	38	32	13	15
クミカン農業所得率		(%)	28	36	43	29	37	44	28	37	44
乳牛飼養頭数		(頭)	105	103	87	142	137	132	203	223	213
経産牛頭数		(頭)	55	46	49	78	75	76	119	138	126
経産牛当たり産乳量		(kg)	6,833	9,461	7,468	7,578	7,894	7,627	7,765	6,960	7,551
換算頭数当たり（千円/頭）	農業収入		429	532	486	460	490	487	499	458	484
	クミカン農業経営費		310	339	274	325	310	275	357	287	270
	クミカン農業所得		120	192	212	135	180	212	142	171	213
	雇用労賃		1	1	0	4	2	6	13	6	4
	肥料・農薬費		22	22	22	18	20	21	18	16	19
	生産資材		19	16	13	16	17	14	15	12	10
	水道光熱費		23	24	20	21	18	18	20	17	17
	飼料費		123	151	120	148	144	125	171	142	128
	養畜費		21	18	17	19	21	18	27	18	17
	素畜費		3	0	2	1	1	1	2	1	0
	農業共済		18	21	16	20	18	17	17	19	17
	賃料料金		34	37	28	37	33	27	37	27	29
	修理費		22	22	19	20	19	20	24	16	13
	諸税公課負担		21	25	18	21	22	23	23	20	23
	支払利息		19	11	10	17	12	12	15	13	11
	その他経営費		9	6	6	6	6	6	7	4	5
	農業支出合計		331	352	286	346	325	294	385	306	286
経営面積当たり肥料費		(千円/ha)	26	31	29	29	35	32	36	31	32

資料：表 2-1 に同じ．
注：表 2-1 に同じ．

理する．

1. 収益性格差の概要

　ここでは分析に当たって，クミカンによる農業所得率が 30% 未満を低収益率グループ，40% 以上を高収益率グループと表現し，農業所得率が低いグループほど強まる性格を低収益率グループの特徴として示していく．

第2章 収益性格差の実態と経営改善の可能性

表2-6 経営規模と収支の概況（1992年）

(単位：戸，%)

		合計	クミカン農業所得率階層別			
			30%未満	30～35	35～40	40%以上
集計戸数	（戸）	351	87	83	84	97
経営耕地面積	（ha）	59	65	58	59	55
乳牛飼養頭数	（頭）	110	129	108	106	99
経産牛頭数	（頭）	57	64	58	56	51
換算頭数当たり経営耕地面積	（a）	75	75	73	76	77
出荷乳量	（t）	395	447	400	387	351
経産牛当たり出荷乳量	（kg）	6,854	6,661	6,965	6,977	6,827
農業収入	（千円）	33,273	37,445	34,056	32,835	29,240
クミカン農業経営費	（〃）	22,052	29,458	22,943	20,537	15,961
クミカン農業所得	（〃）	11,221	7,987	11,113	12,298	13,279
経産牛当たり飼料費	（〃）	104	128	107	94	81
経産牛当たり養畜費	（〃）	13	14	14	13	11
面積当たり肥料費	（〃）	34	35	36	34	31

資料：営農計画書およびクミカンによる．

まず表2-6には，規模と収支など基本的概況を示した．低収益率グループでは，すでに触れてきたように購入飼料費の増加が明瞭だが，この点以外では，以下の特徴を指摘できる．

第1に，経営規模は低収益率グループの方が次のように大規模になっている．高収益率グループよりも低収益率グループの方が，経産牛頭数で13頭多いだけでなく，経営耕地面積も10haほど大きい．このため低収益率グループの社会条件について，これまでの土地拡大の条件が不利だったとはいえない．

第2に，面積に対する頭数の集約度は次のように低収益率グループで高い．換算頭数当たり経営耕地面積は高収益率グループの77aに対して，低収益率グループは75aとやや狭く，大規模な面積の上にさらに多頭化を進めてきたと見られる．本章第1節で示した全農協の低収益率グループに共通して飼料費が多い理由を推し量ると，1頭当たりの経営面積が少なく，代わりに購入飼料を利用していると考えることができる．この多頭化を進めた歴史的

な経過に注目する必要を確認できる．

　第3に，低収益率グループではクミカン農業所得の金額も小さいが，この低収益の理由は，収入が小さいからではなく費用が大きいためである．そして費用は換算頭数1頭当たりでは飼料費だけではなく，肥料費，養畜費，賃料料金でも大きい．収益性格差は飼料給与だけではなく様々な作業や管理の違いによると見られる．

　このように低収益率グループでは，農地のように個々の農業者に変更困難な要素は不足せず，逆に変更が比較的容易な管理や作業が強く関与して収益性が低下していると予想できる．

2. 低収益グループの特徴

1) 社会的な要因
(1) 入植と酪農開始の時期
　同じ農協管内といっても入植時期は多様で，戦前に穀菽農業から開始した例，戦後の引き揚げや次三男による開拓入植，「新酪事業」よる入植整備などがあり，酪農の開始時期や条件も異なる．

　歴史的な条件を表2-7に示したが，表から低収益率グループは入植時から不利な条件にあったことが次のように示される．まず戦後開拓で入植して，その後「新酪事業」に参加した比率が高収益率グループでは8.2%であるのに対して，低収益率グループでは23.0%に達していた．また分家による入植が少なく入植時に本家からの支援を得る可能性は低かった．このため多額の借入金を抱え，農協から負債対策農家に認定された比率は，高収益率グループで6.2%に過ぎなかったが，低収益率グループでは44.8%に達していた．

(2) 家族労働力の保有状況
　表2-8には家族労働力の保有状況を示した．まず経営主の年齢構成や後継者の確保条件に明瞭な傾向は見られず，家族労働力の質的な差異は明瞭でない．

第2章　収益性格差の実態と経営改善の可能性

表 2-7　入植と酪農開始の経過（1991年）　　（単位：戸，％）

			合計	クミカン農業所得率階層別			
				30％未満	30～35	35～40	40％以上
集計戸数			351	87	83	84	97
入植形態	合計		100.0	100.0	100.0	100.0	100.0
	既存	不明	3.4	―	4.8	3.6	5.2
		戦前	41.9	47.1	41.0	35.7	43.3
		戦後	26.8	16.1	22.9	31.0	36.1
	新酪	不明	1.4	1.1	2.4	2.4	―
		戦前	9.7	12.6	16.9	2.4	7.2
		戦後	16.8	23.0	12.0	25.0	8.2
出自	合計		100.0	100.0	100.0	100.0	100.0
	本家		73.8	80.5	72.3	69.0	73.2
	分家		20.8	17.2	19.3	25.0	21.6
	不明		5.4	2.3	8.4	6.0	5.2
酪農開始年次	合計		100.0	100.0	100.0	100.0	100.0
	不明		14.5	18.3	7.2	17.9	14.4
	昭和19年以前		17.4	18.4	19.3	11.9	19.6
	昭和20年代		26.5	20.7	34.9	27.4	23.7
	昭和30年代		31.1	28.7	26.5	33.3	35.1
	昭和40年代以降		10.6	13.7	12.0	9.6	7.2
負債対策	合計		100.0	100.0	100.0	100.0	100.0
	なし		77.8	55.2	74.7	85.7	93.8
	あり		19.3	44.8	25.3	14.3	6.2

資料：農協資料および『全国酪農基礎調査』1991年実施の個表の再集計による．出自は，農協発行『我が家の記録』による．
注：所得率階層区分は表2-6に同じ．

　家族労働力の量については，高収益率グループで若干の有利性が見られる．家族労働力が3人以上の比率は，高収益率グループ40.2％だが，低収益率グループでは33.3％とやや少ない．

　以上のように収益性が低い理由には個人で変更が困難な社会的な要素が関係していると考えることができる．

表 2-8 家族労働力の保有状態（1991 年）

(単位：戸，％)

		クミカン農業所得率階層別				
		合計	30％未満	30～35	35～40	40％以上
集計戸数		351	87	83	84	97
経営主年齢	合計	100.0	100.0	100.0	100.0	100.0
	不明	12.8	14.9	10.8	13.1	12.3
	30歳未満	8.5	5.7	9.6	14.3	5.2
	30～40	36.5	39.1	42.2	29.8	35.1
	40～50	26.8	23.0	24.1	33.3	26.8
	50歳以上	15.4	17.2	13.2	9.5	20.6
後継ぎの有無	合計	100.0	100.0	100.0	100.0	100.0
	不明	12.8	13.7	7.2	15.5	14.4
	いる	17.7	18.4	22.9	11.9	17.5
	決まっていない	18.5	16.1	13.3	19.0	24.7
	いない	51.0	51.7	56.6	53.6	43.3
家族労働人数	合計	100.0	100.0	100.0	100.0	100.0
	2人未満	24.5	31.0	20.5	22.6	23.7
	2～3	41.3	35.6	43.4	51.2	36.1
	3人以上	34.1	33.3	36.1	26.2	40.2
換算労働力当たり頭数	合計	100.0	100.0	100.0	100.0	100.0
	不明	0.4	1.6	─	─	─
	10頭未満	2.1	3.2	1.7	1.6	2.0
	10～20	42.5	41.3	47.5	29.5	54.0
	20～30	37.8	30.2	39.0	44.3	38.0
	30頭以上	17.2	23.8	11.9	24.6	6.0

資料：農協資料1991年度および『全国酪農基礎調査』1991年実施の個表の再集計による．
注：所得率階層区分は表2-6に同じ．

2） 技術的な要因

(1) 労働力の利用

①外部労働力の利用状況

表 2-9 には，家族以外の労働力の利用を示したが，低収益率グループでは次のように利用が多い．

まず雇用を利用した比率は，高収益率グループの 21.6％ に対して，低収益率グループは 47.1％ に達している．また不定期な利用も多いが，常雇や

表 2-9 雇用などの利用状況（1991 年）

(単位：戸，％)

		合計	クミカン農業所得率階層別			
			30％未満	30〜35	35〜40	40％以上
集計戸数		351	87	83	84	97
雇用の有無	合計	100.0	100.0	100.0	100.0	100.0
	ある	34.8	47.1	38.6	33.3	21.6
	なし	54.7	40.2	55.4	54.8	67.0
搾乳作業への利用比率	合計	100.0	100.0	100.0	100.0	100.0
	常雇	2.0	6.9	1.2	—	—
	パート	0.9	2.3	1.2	—	—
	不定期	7.1	12.6	9.6	4.8	2.1
ヘルパー利用	合計	100.0	100.0	100.0	100.0	100.0
	不明	21.9	24.1	22.9	22.6	18.5
	利用している	27.6	34.4	27.6	28.7	20.7
	利用していない	50.4	41.4	49.4	48.8	60.8

資料：農協資料および『全国酪農基礎調査』1991 年実施の個表の再集計による．
注：1) 所得率階層区分は表 2-6 に同じ．
　　2) 合計 100％ にならない分は無回答または未回収である．
　　3) 雇用にヘルパーは含まない．

パートなど継続的な利用も多いことが示されている．さらにヘルパーを利用した比率は，高収益率グループの 20.7％ に対して，低収益率グループは 34.3％ に達している．

②労働力の不足感と労働時間

低収益率グループで雇用が多い理由は，次のように労働力不足を感じていることによる．

表 2-10 には，「今後，労働力不足を補うためには主に何が必要ですか」との質問への回答を示している．まず「雇用労働力の活用」への回答率は高収益率グループの 12.4％ に対して，低収益率グループは 25.3％ に達している．さらに「特に必要ない」は，高収益率グループの 19.6％ に対して，低収益率グループは 9.2％ のみで，労働軽減の必要性が極めて高い．

表 2-11 には，「あなたの酪農全体の仕事量に比べてあなたの家族の労働力には余裕がありますか」という設問への回答を示した．「非常に不足してい

表 2-10　今後労働力不足を補うために何が必要か
（1991年・4回答）
(単位：戸, %)

	合計	クミカン農業所得率階層別			
		30%未満	30～35	35～40	40%以上
集計戸数	351	87	83	84	97
合計	400.0	400.0	400.0	400.0	400.0
省力化への設備投資	28.8	21.8	31.3	31.0	30.9
雇用労働力の活用	19.9	25.3	21.7	21.4	12.4
ヘルパーの活用	19.4	21.8	19.3	19.0	17.5
飼料生産委託	10.0	11.5	14.5	7.1	7.2
共同作業の実施	6.0	6.9	12.0	2.4	3.1
特に必要ない	15.1	9.2	14.5	16.7	19.6

資料：農協資料および『全国酪農基礎調査』1991年実施の個表の再集計による.
注：1)　所得率階層区分は表2-1に同じ.
　　2)　合計100%にならない分は無回答または未回収である.
　　3)　雇用にヘルパーは含まない.

表 2-11　家族労働力の余裕（1991年）
(単位：戸, %)

	合計	クミカン農業所得率階層別			
		30%未満	30～35	35～40	40%以上
集計戸数（戸）	351	87	83	84	97
合計	100.0	100.0	100.0	100.0	100.0
未回収	10.5	12.6	6.0	11.9	11.3
不明	1.4	2.3	—	2.4	1.0
十分余裕がある	2.8	3.4	2.4	2.4	3.1
やや余裕がある	6.6	6.9	9.6	7.1	3.1
適正である	27.4	21.8	19.3	27.4	39.2
やや不足している	37.9	33.3	44.6	38.1	36.1
非常に不足している	13.4	19.5	18.1	10.7	6.2

資料：農協資料及び『全国酪農基礎調査』1991年実施の個表の再集計による.
注：所得率階層区分は表2-6に同じ.

る」は高収益率グループでは6.2%に過ぎないが，低収益率グループで19.5%に達している．

　以上のように，低収益率グループでは労働力を外部に依存し，不足感も大きいが，その理由は次のように労働時間が長いことによる．表2-12には経営主の年間労働時間を示した．労働力数や飼養頭数規模によって1人当たり

第2章 収益性格差の実態と経営改善の可能性

表 2-12 換算労働力当たり頭数別の年間就農時間
(1992年・回答農家のみ集計)

(単位:戸,時間)

		合計	クミカン農業所得率階層別			
			30%未満	30～35	35～40	40%以上
集計戸数 (戸)	合計	233	63	59	61	50
	不明	1	1	―	―	―
	10頭未満	5	2	1	1	1
	10～20	99	26	28	18	27
	20～30	88	19	23	27	19
	30～40	30	11	5	12	2
	40頭以上	10	4	2	3	1
経営主 年間就農 時間 (時間)	合計	3,358	3,474	3,320	3,537	3,038
	不明	3,465	3,465	―	―	―
	10頭未満	2,593	2,718	3,090	2,455	1,985
	10～20	3,159	3,304	3,118	3,314	2,958
	20～30	3,523	3,771	3,599	3,527	3,177
	30～40	3,587	3,448	3,252	3,920	3,180
	40頭以上	3,562	3,615	3,235	3,783	3,340

資料:『全国酪農基礎調査』1992年実施の個表の再集計による.
注:所得率階層区分は表2-6に同じ.

の労働時間が大きく左右されるため,表には換算労働力当たりの経産牛頭数で階層に区分した上で,平均の労働時間を示した.階層により回答数が少ないため,表には集計戸数を合わせて示した.集計戸数が最多の換算労働力1人当たり経産牛が10～20頭で確認すると,高収益率グループの2,958時間に対して,低収益率グループは3,304時間と,352時間多い.さらに換算労働力1人当たり経産牛が20～40頭でも低収益率グループほど労働時間は長く,その差は594時間に及ぶ.

低収益率グループで年間の労働時間が長い理由は,日常的な飼養管理時間とともに,牧草収穫に要する期間も長いことによる.表2-13には経営主の1日の労働時間などを示した.まず通常期に10時間以上の比率は,高収益率グループで4.1%に過ぎないのに対して,低収益率グループでは22.1%に達している.また繁忙期で12時間以上の比率は高収益率グループでは

表 2-13　経営主の1日の労働時間（1992年）

（単位：戸，%）

		合計	クミカン農業所得率階層別			
			30%未満	30～35	35～40	40%以上
集計戸数		349	86	83	84	96
通常の労働時間	合計	100.0	100.0	100.0	100.0	100.0
	6時間未満	7.2	7.0	9.6	2.4	9.4
	6～8	16.9	14.0	20.5	21.4	12.5
	8～10	29.2	33.7	25.3	29.8	28.1
	10時間以上	17.2	22.1	21.7	22.6	4.1
繁忙期の労働時間	合計	100.0	100.0	100.0	100.0	100.0
	12時間未満	12.9	10.5	15.6	7.2	17.7
	12～14	25.8	25.6	28.9	31.0	18.8
	14時間以上	31.5	39.5	33.7	36.9	17.7
繁忙期の日数	合計	100.0	100.0	100.0	100.0	100.0
	50日未満	17.2	22.1	20.5	14.3	12.5
	50～100	24.9	22.1	18.1	27.4	31.3
	100～150	13.2	12.8	14.5	16.7	9.4
	150日以上	16.9	20.9	25.3	15.5	7.3

資料：農協資料および『全国酪農基礎調査』1991年実施の個表の再集計による．
注：1）　所得率階層区分は表2-6に同じ．
　　2）　計100%にならない分は無回答または未回収である．

36.5%だが，低収益率グループでは65.1%に達している．さらに繁忙期の日数が100日以上の比率は，高収益率グループで16.7%に過ぎないが，低収益率グループでは33.7%に達している．

　つまり毎日の飼養管理，さらに季節的に生じる飼料生産それぞれの部面での違いが全体の労働時間と関連していることになる．

　このように低収益率グループでは，酪農技術全体と関係して外部の労働力に依存し，ゆとりがなく，労働時間が長い．

　(2) 機械と施設の装備

　労働時間が長い理由には，機械化が遅れているためと考えてみることもできる．仮に機械の追加投資が出来ないことが低収益の大きな理由である場合，個々の農業者が経営改善する可能性は低くなる．しかし，この点は次のよう

表 2-14 機械・施設装備の 100 戸当たり個人有台数（1993 年）

(単位：戸，台/100 戸)

		合計	クミカン農業所得率階層別			
			30%未満	30〜35	35〜40	40%以上
集計戸数		238	59	51	62	66
トラクター		300	297	318	308	280
草地整備	プラウ	67	76	63	66	64
	ハロー	90	97	92	94	79
	ブロードキャスタ	85	93	84	82	82
	ライムソア	37	39	33	44	33
	ローラー	37	41	35	35	35
牧草収穫・運搬	ベーラ	96	98	98	89	98
	ヘイベーラ	23	27	8	32	23
	ラッピングマシーン	44	47	45	47	36
	モア	119	134	112	118	114
	テッター	120	120	122	123	115
	レーキ	88	97	80	98	77
	ワゴン	47	53	49	40	47
	ハーベスタ	29	34	24	35	24
	貨物	119	137	110	121	109
ふん尿利用	マニュアスプレッタ	93	93	92	100	88
	バキューム	53	54	57	60	44
	堆肥盤	79	85	78	82	71
	尿溜	93	105	84	90	91
	バーンクリーナ	83	95	82	77	77
牛舎内	パイプライン	83	80	88	89	77
	バルククーラ	101	115	100	97	94
その他	溶接機	29	29	22	31	32

資料：農協資料による（1993 年度）．
注：所得率階層区分は表 2-6 に同じ．

に否定できる．

　表 2-14 には，機械保有のデータが得られた 238 戸について，100 戸当たりの農機具台数を示している．低収益率グループはすべての機械で高収益率グループ以上となっていることが確認できる．

　このように収益性の低い理由は，機械・施設の保有にではなく，次に見るように日常的な作業や管理の違いにある．

(3) 作業と技術の成果

作業と管理の方法について,まずふん尿処理を,次に土地利用,飼養管理,経営管理の順に収益性との関係を示す.

①ふん尿処理への対応

収益性が高いことが例えばかつての「公害」と同様に外部への垂れ流しによって支えられていると考えることはできる.しかし,ふん尿処理については,低収益率グループの方で問題が次のように顕在化している.

表2-15 にはふん尿処理で周辺との間に生じている問題を示した.低収益率グループでは「牛舎の悪臭」などすべてで高収益率グループより多くの問題が生じている.そして「特にない」は少ない.ただしこの調査は配票により本人が記入した主観的な回答で,精度が低い.別の調査を合わせて検討しよう.

表2-16 には,河川への汚染の有無について,農協が実施した調査結果を示した.営農計画書の作成時に農協職員が聞き取ったため,先の配票によるアンケートより客観性を高めている.「汚染がある」という回答は高収益率グループの 17.1% に対して低収益率グループの 24.5% とやはり多い.

さらに詳細に検討すると,低収益率グループでふん尿問題が顕在的な理由

表2-15 ふん尿処理で生じている問題 (1993年)

(単位:%)

		クミカン農業所得率階層別			
	合計	30%未満	30〜35	35〜40	40%以上
合計	100.0	100.0	100.0	100.0	100.0
害虫の発生	21.2	22.0	25.2	25.2	14.4
牛舎の悪臭	16.4	20.8	16.8	14.4	14.4
圃場の悪臭	10.4	11.6	9.6	13.2	8.4
河川の水質汚染	10.4	13.6	18.0	4.8	6.0
その他	3.6	6.0	4.8	-	3.2
特にない	48.0	38.0	50.8	50.0	53.6

資料:アンケートは中央酪農会議『全国酪農基礎調査』(1991年実施)の個表の再集計による.アンケートの回答数は自由で分母は集計戸数.
注:所得率階層区分は表2-6に同じ.

第2章 収益性格差の実態と経営改善の可能性

表 2-16 河川汚染の有・無（1993 年）

(単位：戸，％)

	合計	クミカン農業所得率階層別			
		30％未満	30～35	35～40	40％以上
集計戸数	351	87	83	84	97
合計	100.0	100.0	100.0	100.0	100.0
無回答	15.8	15.1	16.9	18.5	13.2
あり	20.6	24.5	27.1	15.4	17.1
なし	63.6	60.4	55.9	66.2	69.7

資料：農協営農部の聞き取り調査による（1993 年実施）．
注：所得率階層区分は表 2-6 に同じ．

表 2-17 ふん尿を散布した時期（1993 年）

(単位：100 戸当たり延べ回数)

		合計	クミカン農業所得率階層別			
			30％未満	30～35	35～40	40％以上
集計戸数		351	87	83	84	97
堆肥	合計	137	130	149	131	135
	11月～4月 冬期	26	36	29	28	15
	5月～10月 夏期	111	95	120	103	121
スラリー	合計	242	249	234	251	237
	11月～4月 冬期	71	83	61	74	67
	5月～10月 夏期	172	166	173	177	170

資料：表 2-16 に同じ．
注：所得率階層区分は表 2-6 に同じ．

に，次の 3 点を指摘できる．

第 1 に，作業方法に大きな違いがある．

表 2-17 には堆肥とスラリーの時期ごとの 100 戸当たりの散布回数を示したが以下の特徴が見られる．

まず，低収益率グループは施肥効果のない冬期に多くを散布している．堆肥の冬期散布は 100 戸当たりで，高収益率グループの 15 回に対して低収益率グループは 36 回に達している．スラリーの冬期散布は，高収益率グループの 67 回に対して，低収益率グループでは 83 回に達している．低収益率グループはふん尿を冬期に捨てる傾向が強い．

表 2-18 尿溜の大きさと利用状況（1993 年）

(単位：戸，%)

		合計	クミカン農業所得率階層別			
			30%未満	30〜35	35〜40	40%以上
集計戸数		351	87	83	84	97
貯留可能月数	合計	100.0	100.0	100.0	100.0	100.0
	無回答	34.8	43.4	30.5	40.0	27.6
	3カ月未満	17.4	11.3	10.2	16.9	27.7
	4〜6	43.4	45.3	54.3	40.1	36.9
	7カ月以上	4.4	―	5.1	3.1	7.9
過不足意識	合計	100.0	100.0	100.0	100.0	100.0
	無回答	38.3	39.6	35.6	43.1	35.5
	過	0.4	―	―	―	1.3
	適	30.8	39.6	27.1	26.2	31.6
	不足	30.4	20.8	37.3	30.8	31.6
年散布回数	合計	100.0	100.0	100.0	100.0	100.0
	無回答	10.7	11.3	8.5	13.8	9.2
	3回未満	34.4	35.9	40.7	29.3	32.8
	3〜4	32.4	37.7	32.2	30.8	30.3
	4〜5	13.8	11.3	8.5	16.9	17.1
	5回以上	8.8	3.8	10.2	9.2	10.4

資料：表 2-16 に同じ．
注：所得率階層区分は表 2-6 に同じ．

また，低収益率グループでは，ふん尿の散布作業に労力をかけていない．表 2-18 には，1 戸当たりのスラリーの年間の散布回数を示しているが，4 回以上にわたって散布している比率は，高収益率グループの 27.5％ に対して，低収益率グループは 15.1％ に過ぎない．しかも低収益率グループではスラリーの貯留可能な月数が 3 カ月未満は少なく，貯留施設が「不足」とする回答は少ない．にもかかわらず，すでに示したように，少ない回数で，冬期に散布している．

第 2 に，低収益率グループでは敷き料を十分に確保していない．表 2-19 には敷き料の有無とその材料を示している．この地域で自給可能な敷き料は乾草のみだが，その比率は高収益率グループの 86.8％ に対して，低収益率

表2-19 敷き料の使用状況 (1993年)

(単位：戸, %)

		合計	クミカン農業所得率階層別			
			30%未満	30〜35	35〜40	40%以上
集計戸数		351	87	83	84	97
敷き料の有無	合計	100.0	100.0	100.0	100.0	100.0
	無回答	30.4	26.4	32.2	35.4	27.6
	あり	63.6	62.3	66.1	56.9	68.4
	なし	5.9	11.3	1.7	7.7	3.9
敷き料の材料	合計	100.0	100.0	100.0	100.0	100.0
	無回答	197.2	201.8	189.9	201.6	196
	乾草	75.1	64.2	71.2	73.8	86.8
	麦旱	15.1	15.1	22.1	12.3	11.8
	オガクズ	11.1	15.1	15.3	12.3	3.9
	他	1.6	3.8	1.7	-	1.3
敷き料過不足	合計	100.0	100.0	100.0	100.0	100.0
	無回答	26.9	35.8	25.4	26.2	22.4
	過	2.8	-	1.7	3.1	5.3
	適	53.8	43.4	59.3	56.9	53.9
	不足	16.6	20.8	13.6	13.8	18.4

資料：表2-16に同じ．
注：所得率階層区分は表2-6に同じ．

グループでは64.2%に過ぎない．低収益率グループでは麦旱やおがくずなどの購入資材を利用する場合や，そもそも敷き料を利用しない場合が多いことが示されている．

　第3に，低収益率グループでは，ふん尿を狭い面積に厚く散布している．表2-20には散布面積に対するふん尿の散布量を示している．1ha当たりの散布量が30t以上に達する農家の比率は，高収益率グループの13.1%に対して，低収益率グループでは20.8%になっている．

　以上のように，低収益率グループでふん尿問題が顕在化しており，その背景には，処理作業の方法，敷き料と関係したふん尿の形状，面積に対する量の違いを示しうる．

　②土地利用の特徴

表 2-20 散布した面積当たりの堆肥散布量 (1993 年)

(単位：戸, %)

	クミカン農業所得率階層別				
	合計	30%未満	30〜35	35〜40	40%以上
集計戸数	351	87	83	84	97
合計	100.0	100.0	100.0	100.0	100.0
無回答	65.2	71.7	54.2	72.3	63.2
10t 未満	10.4	3.8	13.6	1.5	19.7
10〜30	5.2	3.8	6.8	6.1	3.9
30〜50	15.4	13.2	18.7	16.9	13.1
50t 以上	4.0	7.6	6.8	3.0	―

資料：表 2-16 に同じ.
注：所得率階層区分は表 2-6 に同じ.

表 2-21 家畜密度と放牧地の比率 (1991 年)

(単位：戸, %)

		クミカン農業所得率階層別				
		合計	30%未満	30〜35	35〜40	40%以上
集計戸数		351	87	83	84	97
換算頭数当たり経営耕地面積	合計	100.0	100.0	100.0	100.0	100.0
	65a 未満	35.0	41.4	37.3	36.9	25.8
	65〜80	33.0	28.7	31.3	32.1	39.2
	80a 以上	31.9	29.9	31.3	31.0	35.1
放牧地の比率	合計	100.0	100.0	100.0	100.0	100.0
	なし	12.5	6.9	19.3	16.7	8.2
	20% 未満	7.7	13.8	8.4	3.6	5.2
	20〜30	25.6	25.3	34.9	25.0	18.6
	30〜40	30.8	31.0	22.9	33.3	35.1
	40% 以上	23.4	23.0	14.5	21.4	33.0

資料：農協資料による (1991 年, 営農計画書).
注：所得率階層区分は表 2-6 に同じ.

　面積と頭数の拡大手順は，面積の拡大に合わせて頭数を増やす場合と，頭数を先行的に増加してのちに面積を拡大する方法をとりうる[3]．この点をいくつかの調査項目から検討しておこう．

　表 2-21 には，農地利用の特徴を示したが，以下の点を指摘できる．

第1に，低収益率グループでは，高い家畜密度で農地を利用している．換算頭数当たりの経営耕地面積が65aを下回る農家の比率は高収益率グループは25.8%に対して，低収益率グループは41.4%に達している．

第2に，放牧地面積の比率が30%を超える比率は，高収益率グループの68.1%に対して，低収益率グループでは54.0%と少ない．放牧地が少ないことは，採草面積が多く，採草に要する作業も多いことになる．

第3に，面積当たりの購入肥料の金額は，高収益率グループの3.1万円に対して，低収益率グループは3.6万円と大きい（表2-6を参照）．

このように低収益率グループでは，大きな経営耕地面積を，さらにより多数の飼養頭数，そして労働と資材の投入によって利用している．

③生乳生産の技術水準

飼養管理面での問題を乳検成績を利用して検討する．ただしこの農協管内で乳検を実施している農家の比率は51%と半数に過ぎない．

表2-22には乳量や乳成分などを，表2-23には繁殖成績を示している．低

表2-22　生産成果の技術的水準（1991年）

			合計	クミカン農業所得率階層別			
				30%未満	30〜35	35〜40	40%以上
集計戸数		（戸）	179	52	38	46	43
実頭数		（頭）	59.3	59.6	69.2	55.6	54.2
搾乳牛1頭当たり	乳量	（kg）	7,207	7,321	7,230	7,244	7,008
	濃厚飼料給与量	（kg）	1,978	1,991	2,030	2,043	1,847
	乳代	（千円）	577.9	583.2	581.0	581.8	564.5
	乳代―購入飼料	（〃）	488.1	490.9	490.6	489.3	481.1
乳脂率		（%）	3.89	4.00	4.00	3.83	3.72
無脂固形率		（〃）	8.73	8.98	8.97	8.61	8.33
蛋白質率		（〃）	2.92	3.00	3.00	2.87	2.79
体細胞数		（万/ml）	24.1	26.4	24.7	21.4	23.5
1日当たり	乳量	（kg）	23.6	23.9	24.0	23.5	22.9
	濃厚飼料給与量	（kg）	6.5	6.7	6.8	6.5	6.0

資料：1991年乳検実績による．
注：所得率階層区分は表2-6に同じ．

表 2-23 繁殖管理の技術的水準（1991年）

			合計	クミカン農業所得率階層別			
				30%未満	30〜35	35〜40	40%以上
集計戸数		（戸）	179	52	38	46	43
分娩間隔		（日）	395.3	411.7	400.4	388.9	377.7
初産月例		（月）	27.8	29.4	28.2	27.5	26.0
受精報告頭数		（頭）	51.1	50.3	61.0	48.4	46.1
受精	初回日数	（日）	83.1	87.9	82.8	82.0	78.7
	回数	（回）	1.9	2.0	2.0	1.9	1.9
発情発見率		（％）	56.4	56.2	58.5	56.7	54.6
空胎日数		（日）	122.6	129.9	122.2	120.7	116.2
	120日以上	（％）	39.8	42.4	39.6	37.5	39.3

資料：1991年乳検実績による．
注：所得率階層区分は表2-6に同じ．

収益率グループの特徴として以下の3点をあげることができる．

第1に，経産牛1頭当たり生産乳量は高く，脂肪率と無脂固形率など成分はいずれも高いが，体細胞数が多く乳質は低くなっている．

第2に，1日当たり濃厚飼料の給与量は，高収益率グループの6.0kgに対して，低収益率グループは6.7kgと多い．

第3に，乳牛の繁殖成績が低い．まず分娩間隔は高収益率グループでは378日に対して低収益率グループでは412日と長い．空胎日数もきわめて長い．また初産月齢も高収益率グループの26.0月齢に対して，低収益率グループは29.4月齢と長い．さらに受精初回日数も長く，受精回数も多くなっている．

さらに表2-24には搾乳牛の平均産次数の構成比を示した．平均3産以上の比率は，高収益率グループの42.9％に対して，低収益率グループでは31.7％に過ぎず，乳牛の耐用年数が短くなっている．

すでに第1節では，低収益な理由は収入が小さいのではなく費用が大きいことを示してきた．本節のここまでの分析から費用が多くなる技術的な理由は以下のように説明できる．まず飼養管理では濃厚飼料を多給し，乳牛の疾

第2章 収益性格差の実態と経営改善の可能性　　　　67

表 2-24　搾乳牛の産次数の構成（1993年）

(単位：戸，%)

	クミカン農業所得率階層別				
	合計	30%未満	30～35	35～40	40%以上
集計戸数	207	60	53	52	42
合計	100.0	100.0	100.0	100.0	100.0
2.5産未満	14.0	20.0	9.4	15.4	9.5
2.5～3.0	49.8	48.3	54.7	48.1	47.6
3.0～3.5	26.6	25.0	28.3	25.0	28.6
3.5～4.0	5.8	5.0	3.8	5.8	9.5
4.0産以上	3.9	1.7	3.8	5.8	4.8

資料：1993年5月検定成績より．
注：所得率階層区分は表2-6に同じ．

病が多く，短命で，乳質が低く，繁殖成績が低いこと．また飼料生産で機械装備はあるが，面積に対する頭数が多く，放牧が少なく採草地が多く，敷き料が少ない．さらにふん尿処理面では，ふん尿を効果的に適期に利用していないことを示し得る．乳牛が短命であることは，乳牛の償却費を引き上げ，育成費を増加させる．自家労賃，機械・施設の償却費など，クミカンに示されないデータを含めると，収益性のグループ間の格差はいっそう大きくなると考えることができる．

4) 主体的な要因

この技術的な特徴がいかなる経営管理行動をもとに生じているかは重要な点である．まず農業者の意向を検討しよう．

(1) 今後の意向

低収益率グループは規模拡大に積極的である．

まず表2-25には，今後の多頭化の意向を示しているが，多頭化したいと考えその「めども立っている」と回答した比率は，高収益率グループの18.6%に対して，低収益率グループは29.9%に達している．逆に「現状維持」は高収益率グループの41.2%に対して低収益率グループは20.7%でしかない．

表 2-25　今後の多頭化の意向（1991 年）
(単位：戸, %)

	合計	クミカン農業所得率階層別			
		30%未満	30〜35	35〜40	40%以上
集計戸数（戸）	351	87	83	84	97
合計	100.0	100.0	100.0	100.0	100.0
未回収	10.5	12.6	6.0	11.9	11.3
不明	1.1	3.4	-	-	1.0
多頭化・目処あり	21.4	29.9	20.5	16.7	18.6
多頭化・目処なし	29.3	31.0	34.9	28.6	23.7
現状維持	32.8	20.7	28.9	39.3	41.2
減らしたい	4.8	2.3	9.6	3.6	4.1

資料：『全国酪農基礎調査』1991 年と 1992 年実施の個表の再集計による．
注：所得率階層区分は表 2-6 に同じ．

表 2-26　飼料作物作付け面積の拡大に対する問題（1992 年）
(単位：戸, %)

	合計	クミカン農業所得率階層別			
		30%未満	30〜35	35〜40	40%以上
集計戸数（戸）	351	87	83	84	97
合計	100.0	100.0	100.0	100.0	100.0
無回答	5.4	5.6	7.1	5.8	3.0
飼料作に適した土地がない	17.8	21.1	17.1	18.8	13.6
土地はあるが分散して利用が困難	5.8	2.8	2.9	11.6	6.1
土地はあるが遠距離のため利用が困難	8.0	7.0	10.0	8.7	6.1
地代や地価が高すぎる	9.8	9.9	8.6	13.0	7.6
労働力が不足している	11.2	12.7	11.4	10.1	10.6
現在使用している飼料作物の機械設備では間に合わない	4.0	5.6	4.3	1.4	4.5
その他	2.5	5.6	—	1.4	3.0
拡大する考えはない	35.5	29.6	38.6	29.0	45.5

資料：『全国酪農基礎調査』1992 年実施の個表の再集計による．
注：所得率階層区分は表 2-6 に同じ．

　また表 2-26 には，飼料作物面積を拡大する場合の主な問題点を示している．最大比率の回答は「拡大をする考えはない」であり，これは高収益率グループでは 45.5％ に達しているが，低収益率グループでは 29.6％ に過ぎない．

第2章　収益性格差の実態と経営改善の可能性

表 2-27　アンケートの回収率

(単位：戸, %)

		合計	クミカン農業所得率階層別			
			30%未満	30～35	35～40	40%以上
1991年	農家戸数	351	87	83	84	97
	合計	100.0	100.0	100.0	100.0	100.0
	未回収	10.5	12.6	6.0	11.9	11.3
	回収	89.5	87.4	94.0	88.1	88.7
1992年	農家戸数	349	86	83	84	96
	合計	100.0	100.0	100.0	100.0	100.0
	未回収	20.9	17.4	15.7	17.9	31.3
	回収	79.1	82.6	84.3	82.1	68.7

資料：『全国酪農基礎調査』各年の個表の再集計による．農家戸数は農協資料．
注：所得率階層区分は表 2-6 に同じ．

表 2-28　乳検の実施状況（1991年）

	合計	クミカン農業所得率階層別			
		30%未満	30～35	35～40	40%以上
実施していない	45.6	35.6	44.6	41.7	58.8
実施している	54.4	64.4	55.4	58.3	41.2

資料：『全国酪農基礎調査』1991年実施の個表の再集計による．
注：所得率階層区分は表 2-6 に同じ．

(2) 外部への依存性

低収益率グループでは外部の組織等に依存しており，より自律的には見えない．

まず表 2-27 には，この分析に使用した主なアンケートの回収率を示している．初回の 91 年では未回収の比率には収益率グループ間に大きな差異は見られない．しかし 2 年目となった 92 年の回収率は，高収益率グループの 68.7% に対して，低収益率グループは 82.6% に達している．アンケートが農業団体の政策提言に使用されることや，配布や回収を農協が担当したことから，農業団体やとくに農協への信頼度や依存度の高さがアンケートの回収率の高さに関係したと予想できる．

表 2-29 簿記記帳の実施状況（5回答, 1991年）

(単位：戸, %)

	合計	クミカン農業所得率階層別			
		30%未満	30～35	35～40	40%以上
集計戸数	351	87	83	84	97
合計	500.0	500.0	500.0	500.0	500.0
未回収	52.7	63.2	30.1	59.5	56.7
無回答	341.9	333.3	357.8	345.2	333.0
販売購買の簡単な記録	10.5	12.6	9.6	7.1	12.4
現金貯金動態に基づく収支把握	7.1	6.9	8.4	3.6	9.3
青色申告による簡易な記帳	51.9	43.7	61.4	54.8	48.5
損益計算書の作成	6.8	10.3	6.0	3.6	7.2
貸借対照表の作成	19.1	18.4	14.5	14.3	27.8
特別に何もしていない	9.7	11.5	12.0	10.7	5.2
誤記入	0.3	—	—	1.2	—

資料：中央酪農会議『酪農全国基礎調査』1991年実施の集計による.
注：1) 得率階層区分は表2-21に同じ.
　　2) 1戸当たりの回答数が5に対して，分母は集計戸数を用いているため合計は500％となる.

(3) 経営管理の手法

　まず技術面での管理については，表2-28に乳検の実施状況を示した．実施率は高収益率グループの41.2%に対して，低収益率グループでは64.4%に達している．

　次に経済面での管理については，表2-29に簿記記帳の実施状況を示した．貸借対照表を作成できる水準に達している農家の比率は，高収益率グループの27.8%に対して，低収益率グループは18.4%に過ぎない．

　前の項で示したように，低収益率グループは高い費用で濃厚飼料を多給し，低い繁殖成績であることを示した．この技術的な性格は，多頭化と高産乳化をより強く志向する農業者の意識と，飼養技術面では緻密だが経済面では稚拙という管理方法に関係していると考えられる．

3. 経営変化の経過

このように規模拡大に積極的な意識で，経済面の管理が稚拙な低収益率グループの規模と収益は実際にどう変化したかを次に検討しよう．収益性の低さに影響があると指摘した社会面での条件を考慮して「新酪事業」での借入金の返済開始1985年の前後に区分して分析する．

表2-30には，1992年時点の収益率グループごとに，経済的収支，費用，規模の変化を，まず1979-85年の「新酪事業完了期」，さらに1985-92年の「公団償還開始期」について，それぞれの期首を100とした指数で示した．以下の特徴を指摘できる．

第1に，「公団償還開始期」に収益性格差が拡大したこと．農業所得率の変化指数は「新酪事業完了期」には差は見られない．しかし「公団償還開始期」には，高収益率グループは110と増加したのに対して，低収益率グループは71と減少して，格差が大きく開いたことが示しうる．

第2に，低収益率グループでは一貫して急速に多頭化し続けた．経産牛頭数は，まず「新酪事業完了期」に，高収益率グループの105に対して，低収益率グループは115に増加した．また「公団償還開始期」にも，高収益率グループの116に対して，低収益率グループでは123に急増した．多頭化に償還開始が加わって，収益性が低下した経過になる．

第3に，低収益率グループでは当初から，投入資材が急増していた．まず「新酪事業完了期」に換算頭数1頭当たりの飼料費は，高収益率グループの107に対して，低収益率グループは136へと大幅に増加した．養畜費も同様に大幅に増加した．低収益率グループでは，償還開始前から濃厚飼料を増加し，疾病や種付け料が増加したことが示される．また「公団償還開始期」にも，低収益率グループで飼料費，肥料費が大きく増加した．

以上のように，一方で高収益率グループでは，土地や乳牛への資材の集約化は緩やかに進み，着実に生産成果を高めた．拡大に対して慎重な農業者の

表 2-30 規模と収支の変化（1979-85-92 年）

（単位：各期首年を 100 とした指数）

		合計	クミカン農業所得率階層別			
			30%未満	30〜35	35〜40	40%以上
集計戸数		327	82	74	77	94
（新酪事業完了期）79年→85年	乳牛飼養頭数	122	126	126	120	116
	経産牛頭数	109	115	114	112	105
	経営耕地面積	125	123	133	119	123
	換算頭数当たり経営耕地面積	107	103	113	100	111
	出荷乳量	140	149	141	140	130
	農業収入	143	158	147	141	131
	農業経営費	138	152	146	133	122
	農業所得	154	173	149	156	145
	農業所得率	112	114	107	114	113
	経産牛当たり出荷乳量	125	128	123	125	124
	経産牛当たり飼料費	123	133	126	117	107
	経産牛当たり養畜費	147	154	166	132	129
	面積当たり肥料費	107	109	100	113	110
（公団償還開始期）85年→92年	乳牛飼養頭数	128	133	126	129	127
	経産牛頭数	119	123	118	119	116
	経営耕地面積	105	107	104	105	106
	換算頭数当たり経営耕地面積	84	81	82	87	85
	出荷乳量	140	143	141	139	138
	農業収入	116	117	116	116	117
	農業経営費	119	131	120	116	108
	農業所得	112	86	109	117	130
	農業所得率	96	71	93	101	110
	経産牛当たり出荷乳量	118	116	119	119	119
	経産牛当たり飼料費	104	108	105	98	102
	経産牛当たり養畜費	47	45	45	50	48
	面積当たり肥料費	80	84	83	79	74

資料：農協資料による．
注：所得率階層区分は表 2-6 に同じ．
　　事業完了は 79 年．公団資金の償還は 84 年に開始し，対策の必要な農業者への猶予が 84-87 年に，大家畜経営体質強化資金による残高借換が 88-92 年に実施された．

意識と一致した行動になっていた．計画と行動とは一致しており，経済的な分析により裏付けられた行動と見られる．他方で低収益率グループでは，経済的な分析なしに飼養技術の分析を元に，多頭化を強く意識して，実際に多

第2章 収益性格差の実態と経営改善の可能性　　　　　　　　　73

頭化と多投入化を進めた．借入金の返済が開始する以前から，農業者の意図的な行動の結果，収益性は低下したと考えるべきであろう．

第3節　経営改善の可能性

　以上のように，本章では，収益性の実態とその要因を分析して以下の点を明らかにした．

　第1節では97年度の根室支庁1,568戸のクミカンにより，まず多頭数ほどクミカン農業所得率が低下していること．また類似した頭数規模でクミカン農業所得は大きく分散して格差が大きいこと．さらに収益性の低い理由は，収入が少ないのではなく，支出が多いこと，特に飼料費が大きいことを示した．

　第2節では，この収益性格差の要因を1農協の91-93年の全戸調査などをもとに，クミカン農業所得率の階層間で比較した．その結果，収益性の低い農業者の特徴について，まず社会面について，「新酪事業」など大規模事業への参加や借入金の増加，家族人数の少なさなどが確認された．これらは個人で変更しにくい歴史的な条件が関係していることを示す．ただし面積や機械はより多くを保有しており，資産については大きな変更は必要がないことを示した．

　さらに農業者個人の意思でより変更しうる作業や管理面での特徴として以下を確認できた．第1に技術面において，まず飼養管理では購入飼料を多給し，診療費を含む養畜費が大きいこと．また土地利用では面積が大きいにもかかわらず，家畜密度が高く，放牧が少ないこと．さらにふん尿処理では，施設容量は不足していないにもかかわらず，冬期に散布し，散布回数が少ないこと．第2に，主体面で，まず管理では乳検実施率は高く技術管理は緻密だが，貸借対照表の作成率が低く経営管理は曖昧なこと．にもかかわらず意識では今後の多頭化を「目処がある」との回答数が多いこと．そして現実に，急速に多頭化と費用の増加を進めてきたことが，意識が現実に影響したこと

を示していた．

　以上の結果，収益性が低い理由には，作業・管理・意識など個人で変更可能な要因も関係することを明らかにした．このことは収益性の低い農業者では，意思決定のあり方を改善することにより収益性を高め，経営を改善しうる可能性を示している．

　ただし，かつての「新酪事業」などの大規模事業への参加，借入金の大きさは，今日の収益性に大きく関係していた．事業での借入金の返済開始前から急速な多頭化や多投入化が進んでおり，収益性の大きな低下は借入金の返済開始時期と平行していた．返済不能なほどの借入金が広く一般的であれば，個人で経営改善を進めることは困難となる．かつて「悪循環」や「連鎖的」に進んだ規模拡大から抜け出すことは不可能とも言える．

　多くの農業者にとって，借入金はどのように生じ，どういう経過で返済ができなくなったか．借入金を返済できた農業者とそうでない農業者にはどういう違いがあるかに分析を進めていく必要があることを示している．こうした事情を含めて，なぜ経営改善を進めることが困難だったか，経営分析情報の提供が少ない中でどう分析し，改善を進めようとしたかという実践を明らかにしていくことが求められている．

　　注
1)　山本康貴「個別経営間における生産費格差とその要因」日本農業経済学会『農業経済研究』第66巻第3号，1994年，135-143頁．磯貝保「酪農経営の現状と展開（1）～（2）」『畜産の研究』第50巻第10～11号，1996年，(2)の26頁の記述を参照のこと．鵜川洋樹『総合農業研究叢書 第56号 北海道酪農の経営展開』中央農業総合研究センター・北海道農業研究センター，2006年，68頁以降を参考にしていただきたい．また吉野宣彦「家族酪農の規模と展開方向」北海道中央農業試験場経営部『農業研究資料』第7号，1994年3月，6-15頁の図2を参照のこと．
2)　フリーストールとスタンチョンストールと大きな技術画期とする考えに，例えば，荻間昇「急増するフリーストール飼養技術の特徴と課題」中沢功編『家族経営の経営戦略と発展方向』北農会，1991年，129-146頁では，「企業的経営への過渡的経営」での乳牛係留方式を「単群フリーストール」としている．

3) 吉野宣彦「酪農の規模拡大と生産力の構造」牛山敬二・七戸長生『経済構造調整下の北海道農業』北大図書刊行会，1990年，279-289頁に示した．

第3章

家族酪農における経営管理の実態

　前章で示したように，農業者には大きな収益性格差があり，多くの農業者が経営改善を進めることができずに離農した．本章では，酪農という技術と，家族経営という主体の特性に注目して，経営管理の実態と経営改善の困難性を明らかにする．

　第1節では，急速な規模拡大の経営管理への影響を明らかにする．一般に急速な拡大は管理業務を比例的に大きくする．これに加え飼料生産と家畜飼養を同時に行う酪農においては，両方の関連性を調整する必要に迫られる．管理業務は単に比例的に大きくなるだけではないことを予想できる．

　第2～3節では，大規模な開発事業が農業者の意思決定に強く影響したことを，「新酪事業」を例に，事業完了前（第2節）と事業完了後（第3節）に分けて次のように分析した．

　第2節では，事業の計画・実施・完了という経過に合わせて，まず経営の基本的な施設整備の意思決定に農業者がいかに積極的に関わったか，さらに大規模化と機械・施設の変化に即して農業者がいかに管理を向上させようとしたかを明らかにする．

　第3節では，新酪事業による機械施設の整備後の経営変化を分析した．まず約300戸のクミカンによる経営収支と各種調査により，事業参加の度合いが高い農業者の特徴から事業の影響を明らかにした．さらに事業に参加した後に離農した農業者の特徴から，経営改善をし得なかった農業者の管理の性格を明らかにした．最後に共通の移転入植整備の後に1億円を返済し得た2事例の20年以上の経営収支と取り組みから，個々の農業者による経営改善

の困難性を示した．

第1節　多頭化の経営管理への影響

　経営改善を進めるため，まず現状を分析して評価するための指標は重要となる．技術的な評価として生産性の指標に耕種農業では単収（土地の生産性）が欠かせない．これに対して酪農では個体乳量（乳牛の生産性）が頻繁に使われてきた．この違いはなぜ生じるのだろうか．

　また改善計画を立てるためには目標となる営農モデルは重要となる．単作的な稲作について技術形態の呼称は「二毛作」「V字稲作」などいくつかが想起されるだけである．同じ単作的な酪農についてはきわめて多くの呼称がある．例えば酪農の技術的な特性は草地型以外に，これまで畑地型，加工型，企業型，資本型など様々な類型として示されてきた．しかし，それぞれの定義に共通認識はない[1]．

　これらの技術指標や営農目標に関する素朴な疑問は耕種農業と比較した酪農の技術特性から生じるのではないだろうか．

　本節では，酪農技術の性格を，既存の耕種農業での技術論的な研究を基礎に，『生産費調査』で補いつつ示す．まず乳牛という農地に固着していない労働対象を主な生産手段とする酪農の技術的な特性は何か．またこの特性はどう変化してきたか．そしてこの変化は経営管理にどう影響するかを考察する．

　最後に，今日の農業者の経営管理を把握するために必要な技術論的な視角を考察した．

1.　酪農の技術的特性

1)　家畜の技術的な特性

　多様な技術的類型が示される理由を，まず酪農を耕種農業と比較すること

第3章　家族酪農における経営管理の実態

から整理する．

　工業を含めたすべての生産活動は，労働能力を発揮する主体となる労働力と生産手段によって成り立つ．生産手段はさらに，労働を加える作物などの労働対象，労働を伝える道具や機械などの労働手段に分けられる．これらの要素の結合を通じて生産物は生成する[2]．

　工業と対比すると，稲作や畑作などの耕種農業には次の特性が見られる[3]．まず主な労働対象が作物などの生き物である．また農地が重要な生産手段として機能し，たとえば「地力」が問われるように工業にない独自の機能を発揮している．さらに主な労働対象となる作物が農地に固着しているため[4]，工場での半製品のようにベルトコンベア上で生育途中の作物を移動させて，作業することは不可能に近い．以上の耕種農業と酪農の技術は図3-1のように模式的に対比できる．図から酪農では次の特徴を示しうる．

　第1に主な労働対象となる乳牛は農地と固着していない[5]．このため乳牛を放牧し，あるいは搾乳室に移動して，作業を減少できる．半製品である育成牛を他の農場に移動し預託して，あるいは飼料を国外で生産し輸入して利用できる．乳牛と農地には，放牧という密着した関係から，国外の農地で全飼料を収穫する隔絶した関係までが可能になる．この農地と乳牛との多様な

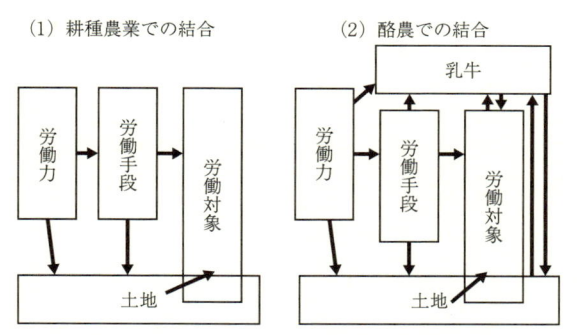

注：耕種農業について，七戸長生『日本農業の経営問題』北大図書刊行会，1988年，23頁を参照した．

図3-1　生産手段の結合状態についての概念図

関係は，酪農技術の多様な形態として目に映るはずである．

第2に乳牛は労働対象と同時に労働手段としても機能しうる．搾乳牛は，まず反芻胃によって微生物の増殖・消化過程をへて栄養を吸収し，発酵槽のように脈管系の労働手段として機能する[6]．また農地に固着した飼料を採食して，収穫機械のように筋骨系の労働手段としても機能する[7]．同時に飼料給与や搾乳などの労働対象ともなる．通年舎飼によって集約的な労働の投下対象としてより機能させる場合もあり，昼夜放牧によって労働手段としてより機能させる場合もあり得る．乳牛のこの機能の多様性も，酪農の多様な形態として目に映る．

第3に乳牛が成長のいかなる時点でも販売しうる生産物になる[8]．生まれたてのヌレ子，受胎後のはらみ，搾乳後の経産牛や老廃牛など，いずれも販売できる．このため育成牛を飼養しない「一腹搾り」と，逆に育成牛のみを飼養する「育成農家」との分業もできる．自給飼料も自給堆肥も販売できる．生乳生産の過程では，販売可能な様々な中間生産物が生産でき，経営外部と取引できる．この取引の組み合わせも酪農の多様な形態として目に映る．

以上のように，乳牛の技術的な特性を理由に，酪農は多様な形態となって見え，その形態を簡単な言葉で示すために，多様な「型」が用いられた．

2) 生産の迂回性

自給飼料を使用しつつ，多頭化と機械化が進むにつれて，次の特性が際だつ．

第1に，生産が迂回的となる．迂回生産は一般に「本源的生産要素のみによって行われる〈直接的生産〉にたいして，機械・原材料などの生産された生産手段を用いて行われる生産様式」を示す[9]．酪農では，まず農地に対して資金や労働を投下して飼料を生産し，この飼料を次には生産手段として乳牛を飼養して生乳を生産する．つまり迂回生産である．自給する生産手段は，自給飼料や自家繁殖牛など多数にのぼり，自給生産が経営内部で連続している．

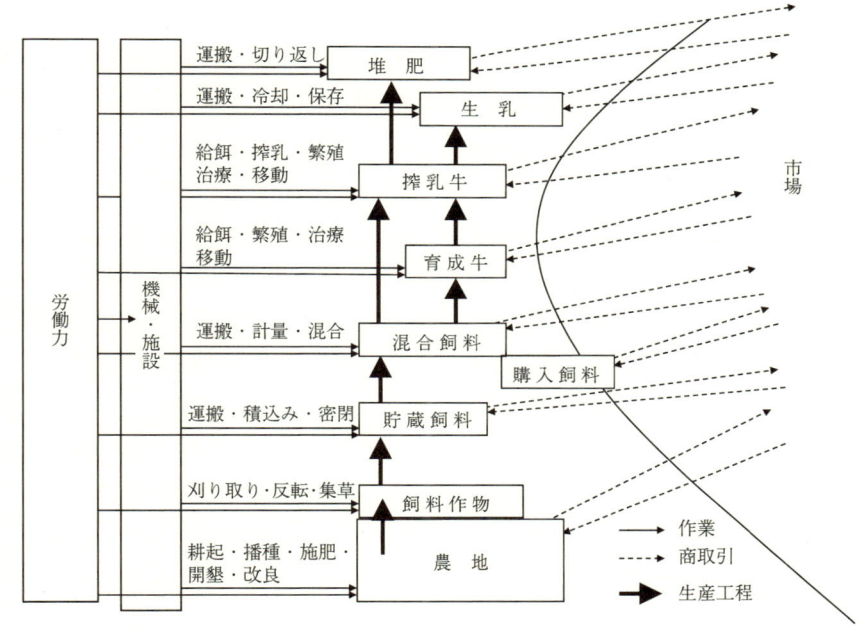

図 3-2　酪農における生産工程（概念図）

　第2に，販売できる中間生産物を生産する多数の生産工程に区分できる．図3-2にはまず土地利用から生乳生産までを各種工程の組み合わせとして示した．例えば農地を利用して飼料を収穫・調製する工程，その飼料を貯蔵・発酵する工程，貯蔵飼料を購入飼料と混合して給餌する工程，飼料を給与して乳牛を育成する工程，乳牛から搾乳する工程，生乳を冷却し貯蔵し出荷する工程，ふん尿を発酵し肥料化する工程などに区分できる．この各工程では生産物を製品として販売可能であり，主原料を購入可能であり，さらに工程ごとに新たな機械化や施設化で生産性を高めるうる．
　第3に，工程間のバランスが強く求められる．ある工程の技術的な変更に伴い，他の工程の技術を変更する必要が次のように生じる．まず生産の前半にある工程の変更に合わせて，後半にある工程を変更する必要が生じる．例

えば飼料作物の作柄に合わせて，給与する飼料に混合する購入飼料を変更する．飼料の収穫量に応じて，飼料の貯蔵施設を増加する．昼夜放牧を通年舎飼に変更した場合に，ふん尿の貯蔵や散布能力を高めるなどである．また生産の後半にある工程の変更に合わせて，前半の工程を変更する必要も生じる．例えば乳牛を高い泌乳能力に改良して利用する場合，草地の草種や収穫時期，調製方法を変えて栄養価などを高める必要が生じる．堆肥舎からスラリーストアに施設を変えて液肥として利用した場合に，牛舎での敷き料を長い牧草からゴムマットやおが屑に変更する必要が生じる．昼夜放牧から通年舎飼に変更した場合に，放牧地を採草地に変更し，収穫の処理能力を高める必要が生じるなどである．

　こうして，ある工程での技術的な改善に伴い，他の工程での技術を変更して，全体として工程間のバランスをいかに取るかが農業者に強く求められる．しかし，全体のバランスは視覚的にも数量的にも把握は困難であり，農業者もしばしば無意識に調整しているように思われる．一見するとある1つの工程の機械や施設の違いが目立ち認識しやすい．たとえば「フリーストール方式」[10]というように，施設で技術の「型」が説明されることもある．

2. 生乳生産工程の分化

　図3-3には，搾乳牛への主な給与飼料の推移を『生乳生産費調査』をもとに示したが，90年頃を境に生産工程が次のように急速に分化した．

　第1に，放牧が減少した．搾乳牛1頭当たりの放牧時間は1970年代には1,200時間に及んでいたが，2005年には700時間程度へと0.6倍に減少した．

　第2に，搾乳牛1頭当たりのサイレージ給与量は，1970年代には7,000kg程度であったが2005年には10,000kgへと1.4倍程度に増加した．生産物としての品質は，乾草では調製時に固定するが，サイレージは調製後にサイロで発酵して固定する．このため飼料の発酵工程が加わった．

　第3に，いわゆる「TMR」などの混合飼料の普及も，飼料の混合工程を

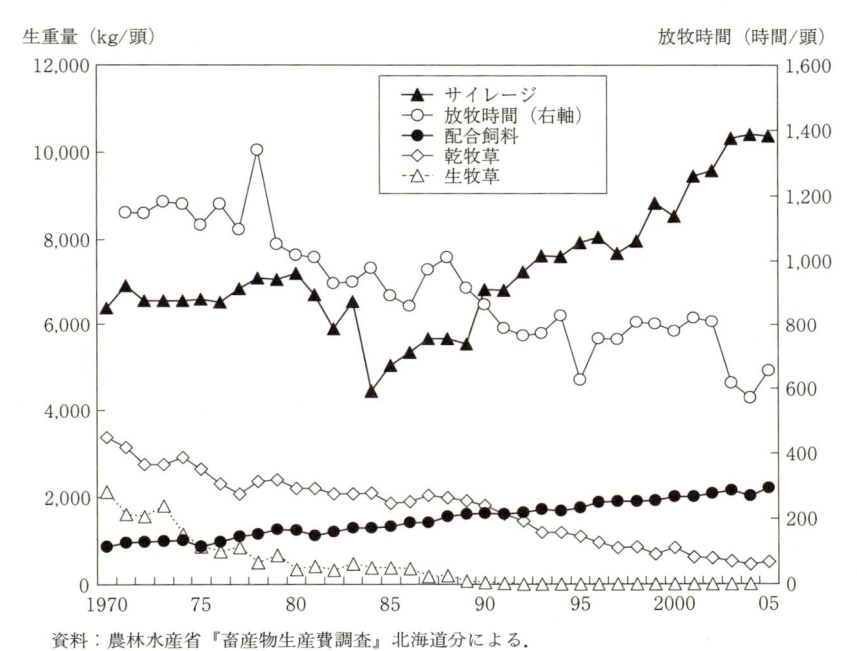

第3章　家族酪農における経営管理の実態

図3-3　搾乳牛1頭当たり給与飼料の変化（北海道，1970-2005年）

資料：農林水産省『畜産物生産費調査』北海道分による．

加えた．2000年3月に発表された道庁の調査では[11]，フリーストール牛舎を使用している1,007戸のうち，「TMR」を利用している例は740戸になる．「TMR」では飼料は給与直前に均一に混合して初めて給与が可能になる．

以上の生産の迂回化は，大規模であるほど急速に進んだ．図3-4には主な給与飼料の変化を各年の最大規模階層について平均と比較して示した．90年代までは平均と最大規模階層に大きな差は見られなかったが，2000年代になって，最大規模階層で著しくサイレージが増加して，放牧が減少した．近年になり，大規模な階層で生産工程が急速に分化したことを示している．

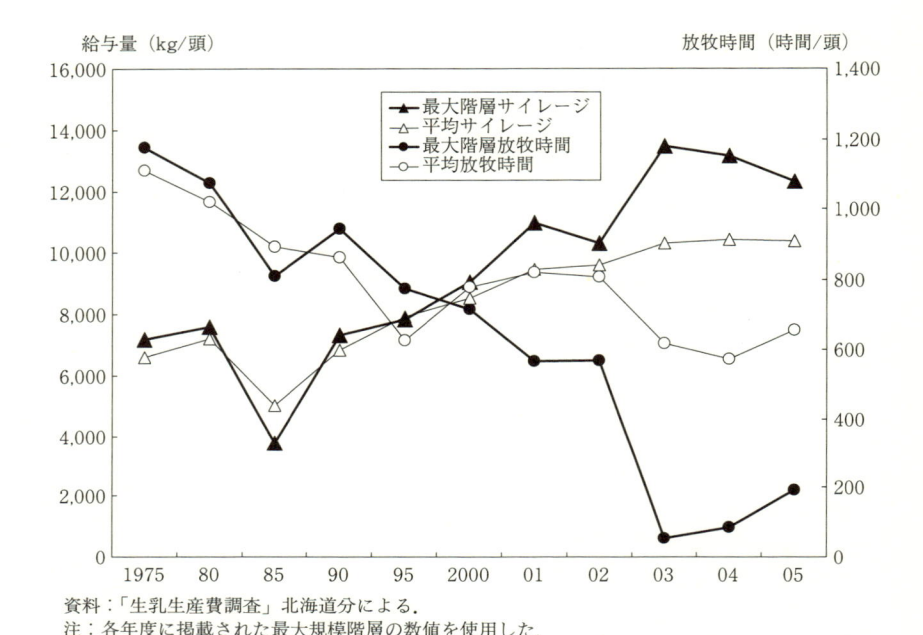

図 3-4 搾乳牛 1 頭当たり給与飼料の変化（規模階層別，1975-2005 年）

資料：「生乳生産費調査」北海道分による．
注：各年度に掲載された最大規模階層の数値を使用した．

3. 意思決定の複雑化

1) 意思決定項目の増加

　各生産工程において最新鋭の機械や施設を使用しても，工程間のバランスが取れない場合には，以下の例のように効果が現れない．例えば飼料の機械化を進めて，牧草の収量や品質が最高になっても，牛乳への給与や繁殖管理が不適切であれば生乳生産は高まらない．あるいはフリーストールなどの施設を使用しても，パドックの整備や乳牛の馴致が進まなければ，作業は効率化しない[12]．

　逆に，際だった機械化をしなくとも生産工程間のバランスが取れた場合には，全体として高い成果を出しうる．ある生産工程での成果の低さは，他の

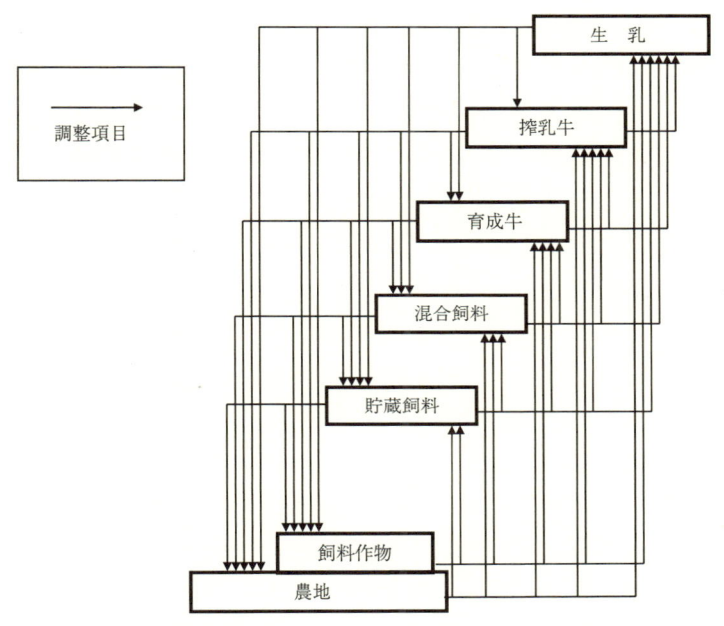

第3章　家族酪農における経営管理の実態　　　　　　　　85

※ 生産工程間の包括的な関係のみで，外部との取引，作業の実施に関する決定は除いた．
図3-5　生乳生産工程間のバランス調整項目（概念図）

生産工程の成果の高さで相殺しうる．各生産工程のわずかな成果の累積は，全体の大きな成果となりうるし，逆にわずかな失敗の累積が大きな失敗ともなりうる．

　図3-5の模式図には，ある生産工程の変更に対応して，他の工程を変更する場合に農業者に必要となる意思決定の項目を示した．項目は網の目のように張り巡らされている．

　この項目数は，次のように数量的に明確化できる．

　いま仮に混合飼料という生産工程が付加した時，他の生産工程は農地改良・作物栽培・貯蔵飼料・育成牛飼養・搾乳牛飼養・生産物保存の6つに及ぶ．これらと飼料混合工程とは相互に影響する．例えばまず搾乳牛の群数に合わせたメニューの飼料を混合しなければならない．また飼料混合工程に合

わせて粗飼料は短く裁断して調製しなければならないなどである．この生産工程間の関係は7要素から方向性のある2要素を選出する順列で，$7×6=42$の関係がある．飼料混合工程を付加する以前は6要素から2要素を選出する順列で$6×5=30$の関係であった．生産工程の付加に伴い，意思決定は12項目増加した．

仮にさらに新しい生産工程を付加すると，全意思決定項目は$8×7=56$になるため，14項目が増加する．この模式図では，生産工程の導入につれて意思決定の項目は$2×1$，$3×2$，$4×3$，$5×4$，$6×5$，$7×6$，$8×7$……と増加する．生産工程数をnとすると，意思決定項目数は，$n×(n-1)$の級数になる．

ただしこの項目数は模式化したものであり，ある生産工程内にある複数の作業の時期・順序・投下資材量の決定などを包括的に示し，無視している．新たな生産工程の付加は，数え切れない意思決定項目数の増大となって農業者の判断に委ねられることになる．

意思決定項目の一部は，乳牛などの生命活動に委ね，農業者は決定しないことはありうる．例えば飼料の不足は生産乳量の減少となり，繁殖成績の低下となりうる．乳牛の泌乳能力の向上は，採食行為の増加となって調整しうる．この生命活動そのものは農業者の意思決定ではないが，生命活動にゆだねるか否かの判断は農業者の意思決定となりうる．

2) 評価基準の複雑化

しかし，農業者の意思決定は，次のように阻害されやすく，歪められやすい条件にある．

(1) 技術評価基準の一部工程への偏向

図3-6には技術の評価基準を示した．全体的な技術評価に，例えば耕種農業では土地生産性（単位面積当たりの生産物量）がしばしば使用されるが，これは酪農では使われてこなかった[13]．そのかわりに酪農では，各工程での評価基準が明確であり，その多くは数値として部外者によって客観的に評価

第 3 章　家族酪農における経営管理の実態　　　　　　　　　87

できる．土壌分析，飼料分析，生産乳量や乳成分・質の分析は，どの農業者も一定料金の支払で可能となっている．

　このため全体の成果より工程の成果が優先されやすい．たとえば 1 頭当たりの生産乳量がしばしば生産性指標に使われてきたが，これは飼養管理工程の技術成果であっても酪農生産全体の技術成果ではない[14]．

(2) 経済評価のない生産工程での技術変化

　各工程では技術的な評価は容易となった．しかし経済的に評価することはますます難しくなった．経済的評価は農業者自身

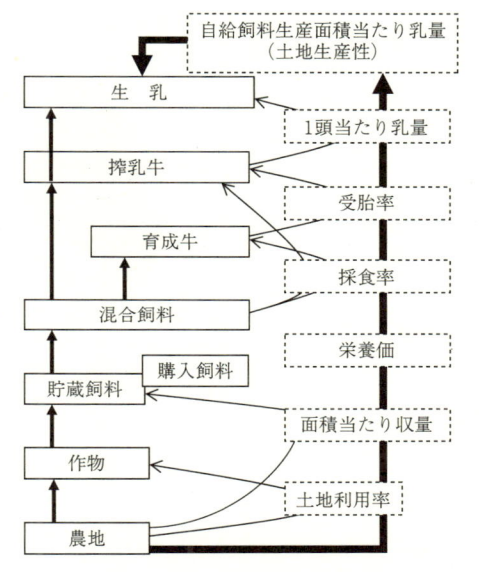

注：ふん尿生産については複雑化を避けるために除いた．

図 3-6　生乳の土地生産性の形成経過（概念図）

の記帳をもとに可能になる．しかも 2001 年の北海道の酪農家で（図 3-7），「貸借対照表の作成が可能な記帳をしている」比率は 19.3％，「損益計算書の作成までが可能な記帳をしている」比率は 18.1％ に過ぎない．残りは「資材や購入などの簡単な記録だけしている」が 28.5％，「とくに何もしていない」は 29.9％ にのぼる．自家労働時間の記帳はさらに少なく，生産工程ごとに直接費を仕訳し，共通経費を按分している農業者はほとんどいない．しかも工程数の増加は，経営内部の工程間での取引数を増加させ，仕訳作業を著しく複雑にする．

　酪農技術は，曖昧な全体の技術的評価と生産工程の経済的評価のもとで，生産工程の緻密な評価に，より強く左右されて変更してきたと見てよいだろう．

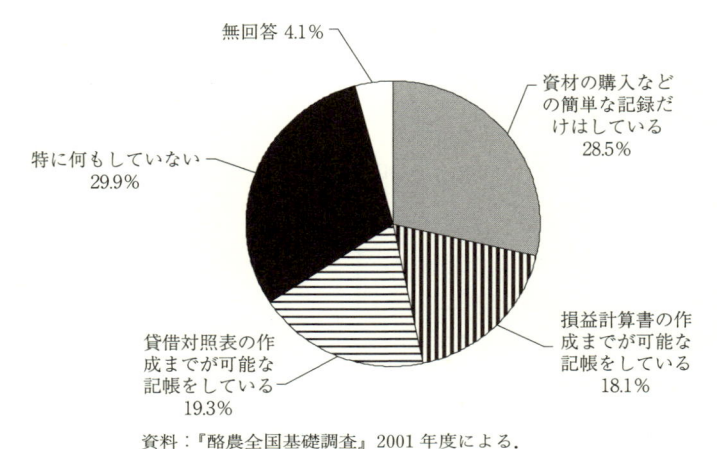

無回答 4.1%
資材の購入などの簡単な記録だけはしている 28.5%
特に何もしていない 29.9%
貸借対照表の作成までが可能な記帳をしている 19.3%
損益計算書の作成までが可能な記帳をしている 18.1%

資料:『酪農全国基礎調査』2001年度による.
図3-7 簿記記帳の状況(北海道, 2001年)

(3) 意思決定と技術成果の時間的なズレ

　生産工程の変更を生産過程の後半で進め，すでに完了した前半の生産工程での変更の意思決定が「手遅れ」となる事態が生じる．たとえば生乳生産量が生産調整で規制されても，すでに飼料生産や乳牛の育成や繁殖は進んでいる．産乳能力の高い乳牛を導入しても，すでに生産した粗飼料の質は固定されている．放牧を開始しても，放牧場の土壌や通路やパドックは，すぐには乳牛の踏圧に耐え得ない，などになる．

3) 意思決定の単純化行動

　限られた人員の家族経営の場合，増加する管理項目を適切に把握し，評価し，改善するには限界があり，なんらかの対応が求められる．その対応に次の方法があり，すでにそれらは実施されているが，それぞれに課題を示しうる．

　第1に，管理作業の処理能力を情報機器によって高める方法であり，最先端は搾乳ロボットになる[15]．センサーによる乳頭の位置確認，自動搾乳と同時に，生産乳の量や質，搾乳回数，配合飼料などの採食量，乳頭の形状など

を自動記録して，飼料給与の調整や淘汰の意思決定に役立てる．この場合の課題は，まず自動化された機械・施設を導入する費用の評価になる．経済的に評価できていない搾乳や給餌などの工程に，多額の機器を導入することの経済的効果は曖昧なままである．さらに他の工程との調整が課題となる．例えば，待機場に牛群を待たせて連続して搾乳するミルキングパーラーと異なり，1頭1頭を断続的に搾乳するこの機械では牛舎内に乳牛が常時滞在したまま，ふん尿を除去する独自の方法が必要になる．

第2に，いくつかの工程を外部委託して肉体的作業だけではなく，情報把握や意思決定などの管理も外部に委ねる方法になる．委託により当該工程の費用は市価として明確化する．すでに牧草収穫の委託，育成牛の預託，草地更新などは広く普及している．さらに混合飼料を販売する「TMR センター」[16]を利用すると，給与飼料の成分や価格も明確になりうる．外部への委託により例えば図 3-8 のように意思決定の項目は著しく減少する．この場合

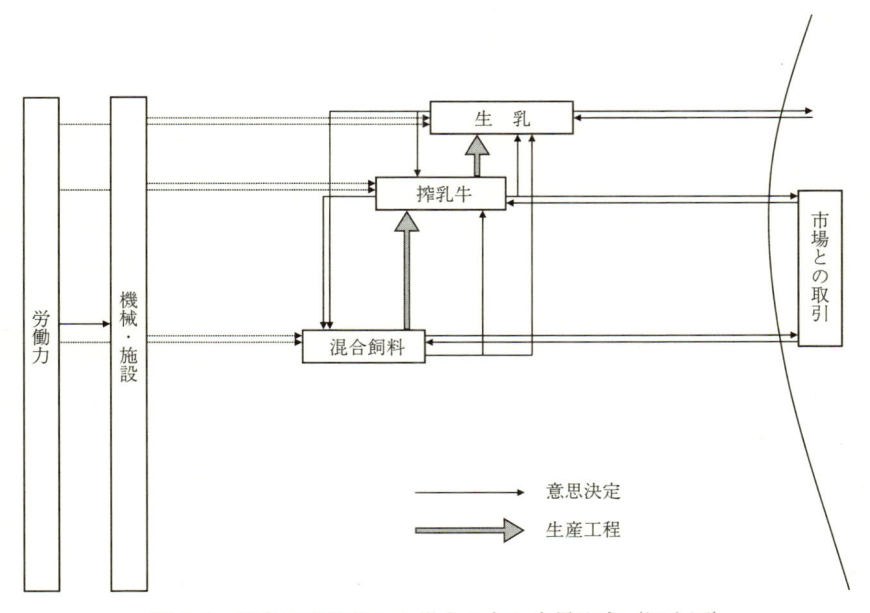

図 3-8 搾乳に専門化した場合の主な意思決定（概念図）

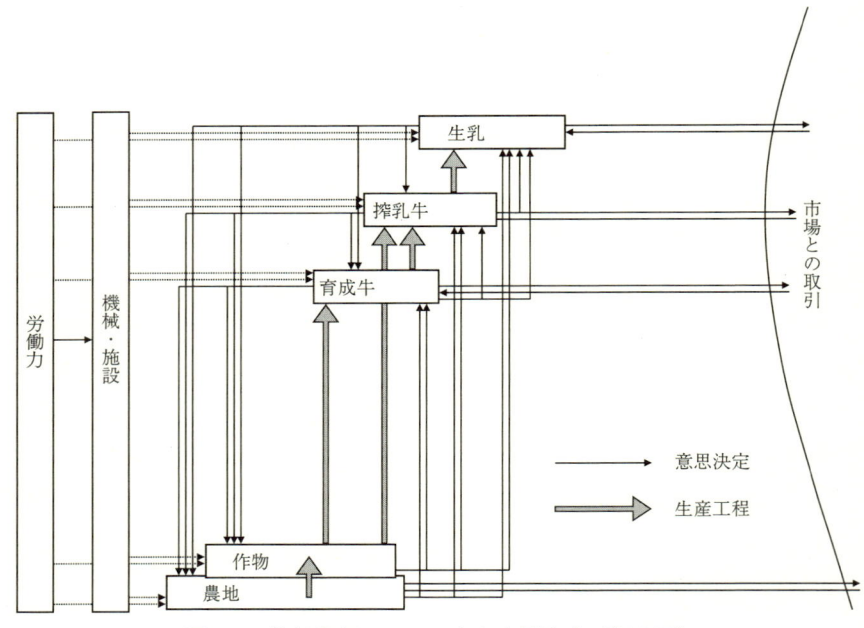

図 3-9　放牧給餌のみでの主な意思決定（概念図）

の課題は，まず自家労働力による管理作業が減少する代わりに，委託費用への支払が増加する点にある．また自分で調整可能な工程が減少して，生産面での費用削減の自由度が低下する点にある．さらに取引相手との交渉能力を向上させるために，スケールメリットを重視すると，際限のない規模拡大をしかねない点にある．

　第3に，家畜の生命活動を利用して工程を統合する方法がある．例えば自給飼料を収穫せずに全面放牧にした場合には，図3-9のように，意思決定の項目は減少しうる．ここでの課題は，以前は効率的と考えて進めた生産工程の分化を，再統合することの評価にある．少なくとも次の場合には成果が得られる．

　まず当該農業者での工程分化で全体のバランスが崩れ非効率な場合，統合することによってバランスが取れると効率は向上しうる．また分化にともな

って利用が進んだ生産手段の価格が，例えば今日の穀物価格のように高騰する場合も，利用を削減することにより効率が上昇しうる．さらに種々の工程での技術改良が進んだ今日の条件のもとで，改めて統合することが効果を発揮しうる．たとえば簡易な牧柵資材が普及し，電気牧柵の能力が高まり，通路やパドック，ゲートなどの放牧装備が整備された今日での放牧は，かつての放牧とは異なる成果を生じうる．

このように管理を単純化する方法は，多様に取りうる．したがって，酪農技術の工程の分化は一方向に進むとは限らない．その時の機械や施設の開発，経済的条件によっては，統合しうる可逆的なものと考えるべきであろう．ただし種々の方法には，それぞれに費用やリスクが発生することになる．

以上のように第1節では，まず急速な規模拡大が経営管理を複雑化させたことを明らかにした．また急速な規模拡大は経営管理の業務を比例的に大きくしただけではなく，生産工程を分化させ工程間のバランスを調整する意思決定を級数的に増加させたことを示した．さらに意思決定項目を減少させる技術的な方法をいくつか示した．

次節では，この意思決定項目の増加に，規模拡大を進めた農業者がいかに対応してきたかが問題となる．

第2節　「新酪農村建設事業」における農業者の意思決定

本節では，この地域で行われた開発事業のうちもっとも広範囲で，かつ事業費規模の大きかった「新酪事業」が農業者の意思決定にいかに影響したかを示す．農業者は経営管理の主体として本来は，規模拡大，機械化，施設化の計画立案，実施，成果の評価と見直しに責任を持つ．これらの基本的な意思決定に，事業主体は農業者の参加をいかに進めたのか，そして農業者はどう関わったかが焦点となる．これらの点を，事業史誌，各種議事録，入植者選考資料などの記述資料をもとに，次の順に分析を進める．

第1に，事業の概要と事業への既存の評価を示す．第2に，事業での計画

策定，施設の選定，入植者選考において，農業者がいかに意思決定に関わったかを示す．第3に，事業実施中に顕在化した負債問題への行政や農協，農業者の対応を通じて，地域農業の組織的な管理の取り組みを示す．

最後に，この「新酪事業」を通じて，経営改善が阻害された経過と克服への対策を考察する．

1. 「新酪農村建設事業」の概要とその評価

1) 事業の概要

新酪事業が1983年に完了してすでに20年以上を経た．73年に着工し11年をかけたこの事業では，総額935億円の費用を投入し，1万5,153haの農用地を造成し，94戸の入植農家を含む合計226戸の畜舎等施設を建築し，延長905kmに及ぶ農業用水と375kmの道路網を整備しただけではなく，区域内402戸の2万5,700haに及ぶ農用地の交換分合によって，1団地当たり面積を8.3haから34.0haへと拡大させた[17]（図3-10）．

入植者の農場装備は，50haに及ぶ1団地の草地，50頭の経産牛に18頭の育成牛，自動給餌装置付きの牛舎，スラリーストア，4戸を基本とした自走式ハーベスタとスチールサイロによるサイレージの共同収穫調製が基本形態となった．すべての装備をセットとした「建売牧場」に「移転入植」が行われた．また交換分合事業に伴って移動する敷地に合わせて移転した場合の畜舎など「施設整備」では，ほとんどが「建売牧場」と同様の装備をした．

農業者の事業参加の形態は，図3-11に示したように多様となった．事業の最も広い範囲は，水道と道路の整備地域であり，例えば用水の受益面積は約7万ha，受益戸数は1,528戸に及んだ[18]．施設整備を伴う入植・移転・整備農家は肉牛を含めて合計226戸，それらの増反面積は7,747haになるが，施設整備を伴わない増反も689戸，7,406haと広範囲で，1戸当たり11haに及んだ．

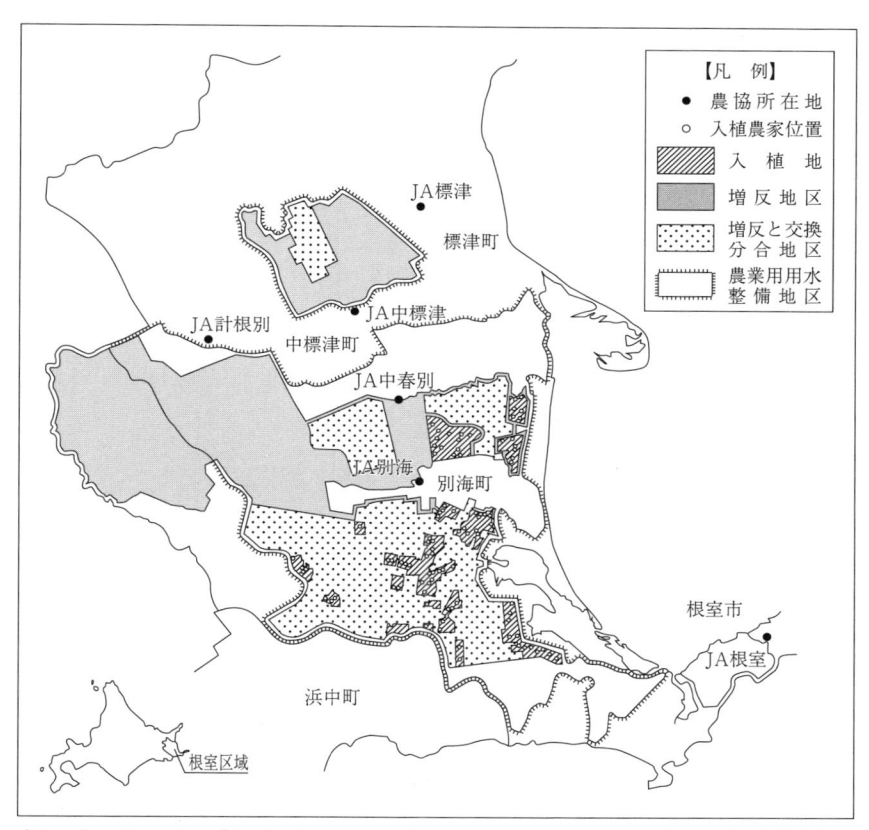

第 3 章　家族酪農における経営管理の実態　　93

図 3-10　根室区域農用地開発公団事業の地理的分布

資料：農用地開発公団『根室区域農用地開発公団事業誌』1984 年，根室地域　新酪農村建設既成会『根室区域　農用地開発公団事業のあゆみ』1978 年，農用地開発公団『交換分合事業誌』1981 年，61 頁の各図を参考に作成した．

2)　事業への評価

　事業の完了直前には，かつて次のように評価されてきた．農家の移転跡地を「周辺地域の農地の集団化にリンクさせ」たことによって，「画期的」で「空前絶後のものとな」り[19]，「膨大な国家資金に支えられつつ，他部門の農民経営から見れば隔絶した資本形成を行い生産力水準も際だって高い農家群が叢生」し，「近代化の極限とも思われる」[20]．

事業区域
7万3,949.3ha　1,678戸[*1]

水道・道路整備事業
6万9,281ha　1,528戸[*1]

農用地造成事業
1万5,153ha　921戸[*1]

交換分合事業
実施2万5,700ha，402戸[*2]
（移動1万405ha）[*2]

入植	移転ⅠⅡ	整備ⅢⅣ	肉牛公共	増反
4,995ha[*4]	851ha[*4]	1,717ha[*4]	184ha[*4]	7,406ha[*4]
94戸[*3]	31戸[*3]	96戸[*3]	4戸[*3]	689戸[*3]
（うち肉牛専業2戸）	（うち肉牛専業2戸）	（うち肉牛専業2戸）		

分析グループの名称
①移転入植(125戸)　②施設整備(96戸)　③増反(689戸)
④入植整備
⑤事業参加者(921戸)[注1)]

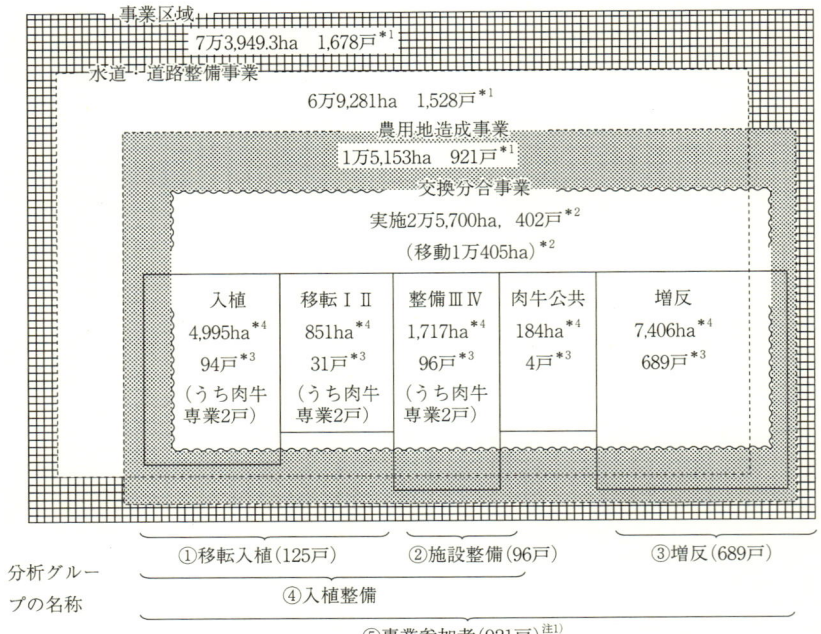

資料：[*1]は農用地開発公団『事業成績書』1984年，6頁による．[*2]は農用地開発公団『交換分合事業誌』1981年，96頁による．以上は集計された公表値．[*3]は，農用地開発公団『根室区域農用地開発公団事業誌』1984年，439-451頁の「各年度の入植，施設整備農家，経営施設一覧表」によった．[*4]は農用地開発公団『事業成績書』1984年の個別実績表を集計した．事業参加農家が増反したか否かは農用地開発公団『同上』1984年の個別実績表により確認し，水道・道路整備の実施有無は地図上の配置から判断し，交換分合への参加の有無は選考資料による入植者の出身町村，農用地開発公団『根室区域農用地開発事業誌』の「事業概要図」と別海町「農家位置図」から判断した．肉牛公共についての詳細は，農用地開発公団『根室区域農用地開発事業誌』462-469頁に掲載．

注：1)　公団『事業成績書』の個別実績表から集計した増反689戸に入植整備226戸を加えても合計で農地造成した戸数は915戸となり，同じ『事業成績書』の集計値921戸と比べて6戸少ないが，面積は一致している．集計値には農協などへの事業が含まれるためと思われる．これらの数値は上記の諸資料により異なっており，残念ながら決定的なものを特定できなかった．たとえば，交換分合の実績も公団『事業成績書』1984年には2万8,800haとなっているが，農用地開発公団『交換分合事業誌』1981年96-97頁では，この数値は計画値で，「中標津工区の5,650haの減少が大きく影響」して減少したとしている．ここでは決定的な資料がないことを明確にするためにも，あえて一致しない数値を示しておく．
　　2)　施設整備の区分は入植以外に以下に分かれる．農用地開発公団『根室区域農用地開発公団事業誌』1984年，436-437頁参照．

移転Ⅰ型：交換分合によって主たる経営用地が他の農家に移動し，新たに配分される土地に施設を移転しなければならない農家（入植農家と同様の施設装備）．
移転Ⅱ型：交換分合によって新たに配分される土地により耕地面積の拡大率が50％を超え，かつおおむね30ha以上となる場合で，幹線道路の近傍で経営上適地に移動が必要な農家（農機具庫以外は入植農家と同様の装備）．
整備Ⅲ型：交換分合によって現在の施設の近傍で規模拡大に対応する畜舎の施設整備が必要な農家（ふん尿処理施設を建設しただけから，牛舎，サイロ，ふん尿処理施設の新設と現有施設を育成用に転用する例まで多様）．
整備Ⅳ型：畜産公害防止上，ふん尿の草地還元のためふん尿処理施設の整備が必要な農家．

図3-11　根室区域農用地開発公団事業への参加形態と分析グループ名称

第3章　家族酪農における経営管理の実態

しかし今日，事業に対する評価は，現地の記録には明瞭でない．例えば，事業区域内にある別海農協の50周年記念誌では，「新酪農村の建設」について「①水が確保されたこと，②三相電機が導入されたこと，③道路網が整備されたこと―など……酪農の近代化に果たした役割を強調している」が，「その評価は現在に至って毀誉褒貶相半ばするところである」としている[21]．また中春別農協の記念誌では，「10年をかけた，日本史上例を見ない大規模な農地の交換分合事業」[22]が成功したとしている．しかし，両誌ともに，「建売牧場」についての経営的な評価は示していない．

マスコミは経営面へのマイナス評価を幾度か示してきたが[23]，その中で98年9月4日にNHKが放映した番組には[24]，現地が激しく抗議した．別海町の広報で町長は「NHKテレビで放映された『北海道・新酪農村の25年目の夏』については全国各地から大きな反響が寄せられました．番組は特にくらいイメージが先行し，酪農経営者はもとより，当町のイメージを大きく左右する内容であったところから，NHK釧路放送局に対し厳重に抗議をいたしました」[25]とした．これに対し，NHK釧路放送局長から「厳しい環境の中での酪農家をリアルに描こうとするあまり，地元から見れば番組全体が暗すぎると言う印象を持たれたことや，酪農のイメージに悪い影響が出るという指摘を受けたことも事実で，この点については遺憾に思っています」[26]との回答が同じ広報に掲載された．

交換分合については，事業の完了後も毎年繰り返され，高い評価を受けている．別海町において交換分合による移動面積は，事業実施中の75-82年には11,870haに及ぶが，その後83-89年に2,893ha，90-99年にも4,105haとなっている[27]．建売牧場の離農跡地への再入植を伴った交換分合も行われた．多くの関係者が，出ていく人をいかに励ましながら，その跡地をどう生産的に利用するかという極めて繊細な仕事に，日々腐心してきた．関係農家や農業委員会の努力は敬服せざるを得ない．

しかし酪農の技術形態と経営主体に直接的に大きく影響したはずの「建売牧場」については，どう評価すべきか．以下では「建売牧場」を主な対象に

して，まず事業の計画と実施，そして実施後の分析と対応に分けて検討を加えていこう．

2. 事業の計画と実施の経過

1) 事業計画の経過

1964年から続いた連続冷害凶作に対し，67年8月に「寒冷地農業開発法制定に関する建議」が北海道開発問題審議会委員連名で政府に提出された．会長の黒澤酉蔵は著書『国際収支と北海道開発』の中で，建議項目の1つ「農業基盤の整備と農用地開発の促進」を「新酪農村創設事業」と呼んだ[28]．この事業は，まず「100万，200万ヘクタールの大地を相手に」「……50年，100年がかりで新酪農村を……50も100も創設していく」と夢のように壮大であった．また地域「資源のすべてを統一して開発する」「TVAにならった実施機関を設けて数十年の努力を続け」と，長期にわたる事業主体を明示していた．さらに，事業の目的を「購入飼料に大きく依存する……日本の酪農畜産の体質改善……を果た」[29]し，「日本における食糧生産基地としての使命を果たす」[30]こととした．

事業完了後に刊行された『公団事業誌』では，「『新酪農村』の名称は，黒澤のこの論文を引用して北海道開発庁が用いたもの」[31]としている．北海道開発庁は，すでに1962年から全道各地で実施していた「農用地開発改良地域調査」を，67年には根室支庁に浜中町を加えた「根室原野地域」35万haに対して実施した[32]．この調査にもとづいて68年7月に「新酪農村開発構想」を提起し「予算要求の準備をした」[33]．そこで「根室中部地区約4万haの開発をインパクトとし，その開発効果を全域的に波及せしめ」るとし，開発地区への周辺からの移転入植を構想した[34]．

2) 自立した推進主体の不在

黒澤は長期にわたる自立した事業の推進主体を構想したが，これについて

は「新酪事業」では以下の特徴がある．

第1に，国が強く介入した．農用地開発公団は事業開始の前年1974年に設置された．すでにこの年には，のちに公団事業と一体化された「根室中部土地改良事業」が国営事業として始まっていた．農用地開発公団が設立後に示した『実施計画書』は，同74年に開発局が作成した『基本計画書』に基づいている．

第2に，事業完了後も地域農業を管理する主体は作られなかった．「新酪農村」の運営主体は，71年に「畜産基地管理センター構想」として策定され[35]，その活動には「情報の収集とそれに基づく地域対応策の策定」や「各経営体及び直営施設の経営分析，及びそれに基づく経営指導技術開発及び研修」[36] などが含まれていた．しかし予算請求の過程で「この事業種目のほとんどが公団事業としてなじみがたい内容」[37] とされ削除された．

3) 建売牧場の設計

営農目標の設計は，入植を伴ったこの事業の要となるが，事業完了までに，次の問題が生じた．

第1に，入植が開始した75年の根室支庁管内2,516戸のうち，『基本計画』の頭数を凌駕する50頭以上の農家は，すでに251戸と10％に上っており，計画規模は際だって大きくはなくなっていた．

第2に，ふん尿処理をめぐって，設計では成牛換算で当初37.5リットル[38]と過小[39]に試算され，スラリー散布の時期も，土壌が凍結する11〜12月に設定された[40]．事業完了前にすでに「貯留量が不足する状況が3月中旬以降全戸に生じ……農家は積雪があるので圃場への侵入が困難なため，道路沿いの草地に……散布を行ったため悪臭に対する苦情が多」[41] 発した．

第3に，住宅建築が事業からはずされた上に，事業費は著しく過小に見積もられた．農業用施設と土地基盤の合計の農家負担分は，『基本計画』では2,465万円であったが，完了後には5,505万円と2.2倍に増加した．農家負担のうち「建設利息」は『基本計画』では761万円に過ぎなかったが，精算で

は3,131万円へと4.1倍に跳ね上がった[42]．住宅建築費も『基本計画』では650万円であったが75年入植者では平均906万円，年次を追って増加し79年入植者では平均1,756万円と2.7倍に達した[43]．

4) 入植事業の実施

「建売牧場」への入植は次のように実施された．

(1) 入植者の計画への参加

74年6月15日に農用地開発公団が設立した後，事業はめまぐるしく進んだ．8月12-16日の5日間，実施計画概要が公告縦覧され，同時に8月14-23日の9日間という「極めて短い日数で1,540戸全員から同意が取得」[44]された．

①施設選定への参加

公団は75年「入植者8戸の農家が決定されたことを契機に，入植者個々と打ち合わせを行い，畜舎施設や農機具などの具体的な内容……を決めていった」[45]．初年度入植者が施設の決定に参加し[46]，「全戸とも気密サイロを強く望んだ」[47]としている．

入植者が「強く望んだ」事実は，入植直後に書かれたレポートからも示される．例えば75年入植者の1人は「基本計画では乾草作りは入っていました．当初330トンの気密サイロが基本計画にのっていましたが，ヘイレージ1本で搾乳牛を飼いたいということで，公団や道にお願いして480トンの気密サイロが建設されました」[48]とある．また76年入植者の妻は，以前のバンカーサイロでのつらさを「冬は冬でまた大変である．夏に作っておいたサイレージの土はがしは最もつらい仕事の1つ．マサカリやツルハシまで持ち出して石でもたたきこわすつもりで，カチンカチンにしばれた土を少しずつ区切ってはとりはがし，ヘーナイフで切り取ってホークでトラクターに積み込むのである．どんなにしばれる日でも，吹雪の日でも1日も欠かすことはできない」と回顧し，入植した日に「雄大にそびえるスチール・サイロの頼もしかったこと」[49]としている．

②参加開始時期の遅さ

しかし，入植者の参加は以下のように，短期間だった．

第1に，選考主体の決定が遅れた．74年12月7-9日に，公団から「何故道が募集選考しなければならないのか」と，「農林省に来て異議申し立てがあった」[50]．ようやく「75年1月23日付けをもって農林省から北海道に対して公文をもって入植の募集選定について依頼があ」[51]った．

第2に，初年度入植者の決定時期も遅くなった[52]．2月6日に「個別建売牧場入植者募集のしおり」が募集要項とともに決定した．2月12-22日にかけて募集され，3月18日に道の選考会議において初年度の入植者が決定した．建売牧場の利用が始まる3カ月前であった．

第3に，牧草の収穫に合わせ，スチールサイロは6月中旬に建築の完了が必要となり，機種選定の期間は4月の1カ月弱しかなかった[53]．

(2) 入植者選考の経過

入植が後期になるほど「持込負債」が多いことはすでに事業完了前に指摘された[54]．78年までは，募集人数に対する応募者の倍率は1.4〜3.5倍となったが，79年からは，1.0倍となり，選抜圧はなかった．79年次点の経済階層区分のうちCD層は，根室支庁管内全体の27%を占めていたが[55]，入植者についても同じ27%になった[56]．

借入金をすでに返済できない状態にある農業者が入植できた経過を，選考委員会の資料から検討すると，経営的な能力が道の選考委員会では判定されていなかったことが示される．

①選考基準の非選別性

第1に，「選考要領」では「大規模で高能率な畜産経営を確立し得る優秀な資質，おう盛な営農意欲を持ち，かつ農業の生産活動及び社会生活上の協調性を持っているか，否かについて十分に配慮して選考する」と「配慮要件」が謳われている．にもかかわらず，「入植希望申込書」には経営収支の記入欄がなかった．

第2に，この「配慮要件」について，選考資料には「優秀な資質」「旺盛

な営農意欲」「協調性」の判定結果が「適」「A」「有」「可」などと示されたが，全戸が同じ結果になっていた．優劣は付けられていなかった．

第3に，最終の79-80年度入植者の選考委員会では，持込負債について十分に議論しなかった．事務局による次の説明が残っている．「入植時の携行資金が条件となっておりますが……現在所有している土地の処分で全員の方がほぼ負債を償却することが可能」で，「優秀な資質，旺盛な営農意欲及び協調性の配慮要件につきましても各人の個性などを十分熟知しております地元関係機関の判断によりますといずれの方も遜色なく極めて優れている」[57]．

結局，経営者能力の判定は，地元の関係機関に一任され，道の選考委員会ではクリアーにされなかった[58]．

②転出地域条件の優先

第1に，入植者が転出する地区での交換分合が優先された．選考作業は，後半の1979-80年分は79年に一括されたが，一括化の理由は「交換分合予定地域内には，今後入植を希望するものが多く，交換分合業務を促進させるためには，……早急に決定する必要がある」[59]と記されていた．

第2に，転出地域の交換分合の必要性で，順位付けがされた．「選考要領」では農地の分散状況などが「優先順位要件」とされていた．選考資料には，当該農家の農地の団地数，所在地区での規模拡大の困難性，農用地集団化の気運の高まりなどが判定され，79-80年の入植者には，この数値で優先順位が明確に付けられていた．

以上のように，入植者の選定理由には，農業者の能力や本人の意志以外の要素が強く入り込んだ．

3. 事業完了後の地域的対応

1) 入植整備地区の基本動向

まずはじめに，事業完了後の入植整備地区の経営変化を，集落カードを用いて概観しておこう．

第3章　家族酪農における経営管理の実態

図3-12〜13には，根室支庁内の各農協を入植整備地区とその他の地区に分け，事業完了直後の1985年以降の規模を示している．入植整備地区は3つの農協管内に分散しているが，3カ年ともに1戸当たりの経産牛頭数で上位3位までを占めており，最大の頭数規模を誇ってきた．しかし面積規模では，85年時点で，「建売牧場」の設計50haをすでにその他3農協で超えていた．95年現在でも，入植整備地区のうち1つは55haに止まったままで，入植整備地区を除くその他4農協でこれを上回っている[60]．

入植整備地区では，これ以上の開発余地はなく，面積拡大の制約の下で，多頭化が進んだ．多くの農家で，牛舎内の育成牛のペンを取り払い，パイプラインを延長して，搾乳牛頭数を増加し，育成牛舎を建てるなど追加的に資金を投下した[61]．スラリーストアは，容量不足となり，冬期間のスラリー散布が増えた．気密サイロの修理費が増加し，粗飼料の貯蔵量も不足し，ラップサイレージが普及し，バンカーサイロなどが作られた．

新酪事業により設置された気密サイロは，合計174基になる．1997年3月に道が行った調査では，10基が地震によって倒壊・破損して撤去された．残り164基のうち89基（54.3％）が未使用となっていた．期待された装備は急速に陳腐化した．気密サイロの使用中止と前後して，牧草収穫の共同作業も解体していった．

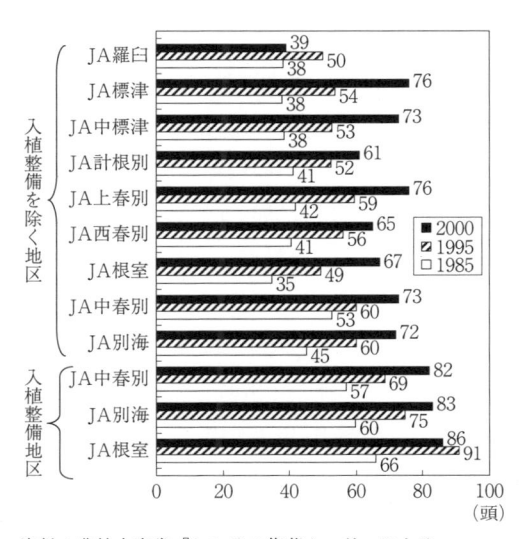

資料：農林水産省『センサス集落カード』による．

図3-12　1戸当たり経産牛頭数の変化
　　　　（新酪事業地区別，1985-2000年）

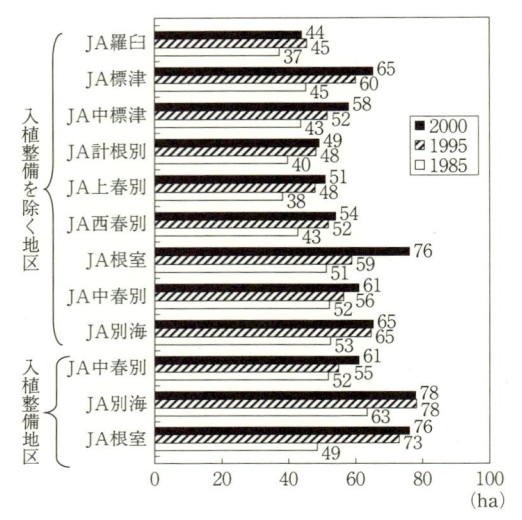

図3-13 1戸当たり経営面積の変化
（新酪事業地区別，1985-2000年）
資料：農林水産省『センサス集落カード』による．

2) 負債問題の深刻化と対策

(1) 離農の多発と「未活用農場」の発生

入植整備完了の直後85年から2000年までに，農家数は次のように変化した．別海町全体の酪農戸数は1,270戸から273戸が減少し，減少率は21.5％となった．入植した酪農家92戸のうち，すでに25戸が離農し，離農率は27.2％になった．移転や整備を含めた226戸のうちすでに62戸が離農して，離農率は27.4％になった．離農跡地に23戸が再入植したがうち2戸が離農した．入植整備農家の定着がいかに困難であったかを知ることができる．

離農したのべ64戸の農地と施設は2000年6月までに，以下のように処分された．まず23戸は周辺農家の規模拡大に利用された．また17戸には農外からの新規参入者が就農し，6戸には根室区域内の農家が移転した．合わせて23戸の再入植により農場数は185戸をキープし，農場の減少率は18.1％に抑えられた．残り18戸は農業委員会から「未活用農場」と呼ばれた．農地は周辺農家の採草・放牧などに借地利用されたが，施設は利用されていない．この状態が10年以上過ぎ，簡単な修理では使用不可能なものもある．

離農が多発した最大の要因は負債累積にあった．まず事業費の農家負担部分は確定時78年には入植農家1戸当たり平均で，土地基盤整備698万円，農業用施設4,807万円になり[62]，これが公団への借入金となった．また平均で農地取得資金951万円，住宅建築資金935万円が加わり[63]，借入金は合計

7,391万円に上った.さらに入植時の持込負債,入植後の追加的な資金投下,年々の収支赤字分の借入が重なった.

1991年で継続していた移転入植94戸の借入金残高は平均で8,294万円であった[64].また同じく継続している入植整備184戸のうち,1億円を超える例は43戸(23%)に達していた[65].これに対して以下の負債対策が実施された.

(2) 離農防止への追加的な資金投入

80年代には,離農を防ぐための措置が講じられた.

第1に,公団への利子支払開始の猶予が1984年から1987年にかけて実施された.対象者数は,入植整備農家のうち別海農協の134戸中56戸,中春別農協42戸中19戸と,全体のほぼ45%になった[66].この結果,延滞時に公団から課せられる14.6%のペナルティを回避できた.かわりに猶予3年間の支払利子分が元金に加わり残高が増加した.

第2に,畜産特別資金が大量に利用された.88-92年に入植整備農家80戸に貸し出された大家畜体質強化資金は,52億5,170万円で72戸が残高を借換し,借換金額は1戸当たり4,985万円になった[67].公団の借入金の条件,利率7.2%で償還の残期間10年程度から,利率3.5%で新たな償還期間15年へと切り替えられた.

(3) 離農跡地農場の維持策

90年代には,離農後の不良債権を直接償却し,農場を維持する性格が強まった.

第1に,1990-95年に,「公団事業償還金整理特別対策事業」が実施された.全道の公団事業参加者のうち,離農して資産処分後も残る借入金5億5,000万円(うち根室区域分4億9,600万円)について,公団,道,関係市町村による基金16億円を積み立て,5年間は基金への6.5%の利息で,借入金残高を償却した[68].

第2に,96-97年に,町と農協により6億7,500万円の「別海町新規就農環境整備対策基金」が造成され,離農した農場の負債償却に使用された.

2000年1月までで，執行時の金額に25%の道からの補助金計1億6,643万円を加えて，合計6億6,575万円が利用された．

第3に，95-98年に，離農跡地に入植する新規参入者を養成する研修牧場が10億8,500万円の事業費，うち6億6,000万円の町費により建設された．2000年までに夫婦21組が研修生として受け入れられ[69]，このうち14組が新規参入し，うち5組が入植整備農家の離農跡地に就農した．

第4に，99-2001年にかけては，農家の後継者が継承する条件を整えるために，中春別農協管内に限り，「地域農業経営緊急事業」が実施された．まず農地を北海道農業開発公社に，施設や乳牛を農業生産法人中春別ミルクファームに売却して不良債権を解消した．その後牧場主はミルクファームの従業員として働き，5～10年間の経営成果を持って，農場を買い戻す仕組みになっている[70]．99-2000年に入植整備農家5戸がこの事業の対象となった．

第5に，不良債権を組合員が負担した．別海・中春別2農協の事業報告書をもとにすると，85-2000年の貸倒損失は合計25億円を超えている．入植整備農家はかなりの戸数が含まれている．

さらに，国による直接の買い上げが始まった．防衛庁の矢臼別演習場では97年から米国海兵隊の演習が始まったが，これに伴い「移転補償区域」が設定された．周辺農家59戸が対象となり[71]，買収は2000年までに11戸に執行され25億円が支払われた．2001年には14戸が予定されている[72]．入植整備農家のうち継続していた2戸がすでに買収され，今後は「未活用農場」のうち5戸の買収が予定されている．

3) 入植者による経営改善運動

77年11月22日，3年目の入植が行われたあとに，「新酪農村入植者協議会」の規約がつくられた．会員資格は当初は入植者に限られていたが，80年の規約改正で施設整備農家を含むことになった．会員数は事業完了年の1983年に155名，入植整備農家226戸の69%に達した．目的を「相互の連絡協調を図り，新酪農村事業の円滑な推進と安定した農業経営の確立を期す

る事」と幅広く掲げ，多様な活動を展開した．

　当初の規約では，事務局は会長宅に置かれていたが，その後の改定で，別海・中春別の両農協に交代で置かれた．協議会長から農協に事務局を置く要請に対して，79年4月4日の農協の記録には，「あくまでも事務的な手伝いの範囲にとどめ」「恒常性を持たない事を強調した」とあり，協議会が農業者の自主的な活動であることを示している．農協に残る議事録[73]をもとに，入植農家を主体とした初期の活動から，協議会の「村づくり」に関する顛末を辿っていこう．

(1) 自発的な経営改善と村づくり (77-80年)

　第1に，専門部会制により，課題を総合的に捉える仕組みを取り，参加者の幅広い意見をもとに活動が進められた．施設部会は，全会員へのアンケート調査を実施し，機械・施設を中心に40項目の改善を求める要請書を作り，設立2年目に公団などに提出した．

　第2に，経営改善が大きなテーマとなった．経営部会は80年2月に，農協のデータにより275戸の出荷乳量階層別の経営収支データを添付した．「会員の合意ができた段階で……決定したい」とことわりつつ，「営農指標」を提案した．例えば「搾乳牛あたり7,000kgを目標にする（5カ年目標）」「衛生的でおいしい牛乳を生産する（比重1.034）」等であった．次年度事業に「①新酪営農基本設計の見直し，②新酪営農経費（固定経費）などの調査，③スラリ肥効の調査，④牛乳の原価調査」を計画した．

　第3に，この「営農指標」には，「地域に溶け込み村づくりに努力しよう」が掲げられており，「村づくり」がテーマとなったことを示している．

(2) 経営間格差の拡大と条件緩和運動への転換 (83-87年)

　新酪事業が完了した83年以降，専門部会の活動は記録されていない．協議会の活動は大きく変わり，以下の性格を強めた．

　第1に，公団資金の条件緩和が活動のほとんどを占めるに至った．6月には関係省庁への要請を，81年度の個別経営収支実績などの資料を携えて行った．83年度の合計17回の活動記録のうち8回に「条件緩和」の文字が明

記されている．

　第2に，会員内部の要求が多様化し，意見の集約が難しくなっていった．

　まず84年の総会では，動議により，これまで役員会の承認を必要とした会員の加入・脱退を，「自由とする」ことに規約を改定した．また条件緩和の要請について，一方で「新酪だけ払えないと言うことではなく別海町の酪農家との協調した運動を考えるべき（運動方針の転換を）」という意見が出された．他方で86年4月には，メンバー有志から，「新酪はまさに入植以来最大の危機に直面しており，このまま2～3年続けば，我々会員の半数以上は営農不可能な状況に追い込まれる」とし，「現状の正確な把握（良い農家，悪い農家はどのくらいか）」や「具体的な緩和条件の設定（例えば総合資金への書き替え）」を進めるよう『意見書』が役員会に提出された．

　そして86年5月の総会には，協議会の解散について議論が交わされるに至った．

(3) 償還開始から大家畜資金による借換へ（88-93年）

　まず，88年6月の総会では，会長より大家畜資金が公団資金の借換に利用できることが次のように報告された．「根室支庁管内で114戸が対象となり，新酪関係者は54戸とかなりの比重を占めている．……大家畜資金を見れば……新酪農家のための資金といっても過言でない」．

　また，89年11月の役員会では，廃止農場の償還金償却処置が議題となり，91年5月の役員会では，「公団事業償還金整理特別対策事業」として実現したことが報告された．

　入植者協議会は，当初は会員の「協調」と「経営の確立」をめざして自主的に組織された．しかし，事業費が確定したあと，次第に償還条件の緩和へと活動の焦点が絞られた．経営改善への自主的な取り組みは，畜特資金への借換とともに，実体を失っていった．

4. 地域農業管理組織化の必要性

1) 意思決定への制約

「新酪農村建設事業」では，以下のように農業者による意思決定を制約した．

第1に，事業計画を策定し実施するまでの期間において，計画の策定，施設の選定，入植者の選考で，情報提供と参加機会が制限されていた．「建売牧場」の装備は，公式には初年度の入植者が選定されたのち1カ月弱の短期間に，個別の入植者と相対で決定された．農業者の要望は受け容れられたがメニューからの選択に過ぎなかった．気密サイロなどの試験済みでない施設について，問題点を洗い出しながら次第に普及するのではなく，短期間に大量に実践に移した．

第2に，事業の実施後に，技術などの評価・修正をする主体は次のように形成されなかった．まず事業の実施過程では，事業主体は公団であったが，入植者の選考は名目的に道が行い，実質的には地元の行政や農協が行ったというように，責任の所在が分散していた．このため入植者の経営能力は十分に公開され評価されず，大量の持込負債を許した．また事業が完了したのち，計画の正式な管理主体が不在となった．「建売牧場」の経営成果は入植後も幾度も分析された．しかし分析結果は「陳情」資料に利用されても，経営改善には利用される仕組みはなかった．同じ建売牧場から始まったにもかかわらず，多様な展開と経営成果が今日の個々の農業者に蓄積してきた．これらの取り組みや成果を共有物として蓄積し活かす仕組みは作られなかった．

第3に，入植者が中心になり協議会を自主的につくり，当初は経営改善のために情報交換を進めた．しかし活動のテーマは，事業費の確定を契機に，借入金償還の条件緩和に収斂した．負債問題を解決した農業者と解決できなかった農業者との間での共通テーマが見失われた．課せられた負債の大きさが，経営改善の組織的な活動を阻んだ．

2) 管理組織化の必要性

かつて，この「新酪事業」について，地域農業を形成する主体のあり方が問われてきた．

例えば，この事業には「『村づくりの主体は誰か』という問題がある」[74]とし，「計画の実施基準」には「非常に強い規制があり，画一的基準が固守されたため，自主的村づくりとしての余地はこれまでのところほとんどみられない」「画一的，官僚的開拓事業としてのむらづくり」だと批判された．

これに対し，「新しい村づくりへの模索」として，「新酪農村建設事業が……『上から』発想されたものでありながら，それを『下から』とらえかえす主体もまた存在していたこと」[75]が強調された．

この節での分析から，事業としての「畜産基地管理センター」は中止されたが，農業者による「入植者協議会」が自主的に設立し，いわば「下から」の経営改善運動として村づくりが萌芽的ではあるが進んだことを確認した．

しかしこの取り組みは，作られた累積債務に外部からの追加的な資金が注入されることに平行して中止された．経営管理の主体は地域として未組織なままに，急速な多頭化と機械化が進んだ．

第3節 「新酪農村建設事業」完了後の経営展開

本節では，「新酪事業」で共通の機械や施設を装備した後に，収益性の格差がいかにして形成したかを示す．とくに農業者の主体的な性格や管理がどう影響したかを明らかにする[76]．

分析材料として，約300戸程度の複数年次の経営収支と，悉皆アンケート調査など前節で用いたデータに近年のデータを加えて，前節で特徴のあった部分について分析する．

まず事業参加の度合いが高く，より施設を整備した農業者の特徴を示す．次に施設整備の後，2000年までに離農した農業者の特徴を，継続した農業者と比較して示す．

さらに，ほぼ同じ年次に移転して整備し，借入金残高が1億円以上となった後，これを返済した2戸の経営収支などの動態分析と作業の観察・聞き取り調査から，改善を可能にした要因として，経営管理や主体的な性格に迫る．

1. 入植整備農家の到達点

「新酪事業」への参加形態は，既に示したように多様であった（図3-11）．農地の増反だけではなく施設整備をした農業者ほど，固定的な条件は共通になる．建売牧場と移転して整備した農業者はほぼ共通の機械化と施設化をし，移転せずに施設整備した農業者にはふん尿処理施設のみ，サイロのみの部分的な施設化も含まれる．この他に施設は変わらずに農地を増加しただけの農業者も多数に上り，さらに道路と用水などの周辺整備のみの農業者も多い．

ここでは最も機械化などをした移転入植グループの特徴を，より軽微な事業への参加者と比較して示す．まず水道・道路など一般的な条件整備グループとの比較，さらに農地拡大のみの増反グループとの対比に注目する．増反グループは機械化，施設化という急速な近代化の影に隠れて見落とされやすいが注目されなければならない．草地というもっとも基本的な経営要素を先行して整えたケースだからである．

1) 継続した移転入植農業者の特徴

表3-1には，317戸の97年度の経営収支などを示した．一般グループと比較して，移転入植グループには，以下の特徴がある．

第1に，クミカン農業所得が高く，一般グループでは1,282万円に止まるが，移転入植グループでは1,657万円に及んでいる．この理由は，まず乳牛飼養頭数が143頭，経産牛頭数が83頭，経営耕地面積72haと，一般グループとは1.5倍ほどの規模の大きさによる．さらに経産牛1頭当たり出荷乳量が唯一7,000kgを超える高い生産性による．

第2に，移転入植グループの支払利子は297万円と最大になっており，事

業完了後20年以上を経たこの時点でも，大きな負債償還に直面している．

　第3に，技術的には，換算頭数当たりの購入飼料費や賃料料金，修理費は，移転入植グループで最も大きく，多投入になっている．さらに換算頭数当たりの農業共済の掛け金，死亡した場合に受け取る家畜共済金が一般グループより高いことから，乳牛の健康状態が他グループに比べて良好でないことが

表3-1　事業参加形態別にみた規模と経営収支の概況（1997年）

			合計	移転入植	施設整備	増反	一般
	集計戸数	(戸)	317	50	33	148	86
規模と生産性	経営耕地面積	(ha)	63	72	73	60	59
	乳牛飼養頭数	(頭)	111	143	115	105	102
	うち経産牛頭数	(頭)	62	83	64	57	57
	換算頭数当たり経営面積	(a)	76	67	84	77	76
	経産牛当たり出荷乳量	(kg)	6,843	7,158	6,769	6,765	6,825
経営収支	農業収入	(千円)	36,884	50,639	37,848	33,367	34,569
	うち個体販売	(〃)	3,349	4,574	3,732	2,839	3,367
	うち家畜共済金	(〃)	1,083	1,924	1,153	894	893
	クミカン農業経営費	(〃)	23,894	34,066	24,786	21,505	21,749
	支払利息	(〃)	1,451	2,970	2,469	938	1,060
	元利償還	(〃)	9,002	20,867	15,528	4,714	6,980
	クミカン農業所得	(〃)	12,990	16,574	13,062	11,862	12,821
	クミカン可処分所得	(〃)	3,988	−4,293	−2,466	7,148	5,841
	クミカン農業所得率	(〃)	35.5	33.5	34.4	35.6	36.9
換算頭数当たり	農業収入	(〃)	423	447	431	406	435
	個体販売	(〃)	39	40	43	34	43
	家畜共済金	(〃)	13	17	13	11	11
	クミカン農業経営費	(〃)	271	299	280	259	274
	元利償還	(〃)	105	190	188	59	101
	クミカン農業所得	(〃)	151	148	150	147	161
	農業の経営費のうち　飼料費	(〃)	106	119	105	101	107
	養畜費	(〃)	15	15	15	14	15
	農業共済	(〃)	16	19	15	16	16
	賃料料金	(〃)	27	36	32	23	26
	修理費	(〃)	23	26	24	21	23

資料：農協の組合員勘定報告票，営農計画書，出荷乳量実績の集計による．2000年6月まで継続している農業者のみ．
注：1)　元利償還金には繰り上げ，借換による元金が含まれている．
　　2)　農業所得＝農業収入−農業経営費だが，農業経営費から支払利息，雇用労賃を差し引き，もともと償却費は含まれていない．
　　3)　個体販売には家畜共済金を含めた．

第 3 章　家族酪農における経営管理の実態

示される．

　次に増反グループは，農地拡大のみで施設を整備しなかったが，以下の特徴を挙げることができる．第 1 に経済的には，農業所得金額は最も少ないが，元利償還金額も少ないため，可処分所得は 715 万円と最大値を確保している．第 2 に，技術的には産出は少ないが，低投入となっている．規模や生産性は一般グループと同等だが，換算頭数当たりの農業経営費は 25.9 万円，同購入飼料費は 10.1 万円といずれも最小となっている．換算頭数当たりの養畜費も家畜共済金の受入金額も最少で，乳牛が健康的なことを示している．

2)　継続した農家の経営変化

　事業実施中の 79 年から 97 年までの 18 年間の増加率は，移転入植グループは，経産牛頭数ではやや大きいが，経営面積では 43％ に過ぎない．面積拡大は一般グループの方が 57％ に達しており，急速な拡大は移転入植グループのみではない．拡大の手順，時期などに注目する必要がある．

　そこで表 3-2 には，79 年から 97 年までを次の 3 期間に区切って各期首に対する増加率を示した．期間は 1974 年に事業が開始し 84 年に完了した時期を含む「新酪事業完了期」，償還が猶予期間を含めて本格的に開始した 85 年以降の「公団償還開始期」，負債問題が顕在化し大家畜経営体質強化資金を利用して公団資金の残高借換が進んだ 92 年以降の「残高借換期」に分けた．移転入植グループでは以下のように「新酪事業完了期」に，急速に多頭化と多投入化し，多頭化先行的パターンを辿り[77]，収益性が低下した．逆に増反グループや一般グループでは「新酪事業完了期」に経営耕地面積を増加して収益性を高め，のちの「公団償還開始期」「残高借換期」に飼養頭数を増加する面積先行的パターンを辿った．詳細は以下のようになる．

　まず「新酪事業完了期」において，飼養頭数は一般グループの 17％ に対して，移転入植グループでは 34％ と多頭化した．また換算頭数当たりの購入飼料費は，他グループの数パーセントに対して，移転入植グループは 22％ と多投入化した．そして農業経営費全体では，一般グループが最低の

表 3-2　継続農家の経営変化率 (1979-85-91-97 年)

		新酪事業完了期 (79 → 85 年)					公団償還開始期 (85 → 91 年)				
		合計	移転入植	施設整備	増反	一般	合計	移転入植	施設整備	増反	一般
	集計戸数	283	45	31	134	73	283	45	31	134	73
規模と生産性	経営耕地面積	23	18	30	21	28	3	1	8	1	5
	乳牛飼養頭数	22	34	30	17	17	20	21	17	21	20
	経産牛頭数	10	15	22	7	6	13	15	8	13	13
	換算頭数当たり経営面積	6	−6	1	6	14	−13	−15	−4	−15	−13
	経産牛当たり出荷乳量	24	27	15	27	22	16	13	17	15	21
経営収支	農業収入	43	56	53	40	32	9	9	6	9	11
	うち個体販売	74	175	139	65	36	29	33	47	34	13
	クミカン農業経営費	37	55	43	33	25	15	12	13	17	17
	支払利子	56	240	114	11	0	−8	−2	−8	−15	−7
	元利償還	34	129	57	16	4	66	182	71	24	12
	クミカン農業所得	54	59	74	52	46	−2	2	−7	−3	1
	クミカン可処分所得	75	19	100	84	107	−53	−201	−101	−18	−7
	クミカン農業所得率	12	6	14	13	15	−10	−5	−12	−12	−9
換算頭数当たり	農業収入	21	22	20	23	17	−7	−9	−5	−7	−5
	個体販売	55	109	90	57	30	8	14	29	9	−4
	クミカン農業経営費	14	20	12	15	10	−1	−6	1	−1	0
	元利償還	13	78	22	4	−1	35	132	53	9	−1
	クミカン農業所得	34	25	36	37	32	−16	−14	−17	−18	−15
	農業経営費のうち 飼料費	10	22	2	9	6	5	−1	6	6	10
	養畜費	34	34	41	41	20	−56	−55	−55	−59	−53
	賃料料金	226	221	391	255	156	−39	−40	−33	−36	−44
	支払利息	29	162	73	−0	−6	−22	−19	−19	−27	−17

資料：表 3-1 に同じ．
注：表 3-1 に同じ．ただし，変化率は，以下の計算式とした．(期末年度実績−期首年度実績)/期首年
　　事業完了は 79 年．公団資金の償還は 84 年に開始し，対策の必要な農業者への猶予が 84-87 年に，大家
　　が 88-92 年に実施された．

25% に対して移転入植グループは最大の 55% も増加した．このため農業所得率は他グループは 13% 以上の増加率で高収益化したが移転入植グループは 6% の増加率に止まり，収益性格差が広がった．逆に経営耕地面積では，一般グループの 28% に対し，移転入植グループは 18% に止まり多頭化先行的に拡大した．

第3章 家族酪農における経営管理の実態

(単位：戸，%)

合計	移転入植	施設整備	増反	一般
283	45	31	134	73
13	19	5	10	17
13	5	6	15	21
17	16	13	15	25
−1	10	−2	−4	−2
1	0	0	3	−1
22	20	18	21	29
5	6	6	−1	13
17	14	13	18	20
−23	−28	−19	−23	−17
27	15	53	7	67
32	33	29	25	46
46	−23	7,060	40	28
8	11	8	4	15
6	10	8	5	6
−7	0	−1	−12	−5
1	5	3	2	−2
16	11	43	−10	46
16	21	19	10	21
4	3	2	6	2
16	13	31	17	11
8	14	10	3	10
−31	−33	−26	−32	−31

残高借換期
(92→97年)

度実績×100
畜経営体質強化資金による残高借換

また「公団償還開始期」において飼養頭数は各グループが20%程度の増加で横並びに多頭化し，農業経営費は増反グループや一般グループの方で増加した．

さらに「残高償還期」には，飼養頭数は一般グループで21%，増反グループで15%と多頭化し，逆に移転入植グループは5%と停滞した．

このように移転入植グループで多頭化先行的なパターンを辿った理由を，この直後の意識の特徴から次に検討する．

第1に，表3-3には，多頭化意向を示している．多頭化を考えしかも「目処あり」との回答が一般グループの32.2%に対して，移転入植グループは38.0%に達し，最大となっている．

第2に，表3-4には，家族労力の過不足感を示している．家族労働力が不足している比率は，一般グループでは48.3%に過ぎないが，移転入植グループでは78.0%と最大になっている．より詳しく表3-5には，経営主の年間労働時間を示したが，一般グループの3,251時間に対して，移転入植グループは3,550時間と最大になっていた．

作業時間の大きさの問題は，入植直後に行われた座談会で以下の婦人の発言から知りうる．

まずK婦人は，「より楽になったでしょうと言われますが，機械化されても頭数が以前の倍ですからそれだけ管理がおろそかにできない．いつも神経が張りつめている状態ですから，比べてもどっこいどっこいではないのかしら」としている．

表 3-3　今後の飼養頭数の増頭意向（1991 年）

(単位：戸, %)

	合計	移転入植	施設整備	増反	一般	離農
集計戸数	323	50	41	145	87	17
合計	100.0	100.0	100.0	100.0	100.0	100.0
無回答	1.9	2.0	2.4	2.1	1.1	—
増頭めどあり	25.1	38.0	34.1	13.8	32.2	58.8
増頭めどなし	32.8	22.0	24.4	40.0	31.0	29.4
現状維持	34.7	34.0	31.7	38.6	29.9	11.8
減少	5.6	4.0	7.3	5.5	5.7	—

資料：中央酪農会議『酪農全国基礎調査』91 年実施の組み替え集計による．
注：離農は，入植整備農家のうち 2000 年 6 月までに離農した農家．他のグループは継続している農家についての集計．合計に離農分は含まない．

表 3-4　家族労働力の余裕（1991 年）

(単位：戸, %)

	合計	移転入植	施設整備	増反	一般	離農
集計戸数	323	50	41	145	87	17
合計	100.0	100.0	100.0	100.0	100.0	100.0
無回答	1.5	—	—	2.8	1.1	—
余裕がある	10.5	2.0	4.9	9.6	19.5	5.9
適正である	30.7	20.0	24.4	35.9	31.0	17.6
不足している	57.3	78.0	70.7	51.7	48.3	76.4

資料：表3-3 に同じ．ただし，もとの選択肢「十分余裕がある」「やや余裕がある」を「余裕がある」に，「やや不足している」「非常に不足している」を「不足している」にまとめた．
注：表3-3 に同じ．

　またＳ婦人は「牛の管理に追われている毎日をなくすには，これから徐々に頭数を減らして質のよい牛をそろえることと，お母さんもいつまでも若くはないのですから，家事のこともジックリ腰をすえてやりたいですね」と縮小を希望している[78]．
　借入金の返済のために，無理をしながら多頭化してきた様子を感じ取ることができる．
　第 3 に，急速な多頭化は，ふん尿問題を深刻化させた．表 3-6 には，農協が実施したアンケートをもとに，ふん尿問題の発生状況を示している．「河川の汚染」がある比率は，一般グループの 13.6％ に対し，移転入植グルー

第3章 家族酪農における経営管理の実態

表3-5 経営主の労働時間（1992年）

(単位：戸，時間)

	合計	移転入植	施設整備	増反	一般
集計戸数	273	44	37	116	76
通常期1日労働時間	8	9	8	8	8
繁忙期1日	13	13	14	13	13
繁忙期日数	86	79	86	85	91
年間労働時間	3,332	3,550	3,389	3,284	3,251

資料：中央酪農会議『酪農全国基礎調査』92年による．

表3-6 ふん尿問題の発生状況（1994年）

(単位：戸，%)

		合計	移転入植	施設整備	増反	一般
集計戸数		253	41	32	114	66
合計		100.0	100.0	100.0	100.0	100.0
河川の汚染	無回答	15.0	14.6	12.5	14.9	16.7
	あり	20.6	39.0	31.3	14.9	13.6
	なし	64.4	46.3	56.3	70.2	69.7
汚染源	牛舎	17.4	22.0	28.1	14.0	15.2
	パドック	7.1	19.5	9.4	4.4	3.0
	ふん尿散布	14.6	24.4	15.6	10.5	15.2
	その他	3.6	7.3	―	2.6	4.5
散布時期	冬季	58.5	73.2	43.8	57.0	59.1
	春夏秋季	178.3	170.7	153.1	167.5	213.6

資料：JAにおいて，農協職員が営農計画策定時に聞き取り実施（1994年3月）．
注：冬季は1～3，11～12月，春夏秋季は4～10月とした．

プは39.0%に達している．ふん尿散布を冬期間に実施している比率は，一般グループで59.1%に過ぎないのに対し，移転入植グループでは73.2%と最大であった．

多頭化先行パターンで進んだ移転入植グループでは，負債，労働，ふん尿など多くの問題を抱えてきた．負債の償還圧にせまられて，返済のために困難であっても多頭化を「めどがある」と答えざるを得ない状況にあり，いわば「悪循環」の拡大過程を辿ったと見られる．

これに対して，増反グループでは，家族労働力やふん尿などの問題が生じ

ないように，ゆっくりと「後期」に多頭化した．ふん尿の河川への流出も 14.9% と少なく，冬期間に散布している比率も 100 戸あたり 57.0 回と少なく，増頭したいと考え「めどがある」という比率も 13.8 回と最も小さく，酪農の労働時間に対して家族労力に「余裕がある」という比率は 19.3% と最大になっている．

2. 入植整備後の離農者の特徴

1) 収益性格差の形成

以上の経過は 2000 年まで存続した農業者の平均値による．図 3-14 には，1992 年における同一農協の 350 戸の経産牛頭数と農業所得の関係を散布図で示した．入植整備グループとその他の農家を異なる記号で示した．全体的に大きく分散しているが，入植整備グループでも，やはり大きく分散してい

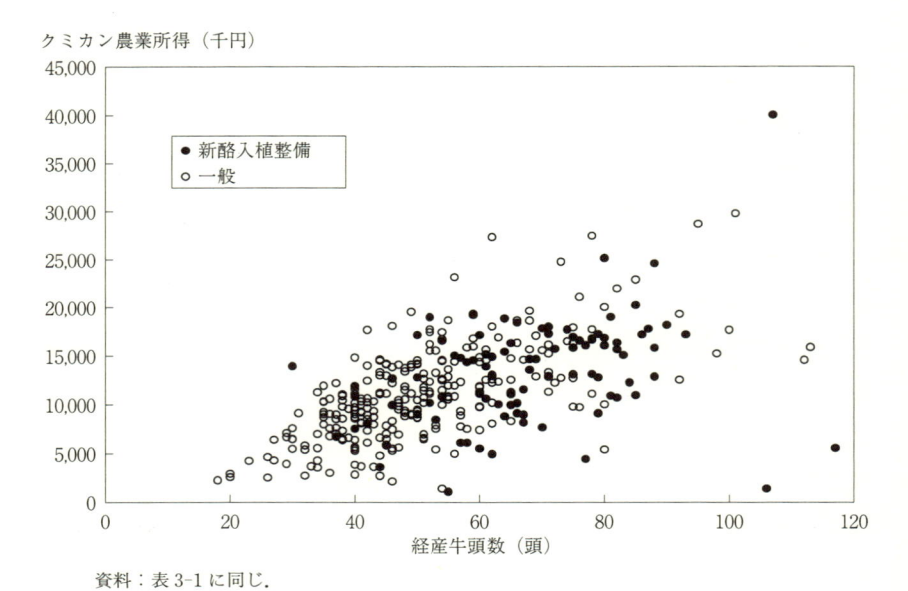

資料：表 3-1 に同じ．

図 3-14 新酪入植整備農業者の規模と収益性の位置（1992 年，350 戸）

る．入植整備グループで経産牛60頭の平均的なクラスでも，農業所得金額は，最低で500万円から最高で2,000万円まで大きく開いている．同じ牛舎装備から出発し，これほどの格差が生じた理由に目を向ける必要がある．

以下では，これまでの分析で除いた離農者を含めて，経営間の格差に注目していこう．

1991年時点の道庁調べでは[79]，負債が償還できない理由に技術的な格差を示すことができる．例えば乳飼比はA階層で29.3%，B階層で30.5%にすぎないのに対して，C階層では33.0%，D階層は36.8%ときわめて高かった．また「新酪事業」でも経営間の格差はすでに事業完了直後に指摘されていた．例えば入植時期が遅くなるほど，持込負債が大きく，「ハンディキャップ」[80]となるだけでなく，「飼養管理，牧草生産，飼料給与のあり方等に改善の余地がある」[81]とされた．

2) 離農者の経営変化

離農者に焦点を当て，同じ建売牧場において，事業後の展開が異なった理由を検討する．

表3-7には，事業実施年次ごとの離農率を示している．入植者では，離農率は75-79年には15.8〜31.3%に止まったが，80年では実に66.7%に跳ね上がった．後期入植者では，持込負債と事業費が大きかった上に，すでに入植年に生乳の生産調整と乳価据置が始まり，不利な条件に置かれた．入植時期と離農とは深い関係にありうる．しかし，離農率は最終の80年入植で極端に高いことを除くと，1975-79年については，年々単調に高まってはいない．離農した農業者の特徴について，入植後の経過を詳しく検討する必要がある．

入植後の経営変化について，すでに表示したものを含めて検討しておこう．

表3-8には，入植・移転・整備農家について，入植直後79年の実績とその後85年までの変化を，2000年までの継続グループと離農グループとに分けて示した．

表 3-7　新酪入植・整備農家の異動（入植・整備年別，2000年6月まで）

		75年	76年	77年	78年	79年	80年	81年以降	合計
入植整備農家戸数（戸）	入植	8	16	20	19	20	9	—	92
	移転Ⅰ・Ⅱ	—	4	1	5	11	7	—	28
	整備Ⅲ	—	—	—	10	7	22	52	91
	整備Ⅳ	—	—	—	—	—	—	5	5
	肉牛牧場	—	—	—	1	2	4	3	10
	合計	8	20	21	35	40	42	60	226
	（跡地入植）	—	—	—	—	—	—	23	23
	総計	8	20	21	35	40	42	83	249
離農率（%）	入植	25.0	31.3	20.0	15.8	25.0	66.7	—	27.2
	移転Ⅰ・Ⅱ	—	25.0	—	60.0	27.3	57.1	—	39.3
	整備Ⅲ	—	—	—	40.0	28.6	31.8	15.4	23.1
	整備Ⅳ	—	—	—	—	—	—	—	—
	肉牛牧場	—	—	—	100.0	50.0	50.0	33.3	50.0
	合計	25.0	30.0	19.0	31.4	27.5	45.2	15.0	27.4
	（跡地入植）	—	—	—	—	—	—	8.7	8.7
	総計	25.0	30.0	19.0	31.4	27.5	45.2	13.3	25.7

資料：入植・移転農家戸数は農用地開発公団『根室区域農用地開発公団事業誌』1984年，438-451頁から作成した．
　　　離農者戸数は別海町農業委員会資料（1996年6月）と，関係4農協からの聞き取り（2000年6月）による．

　まず79年の元利償還金は，継続のうち移転入植グループの266万円に対して，離農グループは416万円に上っており，事業が完了した83年以前からすでに厳しい負債償還に迫られていたことが示しうる．また79年の農業所得率は，継続グループの30%以上に対して，離農グループは23.3%に過ぎなかった．さらに79年の面積，乳牛飼養頭数はともに最小になっていた．その後79年から85年までの乳牛飼養頭数の増加率は，継続グループでは32〜33%であるのに対して，離農グループでは44%と急速に拡大したことになる．そして先の表3-3に表示しておいたように，多頭化を「めどあり」と考えている比率は，継続グループの38.0%以下に対して離農グループは58.8%に達していた．

　離農グループでは，まず初期条件として，持込負債が多いにもかかわらず

第3章　家族酪農における経営管理の実態

表 3-8 入植整備農家の初期の経営状況と変化（1979-85 年）

			1979 年			変化率(79 → 85 年)		
			継続		離農	継続		離農
			移転入植	施設整備		移転入植	施設整備	
集計戸数		（戸）	44	35	27	44	35	27
規模と生産性	経営耕地面積	(ha)	51	48	45	19	37	32
	乳牛飼養頭数	(頭)	85	72	67	33	32	44
	経産牛頭数	(頭)	55	43	43	14	24	24
	換算頭数当たり経営面積 (a)		74	85	84	−4	4	−0
	経産牛当たり出荷乳量	(kg)	4,926	4,955	4,664	27	18	26
経営収支	農業収入	（千円）	25,213	19,699	19,923	55	59	64
	うち個体販売	(〃)	1,114	1,037	1,340	168	143	186
	クミカン農業経営費	(〃)	17,282	13,148	15,060	54	53	57
	支払利子	(〃)	1,180	1,509	1,643	269	115	179
	元利償還	(〃)	2,662	4,013	4,159	156	50	75
	クミカン農業所得	(〃)	7,932	6,551	4,863	58	70	84
	クミカン可処分所得	(〃)	5,270	2,539	704	9	101	135
	クミカン農業所得率	(〃)	30.8	33.3	23.3	6	8	20

資料：表 3-1 に同じ．
注：離農者は，79 年，85 年各時点に継続していたが，2000 年 6 月時点で離農している農業者で，合計値に含まれない．
　　変化率は(1985-1979 年)/1979 年×100 とした．

頭数が少ないという不利な財務バランスのもとに開始した．その後に多頭化を強く意識して，実際に急速に多頭化し，低い収益性のまま推移した．入植前の条件に加えて，入植後の対応にも大きな差を確認できる．

　以下では，1 億を超える借入金を返済してきた 2 人の農業者の主体的な対応に焦点を当てて，建売牧場での経営改善がいかに困難だったかを検討しよう．

3. 移転入植農家による負債償還の経過

　まず表 3-9 には，事例の 90 年度の経営概況を示している．入植整備農家などの平均値と比べて，S 氏は農業所得率は低いが大規模，Y 氏は逆に小規

表 3-9 事例農業者の 1990 年における経営の概要

		S氏 (1976年 入植)	Y氏 (1979年 移転 I)	入植整備 農家平均 192戸	入植 農家平均 71戸
乳牛飼養頭数	(頭)	183	109	117	132
経産牛頭数	(〃)	93	50	62	69
経営耕地面積	(ha)	82	116	63	61
借入金残高	(万円)	8,563	7,403	6,611	7,789
出荷乳量	(t)	637	329	396	456
経産牛1頭当たり出荷乳量	(kg)	6,852	6,578	6,384	6,607
クミカン農業所得率	(%)	28.8	56.1	31.2	32.5
乳飼比	(%)	38.7	16.2	31.3	32.2
クミカン農業所得	(万円)	1,770	1,879	1,201	1,487
家計費	(〃)	408	462	586	670
約定償還金額	(〃)	1,032	1,224	780	903

資料：平均値は北海道『平成5年度農用地整備公団事業計画推進に関する調査委託事業　根室新酪農村建設事業参加農家経営実態報告書』1993年による．事例の数値は農協資料による．

注：クミカン農業所得＝農業収入－（農業支出－支払利子）で，農業支出には償却費は含まれない．

模であるが農業所得率は高い．いずれも公団事業費が確定した84年には1億円以上の借入金残高になったが，2000年時点ではほぼ完済し，安定した経営を築いている．S氏は，各種負債対策を利用しただけでなく，積極的な技術装備の転換によって返済したが，Y氏は移転後は多頭化をせず，建売牧場の装備を維持して，畜特資金による残高借換をせずに返済してきた．

両者の経営の推移を，入植整備農家のうち継続した78戸と比較すると，図示はしていないが，クミカン農業所得は同水準だが，S氏は急速に多頭化し，購入飼料を多給し，出荷乳量を増加することにより低いクミカン農業所得率で推移したことがわかる．これに対してY氏は頭数を抑制し，飼料費を低下させ，高いクミカン農業所得率を維持した．両者の違い，全体における特徴に注目し，多額の負債を返し得た理由を検討しよう．

第3章　家族酪農における経営管理の実態　　　　　　　121

1) 共同活動による技術改革と経営改善（S氏の場合）

(1) 展開の概要

S氏は1942年奈良県の茶生産農家の次男として生まれた[82]．このころ両親は近隣の茶生産農家7戸と共同工場を運営していた．24歳で中央大学卒業後，語学を活かすため，農業研修派遣事業によりアメリカ・アリゾナ州にて3万6,000haのミカン生産農場で2年間の実習をし，その農場の経営者に魅せられて帰国後の就農を決意した．帰国後，農業研修者派米協会に勤務し，結婚後72年に30歳で中標津町に実習に入り，73年別海町・上風連地区にて離農跡地に入植し，さらに76年に別海農協管内・奥行地区に，新酪事業にて入植した．表3-10は入植後の経営と集団活動について，S氏自身が作成した．

(2) 経済的特徴

第1に，S氏は新規参入者であることによって，もともと資金の蓄積がなく，追加の借入金を利用し，次のように大きな負債を背負うことになった．入植時の持込負債は1,025万円と，入植者平均より200万円ほど少なかった．しかも入植者の中で一番小さい住宅を建て節約していた．しかし所持金は12万5千円で，資産はなかった．このため公団事業費の確定前に，農地取得，乳牛購入，住宅，トラクターなどに，合計4,000万円以上の借入金を要した．

第2に，公団事業費の償還開始以前から赤字となり，負債は増加した．農協の記録によると，まず79-81年には「生産調整の実施により生産を伸ばすことができず」，合計1,236万円の負債対策資金を，また83-84年には「繁殖障害など乳牛事故が続出し生産量減少を招き」，自作農維持資金など890万円を借り入れていた．このため84年に公団事業費5,670万円が確定して負債総額は1億20万円に達した．

第3に，公団事業費の確定後は着実に借入金残高を減らしたが，その方法の1つは，各種の負債対策を利用した点にある．まず85-86年には公団資金の利子支払を猶予され，また88-91年には大家畜経営体質強化資金を，残高

表 3-10 S氏の農業展開（本人作成，1973-99年）

西暦	出荷乳量(t)	経産牛頭数(頭)	主な投資など	勉強会や集団活動	総負債残高(万円)
1973	2	1	夫婦で，実習後，無一文で牛飼い開始	離農跡地入植	
1974	18	4			
1975	54	10	新酪入植直前の負債 1,025万円（営農関係資金）		1,025
1976	98	18	農地取得資金 980万円（68ha），牛の購入 1,440万円（73-78年に 40頭，住宅 650万円，トラクター他 540万円	新酪入植	
1977	205	35		新酪入植者協議会設立	4,040
1978	255	45	78-91年まで 60ha 全面草地改良計 531万円		3,630
1979	256	45			3,207
1980	315	55			3,014
1981	342	53	育成舎 850万円借入		2,747
1982	348	61			3,217
1983	352	59	経営が最も困難に陥った年．負債整理資金借入 890万円	新酪利用組合解散	2,746
1984	386	70	負債残高最高に（新酪負債 5,670万円，その他負債 5,028万円，出資金＋貯金 500万円）	隣のT氏と2人共同作業	10,198
1985	480	72			9,631
1986	443	76	500万円繰上償還	勉強会開始（4/29～，15戸参加），新酪償還条件緩和要請（代議士・町長他）	8,635
1987	430	74		単味飼料・肥料共同購入，酪農技術の勉強会が中心に	7,876
1988	483	67	パーラー大幅改造	フリーストールなどシステム酪農の勉強会（I氏，M氏招く），東藻琴・K君・M君，斜里・K君など広域酪農グループや故M氏と連携．並行輸入実施．	7,450
1989	670	82	住宅増築・トラクター購入 900万円，共同で牛舎・施設建設	生コンプラント建築（7戸共同），デッピング液の直輸入で薬事法に抵触し始末書．	7,227
1990	634	85	アメリカよりサイロアンローダを直輸入 450万円	ヘルパー制度開始（10戸共同）→7年間実施後農協から独立した道東ファームサポートへ加入	6,825

第3章　家族酪農における経営管理の実態

1991	588	80	フリーストール牛舎を仲間で建築 389 万円.	農協整備工場ホクレン移管を阻止し，経営改善に取り組む．農協理事 3 年間．栃木県那須の M 氏・K 氏，静岡県富士宮の N 氏などと交流．	6,524
1992	616	82	コントラクター開始．大家畜・農家経済改善資金による入植者全員の残高書き換えを受ける（繰上償還者は別）	(有) 別海アグリサービス設立，コントラ事業開始（6 戸＋運輸会社）．マイペース酪農交流会・M 氏勉強会に招く	6,051
1993	590	83	バンカーサイロ建築（スチールサイロ利用中止）	根室酪農活性化グループやマイペース酪農グループと交流	5,463
1994	580	83	トラクタ購入 460 万円	ふん尿問題で全道・全国先進地にグループで手分けして視察．情報収集．	5,475
1995	575	80	バンカーサイロ建築		4,719
1996	594	80	曝気システム建設	ヘルパー制度，道東ファームサポートへ参加．鳥取県東伯農協へ堆肥工場の件で 3 回グループ内で訪問．根室支庁・普及所・農協，農家グループによる堆肥工場建設検討委員会設置	4,123
1997	606	90	堆肥工場建築（7 戸共同）．	エリック川辺氏招く．別海 S・R・U 設立（会員 15 名）．部落会館にアイスクリーム工場設置．	3,622
1998	608	90	住宅改修・育成舎改造・トラクター購入 638 万円	(NHK スペシャル放映)	3,088
1999	…	92		放牧牛乳研究会設立（会員 24 名），地区内コントラクター 2 組織を合併一本化（対象面積 1,200ha，33 戸，堆肥製造散布も実施）	…

資料：本人が作成したものを一部削除して転載した．北海道農業研究会『北海道農業』No.27，2001 年による．
注：1) 総負債残高は借入金残高から貯金残高を差し引いたもの．
　　2) 1984 年の負債残高ピーク時の内容は新酪負債 5,670 万円≒1982 年新酪事業完了精算額中の自己負担元金 4,612 万円に金利 7.21％ 3 年複利額加算．

借換を含めて合計 3,872 万円利用した．

　第 4 に，償還開始前から積極的に資金を投下した．まず入植 3 年目の 1978-91 年にかけて 60ha の草地全面を改良し，81 年に育成舎，83 年に 4 戸の機械利用組合の解散に伴い 2 戸で機械を買い換え，84 年には 4ha の農地を取得した．

(3) 技術的特徴

　第 1 に，多頭化と出荷乳量の増大により償還財源を作り出した．入植後 4

年目には，当初設計の経産牛 50 頭を超え，事業費の確定時 84 年には 70 頭に達した．出荷乳量も，元金償還の開始年には設計の 2 倍を超える 483 トンに達した．

　第 2 に，建売牧場の施設を急速に改造した[83]．S 氏は入植時フリーストール牛舎であったが，ウォームバーンで通気性が悪く，通路にメッシュ溝がなく乳牛は歩行時に滑走した．牛床にブリスケットボードがなく乳牛が滑って起立不能になった．パーラー室では，搾乳時に牛の位置を制御するフレームの長さが不適格で，搾乳時に乳頭に手が届かないなどの理由で，「60 頭の搾乳に 3 時間位かかる時期もあ」った．サイロ・アンローダの故障が多発し，給餌に支障をきたしたため，93 年には気密サイロの利用を中止した．

　第 3 に，新しい機器を積極的に導入した．まず 88 年に，パーラー室ではミルカーを複列にして新機種に入れ替え，計量タンクをつけ，給餌機を手動から電動式に変え，フレームを「メーカーがコンピューターで算出した合理的な寸法」にし，乳牛の出入り口のドアを手動から油圧式に変えた．また91 年には，建売牧場の隣にコールドバーンの牛舎を 389 万円で新設した．S氏は「新酪では成牛のフリーストール牛舎が 4,800 万円かかっていますから，10 分の 1 以下で作った……．いかに新酪事業が無駄な投資であったか……が，如実にでている」[84] という．さらに飼料給与も 88-90 年に，経産牛を 3群に分け，パーラー内の配合飼料の給与量を 9 段階に分け，給餌場ではサイレージに加えて，3 種類の配合飼料のほかに，5 種の飼料にミネラル類 4 種を混合して与えた．

　作業が効率化し，多頭化が進み，産乳量も増加した．とくに 88-89 年の 1年で出荷乳量は 483 トンから 670 トンへと 187 トンも増加し，所得金額も大幅に上昇した．しかし，購入飼料費が 88 年の 1,117 万円から 90 年の 2,321万円へ倍増して，コストが著しく上昇した．このため 93 年頃からは，出荷乳量はやや低下させつつも，放牧を増加して購入飼料費を削減し，農業所得を維持する方向にさらに転じた．

(4) 主体的特徴

S氏自身は、入植者の中では唯一、新規参入者であったため、一面では技術的な模索を重ねることになったが、半面では、他に見られない共同活動に果敢に挑戦した。

まず86年に、同じ地区の入植整備農家に呼びかけて、学習会の「二十日会」を開始し、経営データを公開し、技術の向上とコスト低減に取り組み始めた。翌87年には単味飼料や肥料の共同購入を進め、道東に広がる広域の酪農家グループで「並行輸入」により、89年には乳頭の消毒液、90年にはアンローダーを直輸入した。

また89年には、7戸で生コンプラントをつくり、パドックの整備や牛舎の建築事業を自賄いで始めた。90年には10戸の大規模農家でヘルパー制度を、92年には6戸と運輸会社とで牧草収穫と堆肥散布のコントラクターを開始し、2000年の受託面積は牧草収穫のみで1,666haに達した。

さらに土作りに向けて、97年には堆肥工場を7戸で設置し、土壌のコンサルタントを招いて「別海S・R・U（ソイルリサーチユニオン）」を15名で結成した。99年には「放牧牛乳研究会」を24名で設立し、今後は、「将来を見据えて、根室酪農としての放牧というものをブランド化して、販売する方向」をも挑戦し始めた[85]。

これらの共同活動によってS氏は、一方で新しい技術の導入を可能にしたと同時に、他方で過剰に多頭化することを抑制させた。この共同活動は、S氏自身が個人だけではなく、「新酪農村」として自立することへの強い熱意があったからこそ可能であった。

2) 建売牧場を活用したコスト低減（Y氏の場合）

(1) 展開の概要

Y氏は、1956年別海町の戦後開拓農家に生まれ、酪農高等学校専攻科を修了後に2代目として就農したあと、79年、22歳の時に移転Ⅰ型で建売牧場に移転した。この時期には建売牧場の牛舎はやや改善されており、スタン

チョンが若牛用に多めに設置されていた．このため，パイプラインにミルカー取り口を設置することで50頭から62頭へと搾乳を多頭化できた．育成舎は古い移転前の搾乳牛舎を解体・移動して利用した．ふん尿はスラリーストアに貯留するが，その搬送はバンクリーナーではなく，移転以前から利用していた自然流下式を選択した．公団資金が確定した1984年末には，負債残高は1億533万円に達したが，2000年度末には借入金残高は2,269万円になった．

(2) 経済的特徴

第1に，移転時には4,762万円の負債を持ち込んだが，この内訳は次のように，これまでの営農展開が順風でなかったことを示している．まず移転前に，先代が牛舎，土地改良，農地取得，ロールベーラ，トラクターなど機械購入など合計2,347万円の生産的な資金を借り入れていた．加えて乳牛の病気などにより，さらに合計1,061万円の負債対策資金を借り入れていた．

第2に，公団資金の償還財源は，経営費の削減によって生み出された．農業収入は83年までは増加するが，償還を開始した84年以降は減少に転じた．農業支出も82年の2,276万円をピークに，91年には1,345万円へと900万円も低下し，コストが大幅に減った．

(3) 技術的特徴

コストを低下させた技術については，以下の特徴をあげることができる．

第1に，購入飼料費を，81年の878万円から，88年には半分以下の372万円へと積極的に減らし，今日では配合飼料の1日の給与量は乳牛1頭当たり0.5～3kgと少ない．Y氏は個体乳量が「6,000kgくらいが楽．7,000kgを超えるとビタミンなどが問題となり，管理しきれなくなる」という．「もともと横着だから，無理しない」考えという．

第2に，牛舎での作業を単純化し「手抜き」をしている．例えば，まず搾乳時には，タオルを換えず，タオル2枚にバケツ2個のみで全頭の乳頭を洗浄する．また授精には，「人工授精師の出勤時間に縛られなくてよい」ため，マキ牛による自然交配を利用している．

第3に，いくつかの部分では緻密な作業を厭わずにしている．

　まず，搾乳後には1時間をかけてパワーホースで，牛舎内の通路，尿溝，スラリーストアのくみ上げポンプ室，気密サイロへの通路，牛床のマットの裏まで念入りに洗浄する．洗浄しなければ，ふん尿搬出が自然流下式であるために，敷き料は使用できず不衛生なこと，放牧場への出し入れ時に通路に落ちたふん尿で牛が滑ること，粗飼料を主体に飼養された乳牛の糞は固く尿溝を流れ難いことなどの理由を考えることができる．しかしY氏自身の意識には技術的な根拠はなく，「自分の性分」によると言う．「きれい好き」は牛舎内だけではなく，家周りの芝生，花壇の手入れまでに及んでいる．

　また，細断されたサイレージは，数センチの深さがあり水がたまってしまう飼槽に一気に入れない．搾乳前に三輪車により給与するが，この時にサイレージの山は牛の鼻先より離しておく．搾乳後に数度に分けてスコップで飼槽に落とす．すべての餌を牛の舌が届く範囲に置くと，「飼料によだれがかかり，牛が食べなくなる」ことによる．「最初は一気に牛の鼻先に給与していたが，食い残して捨てる部分が多いので工夫した」という．牛の行動を観察し，施設に即応させて作業を工夫した成果といえる．

　さらに，圃場の航空写真を何度も取り寄せて，牧草収穫作業の計画を練った．団地化した草地の1辺は1.3kmに達する．作業効率は，最初の刈り込みをいかに直線にするかに左右される．航空写真から直線に刈り取るための目標を捜すのである．

　第4に，移転時に装備した施設や機械を大切にし長く活用している．トラクター，ハーベスタ，クロップキャリアは，79年入植時の共同利用の機械が現在も使われている．22年目を迎えた調査時点でも，D型ハウスに格納され，ピカピカに磨かれている．サイレージの飼槽までの搬送は，移転5年目の86年にベルトコンベアが壊れて以後，手押しの三輪車に交代しているが，気密サイロは現在も使用している．「あるものを使わないのはおかしい」とのことだった．

(4) 主体的特徴

多頭化を抑制した経営行動の背景には，Y氏自身の農業や生活に関する考え方がある．Y氏は面積を拡大するチャンスには恵まれたが，これを契機に頭数は増やさなかった．かわりに余剰牧草を販売してきた．こういう行動は，次のように理解できる．

第1に，緻密な計画性．新酪事業の移転時に一気に62頭へと拡大できるように，事前に家畜商を通じて，近隣町村の農家に，ピーク時で合計20数頭を預託した．移転直後79-89年は，Y氏は入植整備農家の平均以上の経産牛頭数を確保できた．

第2に，強い自立心．公団資金の返済開始前の81-82年に2回のみ酪農負債整理資金を利用した．この時，「農協の職員の態度が一変した」という．米を買うために必要な「米券」が渡され，生活にも介入された．以来どんなことがあっても，必ず単年度決済することを肝に銘じた．家計費も切り詰め，償還が開始して以来，月20万円しかクミカン口座から引き出さなかった．大家畜資金などの負債対策資金は意図的に利用しなかった．農協から借りると「農協に頭を下げなければならない」ためであった．

第3に，家族生活の重視．1億円の借金を前にしてなぜ多頭化しなかったかという質問に対して，「一時期は頭数を増やして，入れ替え搾乳をしていたが，大変だったので中止した」．「やることをやって遊びたい」「自分が出かけられるようにする」だけでなく，子供を学校に迎えに行くため，「夕方5時半には搾乳が終わる体制にしたかった」と話す．

釣りを趣味とするY氏は，いま2002年度の直接支払の一部は植林に使用するなど，河川周辺に木を植え始めている．合併浄化槽を設置して処理水や牛舎の洗浄水を循環させたいという．Y氏は，自分の能力や生活スタイルに見合った方法をとりながら，移転時の機械や施設を最大限に駆使することにより，過大な借入金を返済しえたのである．

4. 大規模開発による経営改善の阻害

本節で建売牧場と様々な参加形態の農業者を比較したことにより，次の点を指摘しうる．

第1に，全体として「新酪事業」に深く参加した農業者ほど，さらに事業完了後に離農した農業者ほど，以前の実績と今後の意向とが大きくズレていた．多くの移転入植者は，公団への借入金の返済開始に伴い，急速に多頭化と高産乳化を進め，家族は過重な労働に耐え，ふん尿問題を深刻化させ，問題のある施設を使用中止し，追加的な投資を進めた．低い収益率でも，多頭化が可能だと思い，急速に拡大した農業者が多数離農した．高い費用を削減することが考えにくかった．その理由は十分な経営分析なしに，作られた計画に参加して拡大し，その後も経営分析をしなかったことによる．

第2に，「新酪事業」の「建売牧場」で，計画を遙かに超える持込負債があっても，高い収益性を維持して返済し得た例を確認できた．まずS氏のように追加投資を進め新しい部分技術を連続的に導入しても，共同の活動を通じて腹を割って話せる仲間がいたことが，行き過ぎた多頭化からの修正を可能にした．またY氏のように，追加的な施設投資をしなくとも公団資金を返済できた．ただし緻密な計画と地域の役職やつき合いを「すべて断る」という生活スタイルを徹底し，さらに隣接した入植者の離農跡地を借り入れて経営面積を当初の2倍以上に拡大し，周辺の農業者が放棄した機械・部品を廉価で利用するという競争条件の下で可能であった．

第3に，2つの事例に共通するように，離農した農家との差は，周囲の条件に加えて主体的な対応にあった．ただし借入金を完済しても，累積させても，建売牧場のままゴールを迎えることはなく，追加的に投資をし，作業を工夫した．そして，いずれも十分な経営分析なしに，多大な努力を進めてきた．周辺の農業者が負債や社会情勢への危機感から，多頭化の必要性に囚われているときに，別な道を選択するには，多大な精神的な努力を必要とした．

第4節　急速な拡大と地域管理組織の未確立

　以上の分析から，大規模な開発事業により技術が地域的に大きく変動する場合に，管理組織を設立し，機能させる必要性があったことが以下のように示しうる．

　第1節では，飼料収穫調製，育成，飼料の混合などの生産工程で成り立っている酪農では，各工程間を調整するため管理業務は急速な規模拡大により，級数的に増加することを明らかにした．

　第2節では，事業の計画から実施にかけて，開発事業が農業者の意思決定を阻害した経過を示した．まず農業者の事業負担金額は2.2倍に増額し，また機械・施設の農業者による選定期間は1ヵ月と短く，さらに「畜産基地管理センター」が廃案となり農業者は適切な情報を入手できなくなった．この管理センターの必要性は，農業者が「入植者協議会」を自主的に設立し，経営改善を取り組んだことによって実証された．

　第3節では，事業完了後の経営展開から，農業者の分析が不十分であったことを示した．まず入植整備農家は周辺よりも急速に離農し，この離農者の多くは適切に分析せずに，急速に多頭化した．経営費が大きく費用削減が必要であり，家族労働力に余裕はなかったにもかかわらず，多くが多頭化を「目処あり」と意識して，急速に多頭化した．

　以上のように，大規模な開発事業は，費用削減より多頭化を優先させた．急激な技術の変動に即応した管理が地域として作られることなく，個別農業者の努力に任された．このことが意思決定の阻害要因となった．

　この理由は「新酪農村建設事業」という通称名に隠されている．公式の事業名称はつぎのように変化した．連続冷害を契機に提起した黒澤酉蔵の構想では確かに「新酪農村創設事業」だったが，開発局の計画では「根室地域広域農業開発基本計画」となり，実施段階では「根室区域農用地開発公団事業」となった．事業対象は「農村」から「農業」，さらに「農用地」に矮小

第 3 章　家族酪農における経営管理の実態　　　　131

化した．黒澤構想での「実施機関を設けて数十年の努力を続け」という主体について，開発局も「畜産基地センター構想」として進めたが「公団事業としてなじみがたい」と農水省が中止した．このセンターは，まさに経営分析を任務としていた．その必要性は事業実施途中から「入植者協議会」の活動が実証した．「農用地開発事業」の完了で「農村建設」に欠落した長期的な管理組織を創設する努力は今も惜しまれてはならないだろう．

注
1) 酪農の営農類型について以下の多数が確認できる．田先威和夫監修『新編　畜産大事典』養賢堂，1996 年，767 頁には，「酪農の経営類型」として，「放牧・採草型酪農」「飼料作物型酪農」「流通飼料型酪農」が見出しにある．渋谷佑彦・小沢国男・島津正編『畜産経営学』文永堂，1984 年，150-151 頁には，畜産の「経営方式別の類型区分」が表示され，酪農は肉牛など他畜産の3倍以上，15 類型がある．『酪農大百科』デーリィマン社，1990 年，669-672 頁には，「粗放酪農」「集約酪農」など数類型がある．農林水産省農林水産技術会議事務局編『昭和農業技術発達史　第4巻　畜産編/蚕糸編』農文協，1995 年，64 頁には，「ミルキングパーラー・フリーストール牛舎方式」がある．文部科学省検定済み『高等学校畜産』農文協，1993 年，256-257 頁には「草地型」「耕地型」「複合経営型」「搾乳専業型」がある．なお七戸長生・萬田富治『日本酪農の技術革新』酪農事情社，1989 年，13 頁では，「土地利用型」「施設型」などの区分を「再点検する必要性がある」と指摘している．
2) 中村静治『技術論入門』有斐閣，1977 年を参照．
3) 主に以下を参照した．鈴木敏正「農業生産力構造論の方法論的検討」安達生恒『農林業生産力論』御茶の水書房，1979 年，25-57 頁．桜井豊「労働生産力と土地生産力」五味仙衛武編『昭和後期農業問題論集　生産力構造論』農文協，1984 年，31-68 頁．井上晴丸「農業生産力の特殊性について」五味仙衛武編『昭和後期農業問題論集　生産力構造論』農文協，1984 年，5-30 頁．大谷省三『自作農論・技術論』農山漁村文化協会，1973 年．
4) 七戸長生「農業経営と農業技術」吉田寛一・菊元冨雄編『農業経営学』文永堂，1980 年，22-43 頁を参照した．
5) 加用信文『農畜産物生産費論』楽游書房，1976 年，316 頁を参照した．
6) 荻間昇「乳牛飼養技術分析の一視角」日本農業経営学会『農業経営研究』第 27 巻第 1 号，1986 年を参照した．
7) 七戸長生，前掲論文，24 頁を参照した．
8) 加用信文，前掲書，316 頁を参照した．

9) 大阪市立大学経済研究所編『経済学事典 第2版』岩波書店, 1979年, 44-45頁を引用した.
10) たとえば荻間昇「急増するフリーストール飼養技術の特徴と課題」中沢功編『家族経営の経営戦略と発展方向』北農会, 1991年, 129-146頁に散見される. また「フリーストール・ミルキングパーラー方式導入農家 経営分析結果」北海道畜産会, 1993年という表題, そして藤田直聡「省力化視点から見たフリーストール・ミルキングパーラー方式の経営評価」吉田英夫編『農業技術と経営の発展』中央農業総合研究センター, 2002年, 137-152頁などに確認できる.
11) 北海道農政部酪農畜産課「新搾乳システムの普及状況について」2000年3月による. なお, 2005年7月現在では道内搾乳農家8,120戸のうち, フリーストールは1,417戸で利用している.
12) 吉野宣彦「フリーストール牛舎による多頭化の効果と課題」岩崎徹・牛山敬二編著『北海道農業の地帯構成と構造変動』北海道大学出版会, 2006年, 388-398頁に示した.
13) 吉野宣彦「酪農規模拡大構造の再検討」(北海道農業経済学会『北海道農業経済研究』第4巻第2号, 1995年5月) を参照のこと.
14) 酪農の生産性評価について, たとえば七戸長生「『再編成期』における農業生産力展開の特質と構造」川村琢・湯沢誠編『現代農業と市場問題』北大図書刊行会, 1976年, 404頁には「資料的な制約のため, さしあたり乳牛個体を耕地になぞらえる形を取らざるを得なかった」と断った上で, 409-411頁に, 搾乳牛1頭当たり年間生産乳量での生産力の動向が示されている.
15) 搾乳ロボットは, 2003年で道内70農場に導入されている (北海道農政部『北海道農業・農村の現状と課題』2005年7月, 道庁ホームページより). また畜産技術協会によると哺乳ロボットの普及台数は571台 (『日本農業新聞』2003年4月8日付).
16) 例えば, 荒木和秋「飼料生産・TMR製造協業による農場制農業への取り組み」『農―英知と進歩―』農政調査委員会, 2001年, 志賀永一「自給飼料生産地帯のTMRセンター」『畜産の情報 (国内編)』2002年8月号などに紹介されている.
17) 農用地開発公団『交換分合事業誌』1981年, 96-97頁を参照した.
18) 農用地開発公団『根室区域農用地開発公団事業誌 新酪農村建設の記録』1984年, 495頁を参照した.
19) 宇佐美繁「草地酪農の資本形成と生産力構造」美土路達雄・山田定市編著『地域農業の発展条件』御茶の水書房, 1985年, 314頁より引用した.
20) 同上, 319頁より引用した.
21) 別海農業協同組合『風雪の半世紀史―未来への翔き―』1999年, 129-132頁より引用した.
22) 中春別農業協同組合『合併25周年史 東雲』2001年3月, 81頁より引用した.

第3章　家族酪農における経営管理の実態

74年に中春別農協と根釧パイロットファーム農協が合併し「根釧パイロットファーム中春別農協」に，さらに83年に「中春別農協」に改称した．本書では，一貫して中春別農協としている．
23)　マスコミによる「新酪事業」へのマイナスの評価は，たとえば「夢では食えない　借金苦の新酪農村」『北海道新聞』1987年10月7日付，「酪農崩壊招くは必至」『北海道新聞』1988年4月16日付，「共生の新世紀　第1部夢のあとさき1」『日本農業新聞』1997年4月1日付，三塚昌男「20世紀　北の記憶」『北海道新聞』1998年6月10日付，7面に示されている．
24)　「NHKドキュメント　北海道・新酪農村の25年目の夏」1998年9月4日放映．
25)　佐野力三「町民の皆様へ」『べつかい』Nov. 1998 No. 421，別海町，12頁より引用した．
26)　NHK釧路放送局局長・目谷勝「別海町長佐野力三殿」『べつかい』Nov. 1998 No. 421，別海町，12頁より引用した．
27)　坂下明彦「根室地域における農地移動の地域的性格」北海道農業研究会『北海道農業』No. 27，32頁の表から集計した．
28)　農用地開発公団，前掲書，1984年，32頁より引用した．黒澤酉蔵『国際収支と北海道開発』学校法人酪農学園酪農大学，1968年，15頁あるいは71頁で示している．
29)　黒澤，同上書，85頁．
30)　同上，63頁．
31)　農用地開発公団，前掲書，1984年32頁から引用した．
32)　同上，11-12頁から引用した．
33)　同上，1頁から引用．33-35頁も参照した．
34)　同上，29-30頁から引用した．
35)　北海道開発局農業水産部農業計画課『広域農業開発基本調査　根室中部地域管理センター構想策定調査報告書』1971年11月に掲載されている．
36)　農用地開発公団，前掲書，1984年，92-93頁から引用した．
37)　同上，160頁から引用した．
38)　北海道開発局『根室地域広域農業開発事業開発基本計画　添付書』1974年，70頁に示されている．
39)　農林水産省農林水産技術会議事務局編『日本飼養標準（1999年版）』中央畜産会1999年7月，82頁では，産出されるふん尿の量は，2産以上で60kgを超えている．
40)　北海道開発局，前掲書，1974年，71頁を参照した．また，別海町『別海町百年史』59頁では，町内の1967-71年までの平均気温は11月で2.4℃，12月で−4.7℃になり，早霜は9月17日となっている．
41)　農用地開発公団，前掲書，1984年，404頁から引用した．なおそこには，77年度入植者以降はスラリー槽を当初の520m³から620m³に変更し，一次槽も拡

張され，75-76 年にスラリー槽は，嵩上げされたと触れられている．
42) 北海道『平成5年度農用地整備公団事業計画推進に関する調査委託事業　根室新酪農村建設事業参加農家経営実態報告書』1993 年，6 頁による．
43) 農用地開発公団「根室区域経営実態についての資料」1981 年 11 月 20 日をもとに集計した．
44) 農用地開発公団，前掲書，1984 年，153 頁から引用した．
45) 同上，198 頁から引用した．
46) 同上，199-201 頁に示されている．
47) 同上，201 頁から引用した．
48) 関川宏平氏の発言「牛ちゃん教室　新酪農村に入植しての巻」『デーリィマン』1976 年 7 月号，46 頁から引用した．このほか北出博「新酪農村の建設　入植者自らの手でここまできた」『デーリィマン』1980 年 5 月号，42 頁でも同様の内容が示される．
49) 斉藤しずえ「花開く牛飼い人生～新酪農村に入植して」農用地開発公団，前掲書，1984 年，546 頁より引用した．
50) 北海道『49・50 入植者選考』綴りから引用した．
51) 「根室区域公団営個別建売牧場入植者選考調書」1975，1976 年度入植者から引用した．
52) ただし，町段階では，「74 年 12 月に入植予定者 12 戸が集められ，3 種の営農類型が示された．この時に気密サイロがいいと言うことになった．その後，農機具メーカーの出資で，東京の政治家事務所に出かけ要請が行われた」（76 年入植者 S 氏談）．また「気密サイロの実現は，政治課題になった．以後，気密サイロ以外を選択することは困難となった」（79 年整備 III 型，M 氏談）．
53) 農用地開発公団，前掲書，1984 年，201-203 頁に，75 年度入植者の建設スケジュールが示されている．
54) 宇佐美繁「広域農業開発事業と地域農業」梶井功編『畜産経営と土地利用』農文協，1982 年，140-142 頁を参照した．
55) 北海道農政部「酪農経営実態調査の概要」1981 年による．
56) 農用地開発公団「根室区域経営実態についての資料」による．
57) 「議題 2　資料の説明内容」『54・55 新酪入植者選考』綴り，1988 年 9 月 19 日から引用した．
58) 入植先の農協から苦情があり，既往負債の債権を出身農協に残したまま入植した例も 3 戸生じた．
59) 「昭和 54 年度及び昭和 55 年度根室区域公団営個別建売牧場入植者の選定について」『54・55 新酪入植者選考』から引用した．
60) 事業完了後に入植整備地区以外で農地開発事業が進んだ．この点は，坂下明彦「根室地域における農地移動の地域的性格」北海道農業研究会『北海道農業』No.27，31-33 頁，及び，鵜川洋樹「1990 年代における根室酪農の構造変動とそ

の要因」北海道農業研究会『北海道農業』No.27, 18頁の表11, 12, 14に示されている.
61) 追加投資については，宇佐美繁「広域農業開発と地域農業」梶井功『畜産経営と土地利用』農文協，1982年，138-139頁に指摘されている.
62) 北海道『平成5年度農用地整備開発公団事業計画推進に関する調査委託事業 根室新酪農村建設事業参加農家経営実態調査報告書』1993年，6頁による.
63) 農用地開発公団「根室区域経営実態についての資料」1981年11月20日，による.
64) 北海道，前掲書，1993年，16頁から算出した.
65) 同上，13頁による
66) 別海農協については，農協より．中春別農協については，元組合長の資料より．
67) 北海道，前掲書，1993年，13頁から算出した.
68) 新酪農村入植者協議会資料（91年3月21日）より．
69) (有)別海町酪農研修牧場「事業報告書」平成9-12各年度による.
70) 中春別農業協同組合『合併25周年史 東雲』2001年3月，158頁を参照した.
71) 北海道新聞，1999年9月19日付による.
72) 矢臼別平和委員会『矢臼別 ここにいたいのです…』2001年12月，5頁を参照した.
73) 入植者協議会の1979-80年，83-93年の議事録をもとにした．途中81-82年分は残っていなかった．
74) 山田定市「新酪農村建設事業をめぐって」『戦後北海道農政史』北海道農業会議，1976年，565頁から引用した.
75) 宇佐美繁『広域農業開発事業と地域農業』農政調査委員会，1980年，109頁から引用した.
76) 入植時期により経営収支に差があり，技術的にも差があったことは，宇佐見繁同上，119頁を参照した.
77) 吉野宣彦「酪農の規模拡大と生産力の構造」牛山敬二・七戸長生編著『経済構造調整下の北海道農業』北海道大学図書刊行会，1990年，279-289頁を参照のこと．
78) 「牛ちゃん教室 新酪農村婦人の生活と労働の巻」『デーリィマン』1977年12月号，58頁での北出夫人の発言から引用した.
79) 北海道，前掲書，1993年，11頁による
80) 宇佐美繁「草地酪農の資本形成と生産力構造」美土路達夫・山田定市編『地域農業の展開条件』御茶の水書房，1985年，312頁から引用した.
81) 宇佐美，同上，308頁から引用した．その後も荻間昇「大規模開発・新酪経営の負債問題」牛山・七戸編『経済構造調整下の北海道農業』北大図書刊行会，1990年，373頁では，入植整備農家内部に「収益性格差」が大きいと指摘された．
82) 以下の大部分は，相和宏「新酪農村の25年を振り返って―入植者のこれか

ら一」北海道農業研究会『北海道農業』No. 27, 2001年3月, 128-147頁に依拠している.

83) 相和宏「フリーストール牛舎を創意工夫で改造する」『THE NEW FARMERS』No. 189号, 農業研修生派米協会, 1990年6月号, 11頁に詳細が示されている.

84) 相和宏, 前掲, 2001年, 135頁.

85) 同上, 139頁.

第4章

個別的な経営改善の実践経過
―簿記とクミカンの利用―

　本章では，個々の農業者による経営改善の実態と，その困難性について明らかにする．前章では，経営分析情報が少なく，農業者が誤った経営分析をして，費用削減をせずに多頭化を進めた経過を明らかにした．ここでは一定の経営分析情報を提供したうえでの経営改善の個別的な取り組みを分析する．まず第1節で経営分析情報の提供について，今日の民間，系統，農協における事業を紹介する．第2節で，共通の経営分析情報を36人の農業者に提示して，利用ニーズなどを聞き取った結果を用い，経営管理の必要性が高まる多頭数規模での実態を明らかにする．第3節では農協が経営分析シートを全戸配布した結果，いかに農業者の意識が変わり，その後3年間で経営改善がどう進んだかを明らかにする．

第1節　経営分析に関する情報提供の進展

　今日，地域にある営農情報を利用する条件は急速に整いつつある．とくに北海道では組合員勘定制度（以下ではクミカンと略す）が一般化しているため，販売金額と流動的経費のうち農協との取引分は明瞭に把握できる．また多くのアンケートが年に幾度もなされており，その活用も期待される．さらに，2001年3月の北海道発表では，コンピューターは全道の22%に対して根室支庁では60%の農家に保有されている．しかし，95年の酪農全国基礎調査では，貸借対照表を作成可能な酪農家は5.2%に過ぎない．各種の営農に関する情報は各関係機関や部署にバラバラにあるというように，十分な利

用体制がない.

　コンピューターなどの情報機器が農業者の経営改善に効果的に利用されるには，まず総合的なデーターベースの構築と，さらに簿記記帳に熟練していない農家にとって利用しやすく意味のある出力方法の開発が必要になる.

　そこで本節では，第1に，酪農専業地帯での情報提供の取り組み事例をもとに，営農情報の提供者が直面している課題を示す．第2に，農協にある営農情報を営農相談の担当者がパソコンによって活用するために筆者が試作したプログラムによる出力画面を紹介し，そのプログラムの作成と利用の経過について，現在，利用している農協を例に紹介する.

1. 経営分析情報の提供事業

1) F会計事務所による「アグリ通信」

　道東にあるF会計事務所[1]では，一般企業に加えて酪農家の納税申告を有料で支援しているが，2002年現在では，1つの農協の組合員戸数に匹敵する400戸以上の酪農家の申告情報をもとに，「アグリ通信」（図4-1にその一部を示した）をユーザーに配布している．その2001年には次の情報が提供されている.

　この「アグリ通信」では，まず販売乳代で区分した8つの階層ごとに，乳代に対する購入飼料や肥料などの経費率，所得率，借入金残高などの平均値を示している．例えば乳代7,000万円以上の大規模クラスの所得率は13.7%であり，乳飼比は33.8%となっている．必要な場合には詳細なデータを提供し，「さて自分はどうか」と，ユーザー自身の数値と集計値とを比較できる．また2000年の例では，「所得を働いている人数で割った数値」などの表現をし，難しい財務指標を簡単に表現する努力をしている．さらに例えば「設備投資の割合が高いので，そこからの付加価値を高めていく」などのように，際だった点について，個別ユーザー宛の課題が記述して示されている.

　加えて，2001年10月現在では，酪農家を総合的にランクづけるツールの

第4章　個別的な経営改善の実践経過

乳代規模（千円）		①購入飼料費（千円）	②乳飼比（％）	③養畜費（千円）	④修繕費（千円）	⑤支払利息（千円）	⑥減価償却費（千円）	⑦育成費用（千円）	⑧現金収入（千円）	⑨現金経費（千円）	⑩現金所得（千円）	⑪現金所得率（％）
A ～2,500	H13年	5,140	26.06%	866	1,356	606	2,482	2,623	26,174	17,496	8,678	33.13%
	H12年	5,115	25.15%	935	1,363	582	2,636	3,228	26,311	16,475	9,835	36.98%
B ～3,000	H13年	7,289	26.59%	1,384	1,870	807	3,498	3,388	36,609	23,939	12,670	34.53%
～												
G ～7,000	H13年	18,874	32.35%	3,163	3,442	1,243	8,462	6,590	73,462	49,850	23,612	32.16%
	H12年	17,070	29.56%	3,084	3,091	1,517	7,936	6,985	70,518	45,139	25,378	36.36%
H 7,000～	H13年	29,517	33.83%	5,604	5,214	1,801	12,733	9,054	105,141	73,894	31,246	29.90%
	H12年	25,431	30.96%	4,309	4,895	1,951	12,414	7,451	99,084	64,608	34,475	34.89%
総計	H13年	11,191	28.60%	1,980	2,395	896	5,099	4,449	48,439	32,377	16,062	33.53%
	H12年	10,635	26.97%	1,938	2,308	1,013	5,222	4,829	47,845	29,925	17,920	37.76%

乳代規模（千円）		⑫申告所得（千円）	⑬申告所得率（％）	⑭牧草地面積（ha）	⑮借入残（千円）	⑯借入残/収入（％）	⑰資産計（千円）	⑱資産計-借入残（千円）	⑲労働人数（人）	⑳現金収入/労働人数（千円）	21 現金所得/労働人数（千円）	22 申告所得/労働人数（千円）
A ～2,500	H13年	5,457	16.60%	49.6	21,902	72.67%	44,048	22,146	2.5	4,503	1,484	940
	H12年	6,954	20.49%	50.6	11,485	43.30%	36,269	24,784	2.4	4,802	1,735	1,252
B ～3,000	H13年	8,447	18.95%	54.1	30,024	83.66%	61,014	30,990	2.7	5,620	1,931	1,310
	H12年	8,565	20.19%	54.2	27,204	80.43%	43,244	26,468	2.7	5,477	2,095	1,291
G ～7,000	H13年	13,547	16.32%	68.2	56,909	77.05%	106,234	49,325	3.5	7,185	2,279	1,290
	H12年	15,581	19.51%	69.3	54,381	77.18%	93,176	38,795	3.6	5,845	2,041	1,268
H 7,000～	H13年	16,154	13.76%	73.7	82,606	85.26%	171,253	88,646	3.5	9,106	2,658	1,310
	H12年	18,846	16.77%	78.4	77,678	85.62%	160,456	82,778	3.4	9,368	3,153	1,710
総計	H13年	9,781	17.47%	58.2	35,018	69.08%	72,707	37,689	3.0	5,790	1,898	1,152
	H12年	11,560	20.71%	58.9	29,778	62.63%	62,031	33,624	3.0	5,728	2,102	1,363

図4-1　アグリ通信2001年度版（調査時　配布サンプル，部分）

開発中にある．そして，今日ではインターネットを通じて，家庭のパソコンからの伝票入力によって財務諸表が作成できる事業をインターネットのホームページですでに開始している．

　F会計では，この他に離農，相続，法人化についてサポートをしている．2000年5月までは，5名の酪農担当者が年4～5回，農家を訪問することにより，ていねいな対応を可能にしてきた．

この会計事務所での課題は，まずデーターベースとなる母集団が地域内のうち税金対策を委託している一部の農業者に限られている点，さらに例えば，出荷乳量についても，販売金額から割り返して計算する方法をとっているように，データが金額ベースに限られている点にある．

財務分析をする能力はあるが，現時点では技術を含めた総合的なデータベースがない点が課題になっている．

2) JA北海道情報センターによる「営農情報支援システム」

道内の各連合会にあるデータを連動させて，農協に提供する「営農情報支援システム」が99年に開発され，2001年8月現在では27農協で利用されている．

このシステムでは，まずセンターのホストコンピューターに，共済連から家族の属性，信連から貯金と借入金，ホクレンから出荷乳量などのデータが送り込まれ，センターにある販売・購買などのデータと連動される．次に，これらのデータが各農協のサーバに送られ，農協では頭数や面積，機械などの資産データを加えて，より総合的なデータベースを構築することになる．

農協の端末で出力できる画像の一部を紹介すると以下のようになる．まず地区や氏名のリストから任意の農業者を指定すると，家族構成や年齢，血液型に至る個人情報を画面に出力できる．またクミカン帳票の勘定科目に従った，4年間の収入と支出が示される．必要があれば勘定科目の内訳や月別の推移を，表やグラフに示せる．さらに，営農計画の作成も可能である．

最も緻密な部分は，年度途中にその年度末の収支見込み決算を出力する画面になる．例えば，9月末日で，まず期首1月からの累計実績をクミカン帳票の形式で画面に示す．次に期末12月までの3カ月間に確定している約定償還金額などを加える．さらに収支の未確定部分の代わりに，過去1~2年の実績を加える．これにより，見込み決算が作られ，ある農業者が年末に，約定償還が可能か否か，農協との取引を決済できるか否かを予測し，結果を本人に提供したり，計画生産に利用することができる．

第4章　個別的な経営改善の実践経過　　　141

　これらの操作は，マニュアルなし，マウスクリックのみで進むことができる．圧倒的に大量で総合的なデータベースをもとに，営農情報を容易に示すことを可能にしている．ただし，システム構築の目的は，農協の広域合併にあわせ，組合員の管理を効率化することにある．課題は，農業者の経営分析に関して，個別農家の過去と現在の比較に限られている点にある．大量のデータベースを構築したが，これを経営分析に利用することの優位性を出しきってはいない．

2.　「クミカン分析プログラム」による情報提供

　次に，農協にある大量のデータベースをもとに，農協職員がより有意義な営農情報を農業者に提示するために，筆者が試作したプログラムを紹介する．
　このプログラムは，広く普及している表計算ソフトを使い，ワークシート上にデータを入力し，関数・マクロにより画出する．すでに1農協で2000年から利用している．
　このプログラムでは，以下のサンプルの図表（クミカン分析シート）を出力できる．
　図4-2には，横軸に頭数規模を，縦軸にクミカン農業所得を取り，全農家の分布状況を示している．図中○は当該農業者本人の位置を示している．参考のためにもう1戸の農業者を△記号で出力できるようにしてある．これらの表示する△や○の農業者は氏名リストからマウスクリックで任意に選択できる．また全体の母集団も集落や勘定科目，頭数や面積などを基準に任意に抽出できる．縦軸と横軸の項目も，データベースの範囲で任意に選択できる．
　この図では，以下のように，経営改善の必要性と可能性を認識することを意図している．まず，例えば図中Aの位置の農業者は，同じ頭数規模の中でも農業所得が低いため，経営改善の必要性を知ることができる．また，より小規模でも多くの農業者がより高い所得を獲得しており，農業者Aは仮に頭数を減らしても農業所得が高まる可能性を示している．さらに，農業者

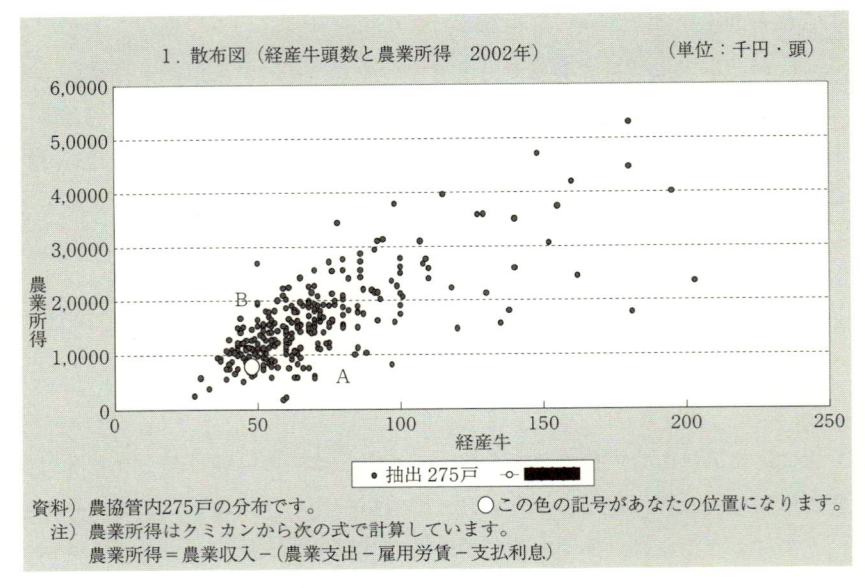

1. 散布図（経産牛頭数と農業所得　2002年）　　　　　　（単位：千円・頭）

資料）農協管内275戸の分布です。　　　○この色の記号があなたの位置になります。
注）農業所得はクミカンから次の式で計算しています。
　　農業所得＝農業収入－（農業支出－雇用労賃－支払利息）

注：A，Bの記号は説明のために加えた．

図 4-2　クミカン分析シートの例（散布図）

Aと顔見知りのBの位置の農業者を示すことにより，具体的な生産方法についても，情報を加えられる．

　次に，図4-3には，農業者が本人の経営改善のポイントを知ることを意図した表を示している．表には，クミカン帳票に従って，頭数階層別の平均値を示し，さらに当該農業者の実績値を最も左の列に並べて示している．農業者は本人の実績を同じ規模階層の平均値と比較することにより，まず自分の所得が低い理由は，収入が少ないためか，支出が多いためかを知りうる．また支出の中でどの費目が大きいかを平均値と比較して知りうるなど，どこに問題があるかを検討する重要な情報を提供しうる．

　さらにこの表は図4-4の農業所得率階層別のように，階層区分を任意に変えることが出来る．そしてこの2つの集計表の項目は，農業者が毎月手にするクミカンの報告票と同じ配列にしてあるが，任意に並べ替えることも，必

第4章　個別的な経営改善の実践経過

3. 集計表（規模階層別の収入と支出の平均値　2002年）

経産牛 (C)		(当該農家番号)	275戸平均	40未満	40～50	50～60	60～70	70～80	80～90	90～100	100～120	120以上
規模別戸数			275	9	39	59	55	40	27	14	14	18
経産牛		107	71	35	45	54	64	73	83	95	106	154
収入	生乳代金	58,195	35,622	15,614	22,292	26,986	31,339	36,565	40,061	49,112	55,620	81,096
	補給金	4,555	2,806	1,248	1,751	2,129	2,459	2,887	3,187	3,869	4,359	6,358
	乳用牛	6,422	1,644	511	1,278	1,308	1,334	2,219	1,963	1,994	2,785	2,130
	肉用牛	3,228	1,100	406	855	749	778	979	1,426	1,849	1,728	2,827
	その他畜産	0	6	0	0	25	0	4	0	0	0	5
	畜産雑収入	0	0	0	0	0	0	0	0	0	0	0
支出	雇用労賃	18,170	1,395	96	114	246	644	878	1,056	965	4,554	10,415
	肥料費	3,839	1,931	961	1,300	1,463	1,906	1,909	2,337	2,672	2,564	3,769
	生産資材	3,350	1,994	778	1,415	1,615	1,806	1,794	2,279	2,613	3,532	4,016
	水道光熱費	3,293	2,220	1,083	1,644	1,733	2,073	2,287	2,409	3,044	3,008	4,402
	飼料費	13,750	10,595	3,916	5,983	7,412	8,562	10,917	11,544	15,057	16,849	30,095
	養畜費	4,113	1,594	594	943	1,059	1,359	1,651	1,901	1,899	2,806	4,213
	農業共済	2,606	1,566	741	1,062	1,028	1,441	1,549	1,849	2,092	2,649	3,581
	賃料料金	5,499	3,901	1,812	2,495	2,961	3,320	4,129	4,052	5,189	6,631	8,990
	修理費	4,619	2,449	914	1,500	1,743	2,142	2,725	2,974	3,343	3,826	5,364
	諸税公課負担	5,694	2,640	985	1,576	1,822	2,506	2,754	2,999	3,584	4,164	6,152
	支払利息	1,668	895	353	642	663	848	1,105	983	988	983	1,884

図4-3　クミカン分析シートの例（経産牛頭数規模階層別の集計表，部分）

要な項目だけを抽出することもできる．

　これらの表はボタンをクリックすることにより，任意の勘定科目などについて，同時に8項目までは棒グラフに図示することもできる．次の図4-5のようになる．

　しかし，こうした分析で得られた問題が自然や歴史など，自分には変えられない与えられた条件によるという認識では，経営内部での改善はできない．

　そこで図4-6では，自分の責任を認識することを意図している．図では，購入飼料費について，過去20数年の推移を，総農家の平均などと比較している．図中の太い実線の農業者は平均値と比べて，一時期に著しく飼料費を

4. 集計表（所得率階層別の収入と支出の平均値　2002年）

農業所得率(A)		単位	平均	30%未満	30~35	35~40	40~45	45%以上
規模別戸数		単位	275	66	52	61	59	37
農業所得率		頭	36.1	24.5	32.3	37.3	42.3	49.9
収	生乳代金	千円	35,622	38,049	35,733	38,489	33,827	29,269
	補給金	〃	2,806	2,996	2,816	3,025	2,668	2,309
	乳用牛	〃	1,644	1,378	2,147	1,887	1,423	1,361
	肉用牛	〃	1,100	1,183	1,103	1,013	1,061	1,156
	その他畜産	〃	6	1	0	27	0	0
入	甜菜	〃	0	0	0	0	0	0
	その他農産	〃	73	119	59	118	33	2
	農産収入合計	〃	73	119	59	118	33	2
支	雇用労賃	〃	1,395	1,478	1,188	1,956	1,304	757
	水道光熱費	〃	2,220	2,579	2,221	2,367	1,975	1,731
	飼料費	〃	10,595	14,119	11,239	10,818	8,574	6,259
	養畜費	〃	1,594	2,052	1,565	1,741	1,343	977
	素畜費	〃	29	105	3	4	5	8
出	賃料料金	〃	3,901	4,727	4,204	4,204	3,372	2,344
	修理費	〃	2,449	3,308	2,771	2,520	1,877	1,261
	その他経営費	〃	891	1,189	913	862	736	627
	農業支出合計	〃	32,101	40,050	33,649	34,042	27,177	20,400
	家計費	〃	6,920	6,199	6,650	7,184	7,379	7,419

1) 農業所得率＝農業所得/農業収入×100
2) 農業所得＝農業収入－(農業支出－支払利息－雇用労賃)

図4-4　クミカン分析シートの例（農業所得率階層別の集計表，部分）

増加したことが示される．この経過は，本人自身の体験から認識できる．外的条件ではなく，本人の行動によることを，本人が振り返り納得することを可能にする．この図でも，任意の勘定科目などについて，同時に8種類まで一度に出すことが可能になっている．

　以上の図表のうち，散布図，棒グラフ，規模階層別集計表については，個々の農業者の位置を全組合員について連続的に印刷し，全戸配布を可能にしている．

第4章　個別的な経営改善の実践経過　　　　　　　　　　　　　145

2．棒グラフ（頭数規模階層別の平均値2002年）　　　　　（単位：千円）

図表1．飼料費

図表2．農業所得

資料）次のページの表をもとに作成しています。
注）農業所得は次の式で計算しています。
　　農業所得＝農業収入－
　　　　　　（農業支出－雇用労賃－支払利息）

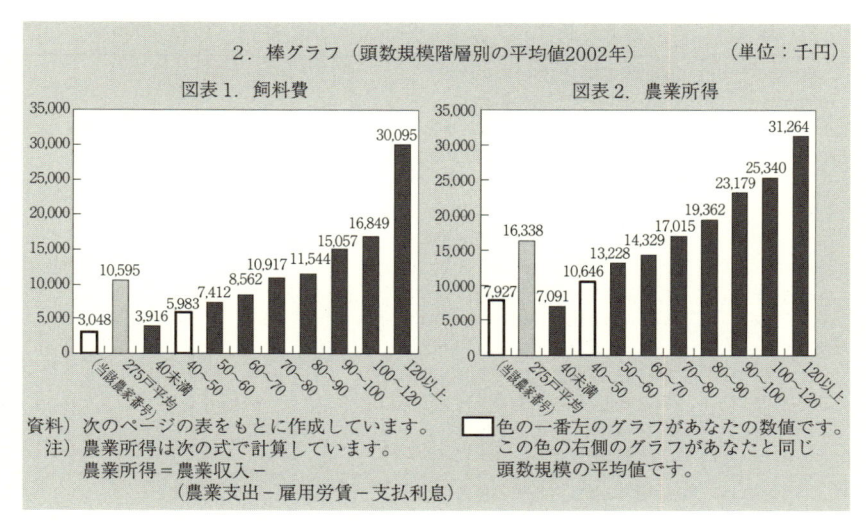

□色の一番左のグラフがあなたの数値です。
■色の右側のグラフがあなたと同じ
　頭数規模の平均値です。

図4-5　クミカン分析シートの例（棒グラフ）

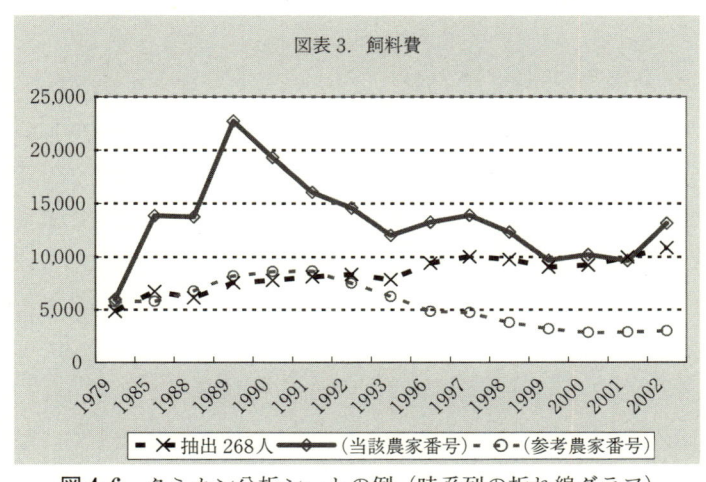

図表3．飼料費

図4-6　クミカン分析シートの例（時系列の折れ線グラフ）

表 4-1 クミカン分析プログラムの開発と利用の経過 (1994-2006)

1994 年	頭数規模階層別集計表の作成
1999 年	農協へプログラムの紹介
2000 年	第1回全戸配布（1頭当たり出荷乳量と農業所得率の散布図のみ）
2002 年 11 月	学生による調査（分析図表の提示，評価），本章第2節に紹介
12 月	第2回全戸配布（散布図，棒グラフ，規模階層別集計表）
2003 年 09 月	職員研修会（プログラムの紹介，操作練習）
2003 年 10 月	全戸個別図表を連続印刷可能にバージョンアップ
2003 年 12 月	第3回全戸配布（配布シートは同前），アンケート実施（本章第3節に紹介．）
2004 年 09 月	女性部・青年部研修会（クミカン分析シートの見方，アンケートの結果）
2004 年 12 月	第4回全戸配布（配布シートは同前）
2005 年 11 月	学生による調査（認知・利用状況）
2005 年 12 月	第5回全戸配布（配布シートは同前）
2006 年 08 月	第6回全戸配布（配布シートは同前）
2006 年 09 月	職員研修会（クミカン分析シートの効果，活用方法）
2006 年 10 月	第7回配布（配布シートは同前）

注：2006 年には，生産調整により生産制限が強化したことを背景に，年2回配布をした．

3. 「クミカン分析プログラム」の開発と利用の経過

　このプログラムを作成した経過は以下のように整理できる．まず 1994 年に農協から負債対策の指定を受けている農業者の経営改善を目的に調査を実施した[2]．この結果負債対策農家では，購入飼料費や養畜費などの経営費が他農家と比較して大きいケースが多いこと，しかも，そのことに農業者自身が気づいていないことが示された．この対策として，翌 94 年より，図 4-3 と同様の頭数階層別の経営指標を筆者が作成した．この指標は，営農計画作成時に，農協営農部によって負債対策農家へ配布された．また 95 年 3 月には，農協主催の新規就農者を対象とした研修で使用された．その後，99 年 3 月にプログラムを農協に紹介し，農協での利用が検討された．同時に作図と画出方法の改善を進め，2000 年 12 月に，出力結果を初めて全戸に配布した[3]．以降の経過は表 4-1 のようになる．

　これらの経営分析シートの配布により，前章までに示してきた経営分析の不足が補われ，経営改善が進むことを期待できる．次節からは，情報提供に

ついて農業者がいかに利用したか，経営改善としていかに成果が得られたかを分析していこう．

第2節　経理委託農家における帳票の活用

　本節では，多頭化を進めた農業者の経営管理や意識などの主体的な性格を分析する．分析には，会計事務所を利用して決算書を作成するという管理の共通条件にある36戸への聞き取り調査を用いる．同じ経営情報を持つ農業者のうち，少頭数グループと比べて多頭数グループでは，より高度な経営分析をし，的確に判断して，経営改善を進めているか否かが焦点となる．

　ただし農業者がどう分析したかを客観的に把握することは難しい．ここでは前節で紹介した図表などを農業者に提示して，その場で利用状況，有効性や必要性を聞き取った．使用した営農情報は農協が毎月・毎年配布しているクミカン報告票と，これをもとに農協が作成したクミカン分析シート，さらに会計事務所が作成しすでに農業者に配布した財務諸表による図表（「アグリ通信」）である．

　以下のように，少頭数グループと比較した多頭数グループの特徴を考察した．

　第1に図表への評価から，多頭数グループでの情報ニーズの特徴を示す．財務諸表にはクミカンにない償却費，資産額が示されており，これらの情報の必要性は大規模ほど高まるはずだが，その実際を知ることになる．第2に経営管理行為について，意思決定項目の増加と密接な技術，計画と密接な将来意向，分析と密接な提供した営農情報の利用状況によって，多頭数グループの特徴を示す．第3に営農情報の必要性・分析行為・経営的な実績と計画を関連づけることにより，多頭数グループでの今日の管理と主体的性格の特徴を考察する．

1. 経営管理行為の把握方法

1) 調査農家の概要

調査は 2002 年 11 月に，F 会計のユーザの中から，できるだけ頭数規模が分散し，調査時の移動距離が短くなるようにして，かつ調査の受け入れ可能な農業者の抽出を依頼して実施した．

調査農家の属性は表 4-2 に示したように，地域全体と比べて多頭数階層に偏った．このためより小規模の農業者の状況について把握することは難しいことになる．しかし調査対象グループの中での多頭数階層の相対的な特徴を示すことには問題はない．また，表 4-3 に示したように，いくつかの農協にまたがっている．調査戸数が最大の E 農協では 2000 年にクミカン分析シート 1 枚がすでに全戸配布された．しかし 2000 年に全戸配布した分析シートは前節に経過（表 4-1）を示したように，2002 年のこの調査で示した分析シートと内容は異なっているため，農協間に経営分析情報に関して大きく異なる環境にはないと考えてよい．

2) 提示した営農情報

調査時に農業者に提示した図表は，次のようになる．

表 4-2 調査農業者の経産牛頭数による階層構成（2002 年）

(単位：戸，%)

		1〜9頭	10〜19	20〜29	30〜49	50〜99	100頭以上	合計
戸数	調査農家	—	—	—	1	26	9	36
	別海町	5	5	21	154	650	143	978
	根室支庁	7	12	37	254	999	217	1,526
	全道	280	457	715	2,703	4,501	721	9,377
構成比	調査農家	—	—	—	2.8	72.2	25.0	100.0
	別海町	0.5	0.5	2.1	15.7	66.5	14.6	100.0
	根室支庁	0.5	0.8	2.4	16.6	65.5	14.2	100.0
	全道	3.0	4.9	7.6	28.8	48.0	7.7	100.0

資料：農水省「センサス」2000 年，および聞き取り調査（2002 年 11 月 6〜7 日実施）による．

第4章　個別的な経営改善の実践経過

表 4-3　調査農業者の所属農協（2002年）

(単位：戸)

	合計	経産牛頭数階層別			
		75頭未満		75頭以上	
			7,500kg以上		7,500kg以上
総計	36	18	8	18	10
JA-D	6	1	—	5	3
JA-F	6	2	1	4	3
JA-E	24	15	7	9	4

資料：聞き取り調査による（2002年11月6-7日に実施）．

　第1に，農協が農業者に配布して全員が所持しているデータである．まずクミカン年度末報告票のサンプル，さらにクミカン年度末結果を5年間分集計して農協が全戸配布した「年度別実績対比表」のサンプルである．

　第2に，前節で紹介したクミカン分析プログラムを利用して作成した図表（クミカン分析シート）だが，いずれも当該農業者自身の数値ではなく，ある農業者の事例を示すように作成した以下のものである．まず図4-2の散布図で，経産牛頭数を横軸に，クミカン農業所得を縦軸に取り，事例2戸の位置を示した．また図4-5の棒グラフで，平均の飼料費を経産牛頭数別に示した1枚で，事例2戸についてそれぞれの実額を示した．さらに図4-7に示した経産牛頭数階層別の集計表で，前節の図4-3と類似しているが年次や階層区分が異なっており，調査の聞き取りのために勘定科目を「①農業収入に関する項目」から始まり「⑪技術に関する指標」まで分類して番号を付けた．見やすくするため収支の項目の配列は農業者に毎月配布されるクミカン報告票と同じ順にした．そして前節，図4-6に示した「時系列の折れ線グラフ」で，全戸平均と個別農家について，換算頭数当たりの飼料費について10数年間の推移を示したグラフである．

　第3に，農業者が委託している会計事務所が，決算書を利用して作成した表になる．前節，図4-1に示した表で，F会計が税金申告の損益計算書，貸借対照表から作成し，「アグリ通信」という名称で，項目は若干変更しなが

表 規模階層別の集計表（○年度、△農協） (単位：千円)

		合計	30頭未満	30〜40	40〜50	50〜60	60〜70	70〜80	80〜90	90頭以上
集計戸数	(戸)	310	9	25	72	65	49	38	23	29
①農業収入に関する項目	生乳代金 (千円)	29,308	11,851	14,704	20,716	25,768	30,230	32,655	39,842	62,280
	補給金 (〃)	3,020	1,226	1,523	2,132	2,648	3,106	3,390	4,116	6,405
	乳用牛 (〃)	1,564	564	531	1,164	1,561	1,049	1,779	1,837	4,133
	肉用牛 (〃)	767	154	388	453	583	535	983	1,442	2,045
	その他畜産 (〃)	3	0	0	0	0	19	0	0	0
	家畜共済金 (〃)	1,084	379	509	698	886	1,075	1,385	1,435	2,542
	農業雑収入 (〃)	0	0	0	0	0	0	0	0	0
	畜産収入合計 (〃)	35,746	14,175	17,656	25,165	31,448	36,015	40,194	48,674	77,407
	その他農産 (〃)	66	0	33	59	43	111	146	3	50
	農産収入合計 (〃)	66	0	33	59	43	111	146	3	50
	農業雑収入 (〃)	1,134	370	479	640	827	980	1,072	1,937	3,555
②農業収入合計	(〃)	36,948	14,546	18,169	25,869	32,318	37,107	41,412	50,615	81,012
③財産的収入に関する	農外収入 (〃)	217	33	186	125	152	172	323	327	527
	資金借入 (〃)	164	0	639	273	162	0	39	88	38
	資金受入 (〃)	1,501	1,063	1,225	570	740	1,509	947	1,719	6,430
④収入合計	(〃)	38,830	15,642	20,219	26,836	33,373	38,789	42,722	52,749	88,008
⑤農業支出に関する項目	労賃 (〃)	1,358	7	66	295	366	545	833	1,019	10,086
	肥料費 (〃)	1,727	1,137	1,104	1,417	1,616	1,866	2,174	1,982	2,443
	生産資材 (〃)	1,622	404	810	1,264	1,445	1,602	1,794	1,942	3,534
	水道光熱費 (〃)	1,870	989	1,217	1,446	1,623	1,852	2,105	2,331	3,668
	飼料費 (〃)	8,030	2,586	3,737	4,898	6,680	7,239	9,235	11,837	20,963
	養畜費 (〃)	1,211	367	555	823	1,048	1,181	1,423	1,552	2,866
	素畜費 (〃)	136	6	1	28	72	12	45	472	769
	農業共済 (〃)	1,374	419	669	981	1,227	1,393	1,455	1,775	3,123
	賃料料金 (〃)	2,331	538	961	1,328	2,133	2,117	2,863	3,535	5,709
	修理費 (〃)	1,994	618	1,309	1,512	1,735	2,037	2,492	3,005	3,266
	諸税公課負担 (〃)	1,485	714	905	1,060	1,284	1,585	1,666	2,134	2,816
	支払利息 (〃)	1,637	386	1,323	1,076	1,526	1,867	2,001	2,308	2,535
	その他経営費 (〃)	513	215	332	368	438	463	506	686	1,242
⑥農業支出合計	(〃)	25,292	8,392	12,995	16,501	21,197	23,764	28,597	34,584	63,027
⑦財産的支出に関する項目	家計費 (〃)	5,258	2,894	3,991	4,739	5,166	5,595	5,625	6,457	6,581
	資金返済 (〃)	3,672	1,576	2,584	2,484	3,610	4,489	4,469	5,039	4,836
	共済貯金 (〃)	4,891	2,014	2,637	3,807	4,250	4,979	5,572	6,393	9,621
	農業機械 (〃)	1,009	634	289	520	958	1,353	906	1,387	2,328
	その他支出 (〃)	646	174	572	400	395	660	588	545	2,162
⑧支出合計	(〃)	40,770	15,686	23,069	28,452	35,578	40,842	45,759	54,408	88,557

図 4-7 経産牛頭数階層別の

			合計	30頭未満	30～40	40～50	50～60	60～70	90頭以上
集計戸数		(戸)	310	9	25	72	65	49	29
⑨規模に関する指標	出荷乳量	(t)	420	171	214	298	370	432	897
	草地面積合計	(ha)	64	43	51	53	58	67	95
	うち借地面積	(ha)	4	0	4	3	4	4	7
	総頭数	(頭)	114	50	68	84	99	112	238
	成牛頭数	(〃)	71	31	41	52	61	71	140
	経産頭数	(〃)	63	24	35	45	54	64	129
	育成頭数	(〃)	2	25	33	39	45	48	109
	換算頭数	(〃)	88	37	51	64	77	88	183
	育成比率	(%)	43.4	47.7	46.6	45.3	44.0	40.9	38.4
⑩収支に関する指標	農業収入	(千円)	35,863	14,167	17,660	25,170	31,432	36,032	78,470
	乳代収入	(〃)	32,327	13,077	16,226	22,849	28,415	33,335	68,685
	個体販売	(〃)	2,333	718	919	1,617	2,144	1,603	6,178
	クミカン農業経営費	(〃)	22,297	7,999	11,606	15,129	19,305	21,353	50,406
	償還元利	(〃)	5,308	1,962	3,908	3,560	5,136	6,355	7,371
	クミカン農業所得	(〃)	13,566	6,168	6,054	10,041	12,127	14,679	28,064
	クミカン乳代所得	(〃)	10,030	5,078	4,621	7,719	9,110	11,983	18,279
	クミカン可処分所得	(〃)	825	4,205	2,146	6,481	6,990	8,324	20,693
	クミカン農業所得率	(%)	38.0	41.2	33.9	39.9	38.4	40.2	36.1
	クミカン乳代所得率	(〃)	31.6	36.2	27.7	33.6	32.0	35.4	27.7
⑪技術に関する指標	面積当たり換算頭数	(頭)	141.7	89.8	107.9	127.5	152.5	137.3	185.1
	肥料費	(千円)	29.1	28.1	23.1	28.0	32.6	28.5	30.0
	換算頭数当たり 経営面積	(a)	78	119	100	82	75	77	57
	家畜共済金	(千円)	11.7	8.2	10.0	10.8	11.5	12.0	13.8
	農業経営費	(〃)	247.2	204.7	227.4	235.7	252.5	244.1	274.7
	飼料費	(〃)	85.2	65.5	72.8	76.5	86.9	83.2	102.4
	養畜素畜費	(〃)	14.1	9.7	10.7	13.1	14.5	13.4	18.2
	個ала乳量	(kg)	6,645	6,726	6,084	6,650	6,830	6,775	6,744

農業収入＝農業収入－家畜共済金－農業雑収入
クミカン農業経営費＝農業支出－労賃－支払利子
クミカン農業所得＝農業収入－家畜共済金－クミカン農業経営費
乳代所得＝乳代－クミカン農業経営費
クミカン農業所得率＝クミカン農業所得／農業収入
クミカン乳代所得率＝乳代所得／乳代
資材コスト＝クミカン農業経営費／出荷乳量
飼料コスト＝飼料費／出荷乳量
面積当たり肥料費＝飼料費／経営面積
償還元利＝支払利息＋資金返済
可処分所得＝クミカン農業所得－元利償還
乳牛当たり飼料費，養畜・基畜費，共済金の分母は換算頭数．
データは，道内で，農業振興計画を立てるために使用したサンプルです．

集計表（配布サンプル，部分）

表 4-4　営農情報への評価（2002 年）

(単位：戸，％)

		合計	経産牛頭数階層別			
			75 頭未満		75 頭以上	
				7,500kg 以上		7,500kg 以上
集計戸数		36	10	8	18	10
合計		100.0	100.0	100.0	100.0	100.0
クミカンデータ	年度末クミカン報告票	91.7	88.9	87.5	94.4	90.0
	毎月のクミカン報告票	91.7	88.9	87.5	94.4	90.0
	5 年分の「年度別実績対比表」	91.7	83.3	87.5	100.0	100.0
アグリ通信		55.6	38.9	37.5	72.2	80.0
クミカン分析プログラム	散布図	72.2	72.2	75.0	72.2	80.0
	規模別の棒グラフ	77.8	77.8	62.5	77.8	60.0
	規模別集計表	91.7	88.9	75.0	94.4	90.0
	時系列の折れ線グラフ	58.3	50.0	25.0	66.7	60.0

資料：表 4-3 に同じ．
注：「非常に役立つ」「まあ役立つ」「あまり役立たない」「全く役立たない」のうち「非常に役立つ」「まあ役立つ」の比率のみを示した．

らユーザーに数年間配布してきたものである．

2. 営農情報ニーズ

1) 評価の概要

表 4-4 には，聞き取ったすべての図表について，農業者が「役に立つ」と評価した比率を示している．設問は「あなたにとって役に立ちますか」というものであった．

まず合計欄でもっとも高い評価はクミカンそのものの 3 つの表と，クミカン分析シートのうち頭数階層の平均値を示した「規模別集計表」となった．

経産牛 75 頭以上の多頭数グループでも，クミカン報告票 3 表と「規模別集計表」への評価は高い．規模階層による差は次の点に見られる．

第 1 に，掲載データ数が多い図表は多頭数グループで高い評価を得た．同じクミカンを利用した図表でも掲載データの数が 1 種類の棒グラフと 2 種類

第 4 章　個別的な経営改善の実践経過　　　　　　　　153

表 4-5　頭数規模階層別集計表への要望（2002 年）

(単位：戸，%)

	合計	経産牛頭数階層別			
		75 頭未満		75 頭以上	
			7,500kg 以上		7,500kg 以上
合計	100.0	100.0	100.0	100.0	100.0
項目の配列はわかりやすい	80.6	83.3	75.0	77.8	70.0
必要のない項目がある	8.3	16.7	12.5	―	―
足りない項目がある	11.1	―	―	22.2	30.0
説明を分かりやすくするべき	22.2	11.1	25.0	33.3	20.0

資料：表 4-3 に同じ．
注：各要望への選択肢「そう思う」「どちらともいえない」「そう思わない」のうち
　　「そう思う」の回答率を示した．

の散布図では規模による評価の差は見られない．しかしデータ数が数十項目に及ぶ他の図表は多頭数グループですべて評価が高い．

第 2 に，クミカンにない資産や償却費が利用されている「アグリ通信」への評価は多頭数グループで高い．「役に立つ」比率は，少頭数グループでは 38.9% に過ぎないのに対し，多頭数グループでは 72.2% に達している．多頭数グループの中でも乳量が高いグループではさらに 80.0% に達している．

2）　クミカンによる図表への評価

まずクミカンから作成した図表への評価について，以下の特徴を示すことができる．

第 1 に，表 4-5 には，「規模階層別集計表」に対する要望を示した．

まず全体として，「項目の配列は分かりやすい」が最も高く，肯定的な評価であり，大きな階層差は見られない．クミカン報告票と同じ配列であることが評価を高めていると見てよい．

また規模による差では「足りない項目がある」と思う比率が，少頭数グループでは皆無だが，多頭数グループでは 22.2% となった．また「説明をわかりやすくするべき」という回答も多頭数グループで多い．

表 4-6 利用の範囲に関する意向（賛成派の比率）(2002 年)

(単位：戸，%)

	合計	経産牛頭数階層別			
		75 頭未満		75 頭以上	
			7,500kg 以上		7,500kg 以上
集計戸数	36	18	8	18	10
合計	100.0	100.0	100.0	100.0	100.0
担当職員が内部資料に活用すること	75.0	83.3	62.5	66.7	70.0
負債の多い特定の農家への配布	47.2	50.0	37.5	44.4	40.0
希望する農家への配布	80.6	77.8	75.0	83.3	80.0
青年部などの勉強会で利用	72.2	77.8	62.5	66.7	60.0
有志の勉強会で利用	63.9	72.2	62.5	55.6	40.0
地区の集まりでの配布	41.7	61.1	50.0	22.2	10.0
全農家に毎年配布	50.0	50.0	25.0	50.0	50.0
数年に一度の配布	36.1	44.4	50.0	27.8	20.0

資料：表 4-3 に同じ．
注：各意向への選択肢「強く賛成」「賛成」「どちらでもない」「反対」「強く反対」のうち「強く賛成」「賛成」を賛成派とした比率．

表 4-7 アグリ通信での個人データの入手について（2002 年）

(単位：戸)

	合計	経産牛頭数階層別			
		75 頭未満		75 頭以上	
			7,500kg 以上		7,500kg 以上
集計戸数	36	18	8	18	10
合計	100.0	100.0	100.0	100.0	100.0
入手した	22.2	16.7	12.5	27.8	20.0
さっそく入手したい	55.6	50.0	50.0	61.1	60.0
入手していないが必要ない	22.2	33.3	37.5	11.1	20.0

資料：表 4-3 に同じ．

　第 2 に，表 4-6 には分析シートの活用方法についての意向を示している．
　まず全体として「希望する農家への配布」が 80.6% と最大の利用意向になった．多頭数グループでも 83.3% と積極的な要望をうかがえる．
　ただし「地区の集まりで配布する」への賛成派は，少頭数グループでは 61.1% だが，多頭数グループでは 22.2% と著しく少ない．多頭数グループ

第4章　個別的な経営改善の実践経過　　　155

表4-8　今年のアグリ通信で注目した項目（3回答）（2002年）

（単位：戸，％）

	合計	経産牛頭数階層別			
		75頭未満		75頭以上	
			7,500kg以上		7,500kg以上
集計戸数	36	18	8	18	10
合計	300.0	300.0	300.0	300.0	300.0
未了	108.3	144.4	137.5	72.2	60.0
経費	69.4	50.0	62.5	88.9	90.0
合計収支	50.0	44.4	50.0	55.6	60.0
資産に関する数値	22.2	11.1	12.5	33.3	50.0
クミカンにない経費	16.7	5.6	—	27.8	30.0
特にない	16.7	27.8	37.5	5.6	—
その他・全体	11.1	5.6	—	16.7	10.0
技術的な数値	5.6	11.1	—	—	—

資料：表4-3に同じ．

のうち高産乳量の高いグループでは10.0％でしかなかった．

　長年使い慣れたクミカンをもとにした図表は「分かりやすい」メリットはあるが，多頭数グループにとっては償却費などの「足りない項目がある」こと，特定されやすい「地区での集まりでの配布」は避け，「希望する農家」だけの利用という考えにあると思われる．

3）「アグリ通信」への評価

　「アグリ通信」への評価は多頭数グループで高いことを示しうる．

　表4-7には，「アグリ通信」のオプションとして，先の表に加えて当該農業者の個人データを表示した表を希望者に配布していることを知らせると，「さっそく入手したい」との回答は，少頭数グループでは50.0％だが，多頭数グループでは61.1％と多かった．すでに入手した農業者を含めると，利用希望は少頭数グループの66.7％に対して，多頭数グループでは88.9％に達している．

　表4-8には，今年のアグリ通信で注目した項目を複数回答で示した．多頭

表 4-9 規模と土地利用（2002 年）

		合計	経産牛頭数階層別			
			75 頭未満		75 頭以上	
				7,500kg 以上		7,500kg 以上
集計戸数	（戸）	36	18	8	18	10
乳牛飼養頭数	（頭）	143	102	102	184	202
経産牛	（頭）	87	61	62	112	128
出荷乳量	（t）	657	455	531	860	1,067
経産牛当たり出荷乳量	（kg）	7,488	7,474	8,641	7,504	8,358
経営耕地面積	（ha）	69.1	59.6	55.9	78.6	80.7
デントコーン面積	（ha）	0.6	0.3	0.6	0.9	1.6
採草専用地	（ha）	47.5	40.5	37.5	54.5	66.6
放牧専用地	（ha）	9.8	10.3	7.0	9.2	4.0
兼用地	（ha）	11.3	8.5	10.8	14.1	8.5
換算頭数当たり経営耕地面積	（a）	65.2	74.6	69.6	55.8	50.6

資料：表 4-3 に同じ．

数グループでは「クミカンにない経費」「資産に関する数値」[4] が多い．両者への回答率は合計で，少頭数グループでは 16.7% に過ぎないのに対し，多頭数グループでは 61.1% に達している．

多頭数グループでは，クミカンを含めて営農情報をより必要としており，とくにクミカンにない情報への必要性が高まっている．この情報ニーズが生じる理由を考察するため，農業者の実践と計画，分析のあり方を検討しよう．

3. 技術的特徴と将来意向

1) 技術的な特徴

技術的な特徴については，多頭数グループで以下のように生産工程の分化が進んでいることが示しうる．

(1) 土地利用

表 4-9 には，規模と土地利用に関する平均値を示したが，多頭数グループ

では経産牛頭数は 100 頭を超え，出荷乳量で 860t になる．換算頭数当たりの経営面積は 55.8a と小さく，多頭化先行的な拡大の過程にある．土地利用ではデントコーンがやや多く，放牧が少ない．放牧専用地の経営耕地に占める比率は，少頭数グループでは 17.3％ だが，多頭数グループでは 11.7％ となる．

(2) 労働力

規模に大きな差があるにもかかわらず，家族労働力には大きな違いはない．表示はしていないが，酪農への従事者は少頭数グループで 3.2 人，多頭数グループでは 3.4 人とわずかに多かった．

家族労働力に大きな違いがない代わり多頭数グループで常雇，臨時雇，実習生など家族以外の労働力を次のように多数利用している．常雇の利用率は少頭数グループでは 0％ だが，多頭数グループでは 27.8％ に達している．臨時雇の利用率は少頭数グループでは 5.6％ だが，多頭数グループでは 33.3％ に達している．

(3) 飼養管理

搾乳牛に給与している主な飼料 18 種類（放牧，自給乾草を含めて単味飼料など）について，現在の使用状況と過去 10 年間の変化を検討すると，表示はしないが以下の特徴が確認できる．

まず自給飼料では，少頭数グループは乾草を使いつつ，放牧がやや増加し，主にロールサイレージが急増しているが，多頭数グループには自給乾草が少なく，主に細断サイレージが増加している．多頭数グループで生産工程の分化が進んだことを示している．

また購入飼料では，トウモロコシ，大豆，綿実などの単味飼料を多頭数グループでより多く使用し，かつ増加している．飼料の取引が増加し，購買に関する管理も増加することになる．

(4) 施設・機械装備

牛舎の型式は多頭数グループでは，フリーストールとミルキングパーラーが多い．表示はしないがフリーストールの比率は，少頭数グループでは 0％

だが，多頭数グループでは 66.7% に達している．

　自給飼料の収穫調製について機械施設を検討すると以下の特徴を確認できる．多頭数グループではバンカーサイロに加えてスタックやトレンチに複数化して補っている．タワー，バンカー，トレンチ，スタックの延べの 1 戸当たり保有種類は少頭数グループでは 0.9 だが，多頭数グループでは 1.4 になっている．

　収穫機械も複数の機種をそろえている．個人有についてはロールベーラーとフォレージハーベスタ，自走式ハーベスタの合計の保有台数は，少頭数グループで 0.7 台であるのに対して，多頭数グループでは 1.3 台となっている．このように多頭数グループではロールサイレージを調製すると同時に，自走式ハーベスタとフォレージハーベスタで細断サイレージを調製している．

　多頭数グループでは，一方では放牧の減少に対応してサイレージが増加して生産工程が分化している．さらに同じ工程で複数の手法をとって重装備化を進めている．

　つまり多頭数グループでは，一方で外部から飼料や労働力を調達することで費用は明確になっているが，他方で取引が多様化し，技術も多様化して全体としての管理行為は軽減してはいない．

2) 将来への意向と主体的な性格

　農業者の経営計画に密接な将来意向を検討すると，多頭数グループでは以下のようにさらにいっそう拡大する意向が強い．牛舎の増改築を自分の代ですると答えた農業者は，少頭数グループで 6% でしかないが，多頭数グループでは 33.3% にのぼっており，中にはすでにフリーストールなどを整備した上にさらに増改築を進める予定者もいる．

　この将来計画の経済的な根拠に関して，次に検討すると，その理由は単に経済的なものではなく多面的になっている．

　表 4-10 には，規模拡大に関するいくつかの考え方に賛成した比率を示している．

第4章　個別的な経営改善の実践経過

表 4-10　規模拡大に関する基本的な考えに賛成する比率（2002年）

(単位：戸, %)

	合計	経産牛頭数階層別			
		75頭未満		75頭以上	
			7,500kg以上		7,500kg以上
集計戸数	36	18	8	18	10
合計	100.0	100.0	100.0	100.0	100.0
①費用を削ればしばらくは拡大しなくても大丈夫	61.1	77.8	75.0	44.4	50.0
②将来を考えると拡大をしなければいけない	58.3	50.0	50.0	66.7	70.0
③家族のできる範囲でできるだけ小さくやりたい	50.0	66.7	75.0	33.3	30.0
④雇用や委託などを利用してできるだけ拡大する	47.2	33.3	37.5	61.1	80.0
⑤拡大することによってコストは下がる	41.7	38.9	50.0	44.4	70.0
⑥負債の償還のため多少無理しても拡大したい	33.3	22.2	25.0	44.4	40.0
⑦地域の人口や学校の存続を考えると拡大しない方がよい	16.7	27.8	25.0	5.6	0.0

資料：表4-3に同じ．
注：「非常に賛成」「やや賛成」「中立」「やや反対」「非常に反対」のうち「非常に賛成」「やや賛成」を賛成派とした比率を示した．

　まず少頭数グループでは「費用を削ればしばらくは拡大しなくても大丈夫」「家族のできる範囲でできるだけ小さくやりたい」へ賛成した比率が過半数を超えて多頭数グループよりも高い．

　これに対して多頭数グループでは「将来を考えると拡大しなければいけない」「雇用や委託などを利用してできるだけ拡大する」へ賛成した比率が過半数を超えて高い．しかし「拡大することによってコストが下がる」との考えへの賛成は44.4%と半数に満たない．

　多頭数グループでは，規模拡大の必要性は感じているが，その理由にはコストを低下させるというスケールメリットより，将来不安や家族労働の軽減など多様になっていることに特徴がある．

4.　帳票の利用状況

　大きな資産で雇用を多用して実施し，「コストは下がらない」と認識しつ

表 4-11 クミカン報告票と税金申告の決算書の信憑性について (2002 年)

(単位:戸)

	合計	経産牛頭数階層別			
		75頭未満		75頭以上	
			7,500kg以上		7,500kg以上
集計戸数	36	18	8	18	10
クミカンの方がいい	13	5	3	8	4
税金申告の決算書の方がいい	7	3	3	4	2
どちらも問題あり使えない	—	—	—	—	—
どちらでも十分使える	11	7	1	4	2
わからない	5	3	1	2	2

資料:表 4-3 に同じ.

つ多頭化するこの計画は,緻密な分析のもとに立てられているだろうか.

表 4-11 には,クミカンと決算書との信憑性の差を示した.「クミカンの方がよい」という比率は少頭数グループで 27.8% に過ぎないのに対して,多頭数グループでは 44.4% に達している.償却費などを含めた決算書よりも,農業者はクミカンの方を信頼している.

1) クミカン報告票の利用状況

このように「信憑性」が高いクミカンを,どう利用しているかを検討しておこう.

表 4-12 には,これまでのクミカン帳票の保存年数と利用状況を示した.

過去 3 年以上の自分の実績との比較については,「『年度別実績対比表』が来た時」「年度別に集計した」「報告票を並べてみた」を合計した比率は,少頭数グループで 38.8% に過ぎないのに対し,多頭数グループでは 50.0% となっている.また他人との比較をしている比率は少頭数グループでは 0% であるのに対して多頭数グループの方では 5.1% とやや高くなっている.

また表 4-13 には調査年度末に配布されるクミカン報告票で最も注目している点を 3 回答まで示した.いずれのグループも最も注目しているのは農協

第4章　個別的な経営改善の実践経過

表4-12　クミカン報告票の利用状況（2002年）　（単位：戸）

		合計	経産牛頭数階層別			
			75頭未満		75頭以上	
				7,500kg以上		7,500kg以上
集計戸数		36	18	8	18	10
保存年数	ほとんど保存していない	3	1	1	2	1
	4年以内	9	6	3	3	3
	5〜9年	9	4	2	5	3
	10〜14年	4	2	1	2	—
	15年以上	11	5	1	6	3
自分の過去3年以上の比較	「年度別実績対比表」が来た時	6	2	1	4	2
	年度別に集計した	2	—	—	2	—
	「報告票」を並べてみた	8	5	2	3	2
	頭の中で比較した	4	1	1	3	2
	ない	13	7	2	6	4
	その他	3	3	2	—	—
他人との比較	集計表にして比較	1	—	—	1	—
	「報告票」を並べてみた	1	—	—	1	—
	比較していないが見たことがある	8	4	3	4	2
	全くない	26	14	5	12	8

資料：表4-3におなじ．

等との取引の結果を示す「収支差額の欄」となっている．この比率は少頭数グループで100％に対し，多頭数グループでは72.2％とやや少ない．この代わりに多頭数グループでは，「計画対比の欄」に注目する例がやや多い．しかし農業所得などを示した「経営成果の欄」に注目する例は逆に少ない．そして「不明」「全般的に」を併せた曖昧な回答の比率は，少頭数グループで16.7％に対し，多頭数グループで61.1％ときわだって高くなっている．

　注目点が曖昧なことは，表4-14にクミカン分析プログラムで作成した「規模階層別集計表」についても同様となる．例えば農業所得などの「農業収支」に注目する比率は，少頭数グループで38.9％に達しているのに対して，多頭数グループでは22.2％と少ない．また「全部」「不明」を合わせた比率は，少頭数グループで66.7％に対して，多頭数グループでは116.7％と，

表 4-13 今年のクミカンへの注目点（1位から3位までをプールした）（2002年）

(単位：戸)

	合計	経産牛頭数階層別			
		75頭未満		75頭以上	
			7,500kg以上		7,500kg以上
集計戸数	108	54	8	54	10
収支差額の欄	31	18	8	13	9
支出の欄	25	14	6	11	5
収入の欄	17	8	3	9	3
計画対比の欄	10	4	2	6	5
経営成果の欄	5	3	2	2	1
全般的に	5	1	1	4	3
利息の欄	1	―	―	1	1
特定項目間の比率	1	1	1	―	―
不明	9	2	―	7	3
その他	4	3	1	1	―

資料：表4-3に同じ．

表 4-14 規模別集計表で注目する項目（1位〜3位までをプールした）（2002年）

(単位：戸)

	合計	経産牛頭数階層別			
		75頭未満		75頭以上	
			7,500kg以上		7,500kg以上
集計戸数	36	18	8	18	10
農業収入	16	7	4	9	4
家計や財産的収支を含む収支	17	9	6	8	4
農業支出	16	8	3	8	5
農業収支	11	7	4	4	1
技術	14	11	5	3	2
全部	4	1	―	3	2
不明	30	11	2	19	12

資料：表4-3に同じ．

ここでは3回答を調査人数で割ったため100％を超えているが，高い．

表4-15には，この集計表の階層区分を変えられる場合，どの指標で見たいかを示した．農業所得率，1頭当たりの乳量など，質的な分析指標を要望

第4章　個別的な経営改善の実践経過　　　　163

表 4-15　規模階層別の集計表への階層区分への要望（2002 年）

(単位：戸)

	合計	経産牛頭数階層別			
		75 頭未満		75 頭以上	
			7,500kg 以上		7,500kg 以上
集計戸数	36	18	8	18	10
農業所得率の階層	8	5	1	3	1
1 頭当たりの乳量	9	5	2	4	2
負債の償還金額	1	—	—	1	—
出荷乳量	10	3	—	7	4
その他	3	2	2	2	1
これでいい	1	—	—	1	1
ない	1	1	1	—	—
全部	2	1	1	1	1
未了	2	1	1	1	1

資料：表 4-3 に同じ．
注：一部複数回答が含まれる．

した比率は，少頭数グループでは 55.6% に達しているが多頭数グループでは 38.9% と少ない．逆に量的な出荷乳量規模で見たい要望は少頭数グループで 16.7% に過ぎないのに対し，多頭数グループでは 38.9% と最大になっている．

「信憑性」の高いクミカンによる分析に，多頭数グループが期待している評価基準は，効率や技術などの質よりもまず出荷乳量などの規模になっている．そして経営収支よりも家計費なども含む農協との取引収支に注目している．大規模化するに連れて，取引も大きくなり，短期の借入金を返済できるか否かは重要な問題となる．したがって取引収支に注目する必然性は高い．しかし，それ以外に強く注目する部分がない点に，経営分析の不十分性を確認できる．

2) 損益計算書と貸借対照表の利用状況

次にクミカンよりは「信憑性」は劣るが，クミカンにない数値が示されている税金の申告用の決算書を分析にどう利用しているかを検討する．結論を

表 4-16　帳票の保存期間（2002 年） （単位：戸）

		合計	経産牛頭数階層別			
			75頭未満		75頭以上	
				7,500kg以上		7,500kg以上
集計戸数		36	18	8	18	10
損益計算書	未回答	1	1	—	—	—
	保存していない	2	—	—	2	2
	4 年以内	12	5	3	7	3
	5 年以上 9 年以内	12	7	4	5	3
	10 年以上	9	5	1	4	2
貸借対照表	未回答	1	1	—	—	—
	保存していない	4	—	—	4	3
	4 年以内	9	3	2	6	3
	5 年以上 9 年以内	13	8	5	5	3
	10 年以上	9	6	1	3	1

資料：表 4-3 に同じ．

先に示すと多頭数グループで際だって高度な分析はしていない．

　表 4-16 には，帳票の保存期間を示しているが，多頭数グループで短い．10 年以上保存している比率は，損益計算書は少頭数グループで 27.8% になるが，多頭数グループでは 22.2% にとどまる．

　表示はしないが 3 年以上の期間について自分の決算書を比較した経験については，「集計表にした」と「毎年の表を並べてみた」を合計した比率はいずれも少なく，少頭数グループで 0%，多頭数グループで 5.6% であった．

　また表 4-17 には，記帳の担当者を示した．自宅のコンピューターを利用している比率や，家族が記帳している比率は，逆に少頭数グループで大きく，多頭数グループが小さい．全般的に会計事務所に記帳を委託して，税金の申告に使用し，経営分析には使用していない．

5.　大規模農家群における経営管理の未熟性

　以上で示した営農情報の必要性，生産技術，管理技術，意識とを関連付け

表 4-17 経営簿記の記帳状況（2002 年）　　　　（単位：戸）

		合計	経産牛頭数階層別			
			75頭未満		75頭以上	
				7,500kg以上		7,500kg以上
集計戸数		36	18	8	18	10
経営簿記は記帳しているか	自分と他の誰かが記帳	4	2	—	2	—
	奥さんと他の誰かが記帳	3	2	1	1	1
	他の家族が記帳	—	—	—	—	—
	会計事務所に委託	27	13	6	14	8
	していない	2	1	1	1	1
自宅のコンピューターを使って記帳しているか	未回答	2	1	—	1	1
	利用していない	24	11	5	13	7
	利用している	10	6	3	4	2

資料：表 4-3 に同じ．

て，多頭数グループの管理の特徴を整理しておこう．

　第1に，多頭数グループでの情報ニーズは量的に大きい．クミカン報告票，クミカン分析シート，「アグリ通信」すべてに対して多頭数グループで評価が高かった．クミカンには「足りない項目があ」り，「アグリ通信」では「クミカンにない経費」や「資産に関する数値」に高い注目が集まった．しかしクミカンの方が「アグリ通信」よりも「役に立ち」，貸借対照表や損益計算書よりも「信憑性が高い」．この限りでは多頭数グループでは，情報ニーズが質的に限定されずに，量的に多いと見るべきだろう．

　第2に，多頭数グループでの分析手法は高度ではない．「信憑性の高い」クミカンで注目していたのは，経営収支ではなく農協との取引収支であった．集計表でも農業所得率や1頭当たりの乳量水準などの質的な指標よりも，規模による量的な指標を評価基準として重視している．つまるところ損益計算書や貸借対照表の作成は「税金対策」であり，比較分析や経営評価に利用するためではない．

　第3に，多頭数グループではこれまで，多頭化し，放牧や乾草を減らし，サイレージを増やし，生産工程を分化させた．これに伴う意思決定の複雑化

は，機械化と施設化で省力化し，外部の労働力と購入飼料によって費用を明確化する方向に進んだ．今後も「コストが低下する」と思えない多頭化を「将来を考え」，家族労働の軽減のためにさらに「雇用や委託を利用」して，進めようとしている．

多頭数グループでは，急速な拡大を緻密な分析なしに進めようとしており，そのために情報ニーズが量的に増大している状況にある．以上のように大規模層では経営情報へのニーズは高いが分析は小規模層と変わらず，十分な分析なしで多頭化を志向していることを示した．

第3節 農協における「クミカン分析シート」の利用効果

前節では，簿記を記帳していても，大規模層で緻密な管理がなされていないことが明らかになった．とりわけ他の農業者との比較分析は規模にかかわらずほとんど経験のないことであった．そして前節で紹介したクミカン分析シートへの評価は高かった．農協管内の農業者全戸について一定の経営分析を実施して，当該農業者の経営的な位置を示して，提供することは経営管理を充実し，改善を進めるために大きな効果があるように思われる．

本節では，農協がクミカン分析シートを年度末などに全戸に配布し，経営分析情報を提供した例をもとに経営改善への影響を明らかにする．経営管理の基本的な過程のうち分析に関して，農協がサポートした．しかし，計画と実施については個別に進めたことになる．この経過を以下の手順で分析する．

第1に，2003年度にクミカン分析シートの全戸配布と同時に行ったアンケート結果をもとに，営農情報へのニーズの高さを示す．第2に，クミカン分析シート配布の効果を知るために農業者の意識と経営実績を関連づけて分析する．たとえば平均より支出の多い農業者が「費用削減が必要」と認識したのであれば，分析結果が的確に伝わったことになる．第3にアンケート実施前の02年度と実施後の05年度との経営収支を比較して経営改善の成果を示す．最後に，営農情報の提供が，経営収支の改善をもたらすための条件を

考察する．

1. アンケートの概要

クミカン分析シートの効果を把握し，プログラムの改善を進めるために，配布と同時にアンケートを実施した．アンケートは2003年11月～2004年2月に実施し，301戸を対象にして226戸を回収した（回収率75.1％，表4-18）．

アンケートの実施方法は，農業者が農協に営農計画書を提出する時に，地区担当職員が分析シートとアンケート票を配布し，農業者が記入した．配布時には種々の配布・提出物があるためにアンケートの記入ができなかった例もあった．またこの時期は決算期であり，経営収支について関心が高い季節でもあった．

配布した分析シートは，本章第1節で紹介した，図4-2の散布図，図4-5の棒グラフ，図4-3の規模別集計表で，いずれにも全体の平均値などに加えて当該農業者の位置や数値がそれぞれに明記してある．また図4-4の農業所得率階層別の集計表には，各階層の平均値のみを示して配布した．2つの集

表4-18 回答者の概要・頭数規模階層別（2003年度）

	戸数（戸）			比率（％）		
	回収	未回収	合計	回収	未回収	合計
① 0頭	―	13	13	―	100.0	100.0
② 40頭未満	6	3	9	66.7	33.3	100.0
③ 40～60	82	26	108	75.9	24.1	100.0
④ 60～80	76	19	95	80.0	20.0	100.0
⑤ 80～100	35	7	42	83.3	16.7	100.0
⑥ 100～140	15	5	20	75.0	25.0	100.0
⑦ 140頭以上	12	2	14	85.7	14.3	100.0
総計	226	75	301	75.1	24.9	100.0

注：合計戸数301戸は2003年度データで出荷乳量がある農家．経産牛やクミカン数値が0の農家も含まれる．

計表の項目は，農業者が毎月手にするクミカンの報告票と同じ配列にした．

回収率を表 4-18 で頭数階層ごとにみると 40 頭未満はやや低いが，これ以外に大きな階層間の差は見られない．

2. 意識改善への影響

1) 情報ニーズの高さ

まず営農情報に対するニーズが高いことを，以下のように示しうる．

第1に，ほとんどの農業者はこれらの図表を役に立ち，必要だと感じている．図 4-8 には，図表すべてについて「あなたの経営改善に役に立つと思いますか」という質問への回答を示した．「非常に役立つ」が 38%，「やや役立つ」が 55% で，合計 93.1% に達していた．さらに，表示はしていないがアンケート実施年度のクミカン結果を用いてこれから作成する分析シートの必要性を質問したところ，「すぐ必要」の 22.9% に「あとで必要」の 61.2% を加えて，合計 84.1% が必要性を感じていた．

第2に，経営改善の必要性をつよく認識したことが示される．まず図表を見て，「あなたの経営についてどう感じましたか」という質問（単回答）に対して，「経営改善が必要」と感じた比率は 56.4% に達していた．また「ちゃんと分析すべき」も 15.4% となった．この他は「現状でよい」が 22.5% で，「特に感じない」は 2.6% に止まった．「現状でよい」という認識を含めて，97.3% は自分の位置をある程度確認できたといえるだろう．さらに必要と感じた改善内容につては，複数回答だが「費用削減の必要」が最大で 42.3% であった．ついで「個体乳量の増大」が 37.9%，「現状でよい」が 15.8%，「その他の改善」が 8.8%，「拡大の必要性」は 7.5% に止まった（項目は後掲図 4-10 の参考欄に示した）．多くの農業者が改善を必要と考え，費用の削減を意識した．

第3に，分析シートの提供方法について考慮すべき点を示しうる．

まず図 4-9 では「わかりやすい」と感じる図表と「役に立つ」と感じる図

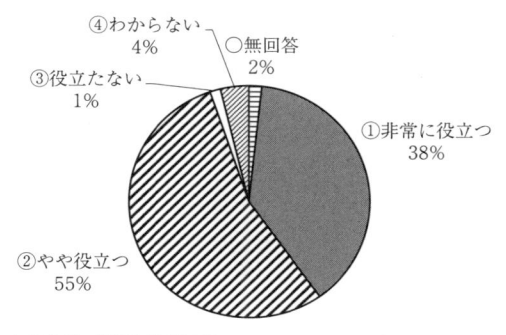

第4章　個別的な経営改善の実践経過　　　　　　　　169

資料：農協アンケートによる（2003年12月）．

図4-8　図表はあなたの経営改善に役立つと思いますか（2003年）

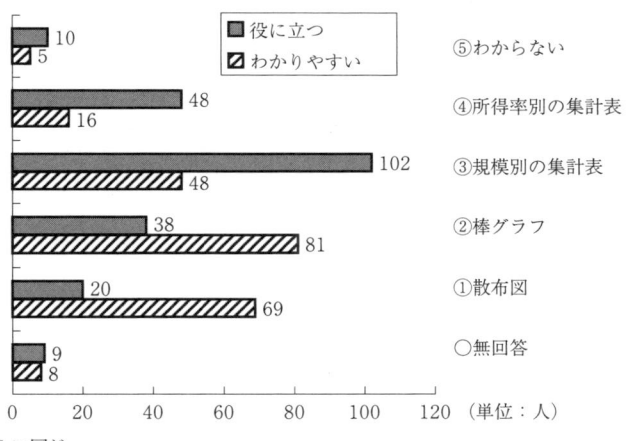

（円グラフ）
- ①非常に役立つ 38%
- ②やや役立つ 55%
- ③役立たない 1%
- ④わからない 4%
- ○無回答 2%

（棒グラフ、役に立つ／わかりやすい）
- ⑤わからない：10／5
- ④所得率別の集計表：48／16
- ③規模別の集計表：102／48
- ②棒グラフ：38／81
- ①散布図：20／69
- ○無回答：9／8

（単位：人）

資料：図4-8に同じ．

図4-9　「わかりやすさ」と「役立つ」のちがい（2003年）

表に大きな違いを確認できる．最も「わかりやすい」図表はデータ項目数が1つのみの棒グラフであり，最も「役に立つ」図表はデータ項目が無数にある頭数階層別の集計表になる．つまり自分の経営に問題があることに気づくには項目の少ない図が必要で，問題の内容や解決策を考えるには項目が多い表が必要になる．このことは農業者の意識や，図表を示す側の目的に応じて使用すべき図表は異なることを示している．

また「図表についての説明は不足していますか」という質問に対して，「非常に不足」は1.8%に止まり，「不足していない」が59.5%に達していたが，「やや不足」が30.8%あり，分析シートの意図が十分に伝わっていない可能性が示される．

このように営農情報に関するニーズは高く，農業者の意識に与える効果はあるが，使用に際して一定の説明のもとに示す必要があり，目的に応じて提供内容は異なることを示しうる．

2) 管理意識への影響

このクミカン分析シートを見ることによって，農業者の意識が変わったことを次のように示すことができる．この図表を全戸配布する以前の1998年に別の目的で行ったアンケートと比較すると（図4-10），1頭当たりの費用が高い農業者で，「費用削減の必要」意識が著しく高まったことが示される．例えば，換算頭数当たりの飼料費が14万円以上の農業者で，98年時点までに優先してきた課題が「コスト低下」となった比率は33.5%に過ぎなかったが，分析シート配布後の2003年に「費用削減の必要」と回答した比率は71.0%に増大した．そして1998年度の「コスト低下」との回答は換算頭数当たり飼料費との相関関係は確認できなかったが，2003年には換算頭数当たり飼料費が高いほど，明瞭に「費用削減の必要」が高まった．

図4-10下部，参考欄に示したように，アンケート項目は同じではなく，調査範囲も根室地域全体であるため個々の農業者の意識変化を示したことにはならないが，この大きな違いから，分析シートを見た後に，各自の問題に気づくきっかけになったといってよいだろう．

3. 経営収支への影響

アンケートは03年度に実施し，配布したデータは2002年度の実績であり，成果が現れる時間の経過を考慮して，02年度から05年度の収支変化を分析

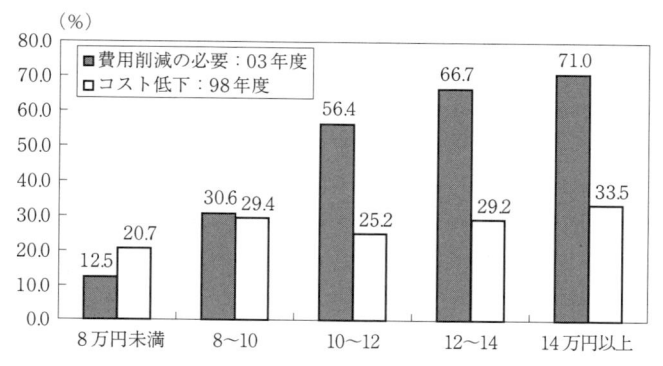

第 4 章　個別的な経営改善の実践経過

資料：03 年度は図 4-8 に同じ．98 年度は下記アンケートを使用した．

図 4-10　費用削減意識の増加（換算頭数当たり飼料費階層別，1998，2003 年）

【参考】
03 年度の質問形式

どういう改善を必要と感じましたか（いくつでも）
……1.　拡大の必要性　　2.　費用削減の必要　　3.　個体乳量の増大
4.　現状維持でよい　　5.　その他の改善　　6.　わからない

98 年度の質問形式

過去 5 年くらいの間，あなたは下記のうち何を最も優先してきましたか．また，今後は何を優先しますか．もっとも優先度の高いものから 2 つまで記入してください．
……①多頭化　　　　　　②高泌乳化　　　　　　③作業効率の向上
④コスト低下　　　　⑤新技術の導入・習熟　⑥労働時間の削減
⑦その他（　　　）　⑧特になし

	1 位		2 位	
過去は				
今後は				

注：98 年に(社)北海道地域農業研究所が根室管内で実施した悉皆アンケートによる．図 4-10 には今後の 1 位を使用した．

した．

　ただしこの時期に農協では，2004 年に営農支援センターを設立した．このため農協内でのコントラクター事業による飼料収穫面積は，2004 年度で 573ha であったが 2005 年には 699ha に増加した．さらに哺乳牛の預託事業は 03 年度から開始し，04 年度はのべ 3,178 頭で，05 年度には 4,555 頭に増加した[5]．総合的に事業を進めている農協は，この間に農業者の費用削減を

最大課題として進めたわけではない．多様な情報が農業者に届いており，クミカン分析シートは，その一情報に過ぎない．

以下では，アンケートの回答により，「経営改善が必要」と回答し，しかもその改善内容を「費用削減のみ」と回答したグループの変化の特徴を全体の動きと比較して示しておこう．

表4-19には，改善の必要性別でグループに分けて収支の変化などを示した．表から全戸平均と比較して「費用削減のみ」グループの特徴は以下になる．

第1に，経営改善は進まなかったことが示される．もともと低かったクミカン農業所得率が32.9%から18.3%の低下率であったが，これは全戸平均の低下率17.7%よりも大きい．加えて，クミカン農業所得金額も14.5%低下し，この低下水準は全戸平均の14.8%とほぼ等しい．

第2に，このクミカン収支悪化の理由は，収入の低下ではなく，支出の増加によっている．まず収入は全戸平均の1.7%増に対して，「費用削減のみ」グループでは3.4%増加となっている．これに対して農業経営費は全戸平均の10.8%増に対して，「費用削減のみ」グループでは11.8%の増加であった．

第3に，「費用削減のみ」グループで増加した主な費用は，購入飼料費は9.3%，作業委託や育成の預託を含む賃料料金が38.9%，家畜の保険料である農業共済金が17.9%，診療や受精の経費である養畜費が25.9%と，いずれも全戸平均よりもともと大きく，この間にさらに大幅に増加した．とりわけ飼料費の変化金額は1,300千円に上る．

総じて，分析シートを見て，アンケート時に費用削減の必要を強く感じた農業者の多くは，その後，逆に費用を増加させた．費用が大きく，費用削減を必要と考えたが，実際には費用は増加した．さらにこのグループはもともと頭数規模が大きかったが，いっそう頭数を増加させ，出荷乳量も増大したのである．

以上で示したように，営農情報に対するニーズは高く，情報の提供によって意識を変える点では効果がある．調査で使用した図表のように，クミカン

第4章　個別的な経営改善の実践経過

表 4-19 経営改善の意向別に見た経営変化（2002-05年）

			全戸平均	改善の必要性別								
				要改善			小計	その他				小計
				改善方法別								
				費用削減のみ	費用削減+その他	その他		ちゃんと分析すべき	現状でよい	特に感じない	無回答	
集計戸数		(戸)	262	41	19	52	112	33	51	5	61	150
2002年度実績	出荷乳量	(t)	508	645	539	403	514	560	494	539	475	502
	経産牛	(〃)	70	83	75	63	72	75	67	76	65	69
	クミカン農業所得率	(％)	36.1	32.9	33.2	36.7	34.7	35.8	41.6	39.4	34.2	37.2
	1頭当たり出荷乳量	(kg)	7,206	7,732	7,317	6,440	7,061	7,465	7,325	7,273	7,228	7,315
変化率	出荷乳量	(％)	1.9	4.1	3.2	4.6	4.1	1.0	1.3	-3.9	-0.7	0.3
	所有地合計	(〃)	5.9	10.1	5.9	9.9	9.3	6.6	4.4	15.6	0.5	3.5
	乳牛飼養頭数	(〃)	-0.8	2.1	-12.2	-1.4	-1.9	2.3	-1.1	-9.8	0.6	0.0
	経産牛	(〃)	-0.2	5.1	-5.8	-1.0	0.7	-2.1	1.2	-4.0	-1.6	-0.9
	農業粗収入	(〃)	1.7	3.4	2.6	3.9	3.4	0.4	1.3	-4.2	-0.1	0.4
	クミカン農業経営費	(〃)	10.8	11.8	11.6	17.6	13.7	7.5	10.3	2.1	7.9	8.4
	うち飼料費	(〃)	7.4	9.3	9.9	9.8	9.5	7.1	8.1	-11.5	4.8	5.8
	うち養畜費	(〃)	17.0	25.9	7.4	12.1	17.8	16.9	18.8	27.7	13.6	16.5
	うち農業共済	(〃)	11.8	17.9	12.9	6.5	12.6	12.5	4.7	13.7	15.2	11.1
	うち賃料料金	(〃)	31.9	38.9	47.8	46.5	43.0	24.9	29.9	31.3	17.4	23.3
	クミカン農業所得	(〃)	-14.8	-14.5	-14.6	-19.6	-16.5	-13.0	-11.9	-14.7	-15.9	-13.7
	クミカン農業所得率	(〃)	-17.7	-18.3	-16.0	-23.9	-20.7	-16.1	-14.8	-15.9	-16.2	-15.6
	1頭当たり出荷乳量	(〃)	2.5	-0.3	7.7	5.7	3.6	2.9	0.2	-1.5	2.3	1.6

資料：農協資料による．
注：1）　変化率は（2005年実績−2002年実績）/2002年実績×100とした．
　　2）　改善方法のうちその他の内訳は，「拡大の必要性」「個体乳量の増大」「現状維持でよい」「その他の改善」「わからない」が含まれる．

という農家に親しまれた情報源をもとに，営農情報を提供することに大きな意義がある．しかし具体的に経営収支を改善するには，経営分析情報を提供するだけでは十分ではないことが示された．

第4節　個別的な経営改善の困難性

1. 経営分析情報の意義

　本章では，個別的に経営改善を進めることの困難性を次のように明らかにした．

　第1節では，個々の農業者が経営分析情報を入手する機会は増加しており，日本においても民間によってもコンサルティングに関わる事業が始まっているが総合的なデータベースの構築が十分でない問題を示した．同時に農協に蓄積している総合的な営農情報を活用して経営分析情報を提供する「クミカン分析プログラム」が使用され始めていることを示した．

　第2節では，共通の会計事務所を利用し，共通の経営分析情報のもとにある36戸への聞き取り調査をもとに，多頭数階層での経営管理の不十分さを示した．まず多頭数グループでは，経営分析の情報ニーズが高いこと．また意識では「拡大するとコストは下がる」とは考えていないが将来の方針は多頭化を志向している．そして管理では，税金申告用の決算書よりもクミカンを重視し，他人との比較はせず，分析視点も曖昧であった．

　第3節では，「クミカン分析プログラム」による経営分析シートを毎年全戸配布している農協で，配布前後の意識と経営収支の変化を分析し，意識改善に効果を発揮したが，経営収支の改善には効果を発揮しなかったことを示した．この農協では，経営管理の基本的な取り組みのうちの経営分析はある程度，共同で進めたが，分析に基づく計画の樹立，その実施，実施成果の評価などは，個別であった．

　このように限界のある個別での経営管理を，いかにしてより効果的に経営改善が可能な体制に整備すべきが次の課題となる．

2. 経営分析情報の活用条件

1) 情報提供の手順

　提供した情報が活用されにくい以下のような条件を取り除く必要がある．

　第1に農業者の消極的な意識を変える必要がある．本章で利用された経営分析情報が，農業者自身による自己診断のための情報だという認識がないまま，情報が与えられることの危険性である．ある農業者から，こうした図表を前に，「こんなデータで，自分の経営を評価して欲しくない」と発言されたことがある．「うちはもっといいのだ．農協と取引していない個体販売による収入があるのだ」との理由であった．この農業者は，営農情報が自己評価ではなく，評価されるためにあるという認識にあった．利用者が主体的に情報を利用する意識への改革が必要になる．

　第2に，「わかりやすい情報」と「役に立つ情報」の区別になる．現在は経営改善の必要性を感じていない農業者にとっては，まず必要なものはデータ数が少なく，問題点がはっきりと視覚的に確認できる「わかりやすい情報」になる．その上で経営改善を進めるときに，データ数が多い「役に立つ情報」が必要になる．裏を返すと，数値のたくさん入った図表は，わかりにくいことになる．

　第3に，まず酪農の総合的なコンサルティング能力をもった人材の育成が必要になる．農協で初回に配布された散布図では，「乳量の低い農業者をどう底上げするか」という問題意識で，1頭当たりの出荷乳量と農業所得率の散布図が配布された．このように，配布者の目的により，表示方法は異なる．多様な農業者の目的に沿って，表示方法を仕組む必要がある．またプライバシーを保護しながら情報を提供することには困難が伴うため，利用者との十分な信頼関係を構築する必要がある．そして図表の表示内容に関して，農業者から具体的な意見は出にくかった．利用に当たっては農協などの担当者が具体例を提示して，修正を繰り返す試行錯誤が必要となる．

2) 経営分析情報を活用する体制整備

クミカン分析シートの提供のみでは，経営を改善することはできなかった．この背景を明確にしておく必要がある．

第1に，組織間の協力体制を整備すること．情報提供を進める基盤は，今日では農協系統や行政の協力で，次第に確立しつつある．しかし第1節で示したようにJA北海道情報センターのシステムに，経営分析を重視した出力方法が組み込まれていない．データの入力には手作業が必要な状態にあるが，この大きな理由には，営農情報を扱う担当者の位置が農協内で明確にされていない点にあると思われる．またプライバシーに関わる情報のため他の組織，例えば普及センターなどと共有して利用する体制は整えられていない．このため組織毎に農業者へのアドバイスの方針が異なる問題が生じうる．

第2に，農協における営農相談体制を整備すること．総合農協の事業は営農指導だけではなく，農業者に提供する情報も経営改善や費用削減だけではない．農協の地域農業振興計画の中でのクミカン分析システムの位置づけは，「クミカン分析システム等営農情報の活用による個人のスキルアップ向上を目的とした，研修会や学習会の開催」[6]に過ぎない．たとえば営農相談業務では飼料費を削減する必要があるという結果になっても，購買業務で飼料の購買を促進してしまうと一貫した相談体制にならない．急速な生産増加が当該農業者に不適切であっても，農協単位での生産割当を確保するために生産増加を求めることも，一貫した相談体制にならない．

第3に，営農の目標を明確化することが必要となる．まず農業者が経営改善を進める場合に，その目標はクミカン上での農業所得を増加させることだけではない．経営分析情報は営農スタイルを決定するための幅広い情報の一部分に過ぎない．改善の優先事項が所得よりも労働時間の短縮や，高い技術水準，環境負荷の低下などと多様化している．これらに必要な情報は，どんなに総合的なデータベースよりも広いと考えるべきであろう．しかもコンピューターによる図表は，発信者の一定の目的に従って作成され，一定の方向を誘導することになり，個々の経営にプラスに作用するとは限らない．営農

第4章　個別的な経営改善の実践経過　　　　177

情報を総合的に利用するためには，個々の農業者の価値観や生活スタイルの確立が常に求められていると思われる．

かつて「新酪事業」では，経営分析や政策提言をする組織として，「畜産基地管理センター」が構想され，中止された．結果として，農用地開発，施設整備は進んだが，多くの農業者が経営改善の手順を誤り，離農に至った．今日も農業者間に大きな収益性の格差が見られる．この反省にたって，地域の農業者の取り組んだ実績を集積して分析し，今後のあり方を計画し，実践していく体制の整備が強く求められている．しかしこの節では単に経営分析情報を提供するだけでは不十分であることが明らかになった．

注
1) 高橋武靖「会計管理者の視点から」小林信一・黒崎尚敏・高橋武靖・並木健二・畠山尚史著『酪総研特別選書 No.68　経営支援　酪農の強力なアドバイザー』酪農総合研究所，2001年，72-83頁に紹介されている．また福田紀二「北の大地で自然の調和した酪農経営」全国農業経営コンサルタント協議会編『農業経営成功のアプローチ』農文協，1999年，43-52頁にも紹介されている．
2) (社)北海道地域農業研究所による調査で，報告資料としてまとめらている．
3) この経過については，吉野宣彦「北海道酪農における農協情報の経営改善への利用」『農業経営研究』第40号第1巻，日本農業経営学会，2002年6月，83-86頁に概要を示した．クミカン分析プログラムは(社)北海道地域農業研究所と吉野宣彦が共同して開発したもの．クミカンに加えて，出荷乳量実績，面積頭数など営農計画書の数値でデータベースを作成してある．マイクロソフト社のエクセル上でVBAによって集計，作図，連続印刷が可能になっている．データベースの作成に手作業が必要などの，改善点は残っている．
4) これらは「アグリ通信」の表を農業者に示して，調査後に分類した．
5) 以上の数値は，農協事業報告書，各年度による．
6) 農協「ゆめと誇りが持てる酪農生活の創造―第6次地域農業振興計画・JA経営3カ年計画」21頁による．

第5章

集団的な経営改善の実践経過
―「マイペース酪農交流会」による学習会活動―

　前章では経営改善を個別的に進めた実践の限界を示した．クミカンによる経営分析シートを毎年全戸配布したことは意識改善に効果を発揮したが，経営収支の改善には効果を発揮しなかった．

　本章では，1991年から月例の交流会を開始し，集団的に経営改善をした「マイペース酪農交流会」グループによる学習会活動の実践経過から，経営改善の効果的な方法を明らかにする．まず第1節では12戸の経営収支と聞き取り調査から，集団活動の管理面，技術面での取り組みの特徴を示した．数値分析の効果と限界，改善を効果的に進めるために何が必要かが焦点となる．また第2節ではこのグループが活動を始めた1971年にさかのぼり，30年以上にわたる取り組みを辿り，酪農専業地帯で集団的な学習会活動が形成され，今日まで継続した要因を明らかにする．

第1節　集団的な経営改善の経過

　この「マイペース酪農交流会」(以下「月例交流会」とする)は，月例の交流会で，1991年6月から開始してすでに15年以上を継続している．この交流会の開始5年前，1986年に年に1度の「別海酪農の未来を考える学習会」(以下「年次学習会」とする)を開始しており，これもすでに20回を超えている(いずれも2007年1月時点).

　まず第1に経営改善が顕著に進んだ90-93年について，メンバー12戸の収支と集団活動での公開資料などをもとに，経営改善の経過とこれを支えた

月例交流会の管理論的な性格を示す．第 2 に，経営改善の実施に含まれる技術的な変化を，メンバー 12 戸の聞き取り調査を加えて示す．この場合に経営改善以前の収益性により，個別メンバーの収益性向上の経過は当然異なることが予想される．以前の収益性の高低による技術変化の差異に注目する．第 3 にメンバーのうち 2 事例について月例交流会の開始前から 2000 年に至る経営収支と技術の変化を示す．変化する生産工程の順序，工程間の調整を農業者がどう意識して進めたかを分析するためである．

最後に，集団的な学習会活動の，技術変化への影響，計画・実施・分析・評価などの管理への影響，主体の性格への影響を考察する．

1. 交流会活動の管理面での特徴

1) 月例交流会による意識改善

「月に 1 回開かれる交流会では……みんなが集まって『牛，減りましたか？　よかったですね』と始まるんです」[1]．年に 1 度開かれ 1993 年で第 8 回を迎えた年次学習会で，経営を転換し始めて 2 年間の実践報告をした I 夫人の発言である．夫人は報告の中で，育成牛を減らすことに踏み切った後の経過を次のように語っている．

「これで，この牛群と今年は冬越しするぞという心構えと，残った育成にちゃんと手をかけてあげられるなあという気持ちが湧いて，とても気持ちがすうっとしたことを覚えています．それでマイペース酪農に移っていって，わが家は牛を減らす，それから配合を減らす，それと昼夜放牧で夏を過ごす，ということをやってきて良かったなあと思うのは牛が故障しなくなったことです．で，去年の春から乳検もやめました．そして，搾乳のとき，いろいろ搾乳の手順，マニュアルってありますよね．タオル 2 枚とか，デッピングするとか，前搾りするとか，そういうことを気にしなくなったんですよね．乳房炎を全然気にしなくなったんです．……今では，私はタオル 1 枚とバケツ 4 個にお湯を入れて，汚れたらきれいなお湯と取り替えていくやり方です．

第 5 章　集団的な経営改善の実践経過　　　　　　　181

……非常に搾乳がラクになりました．ほんとに，牛も自然，人間も自然，その中で，私たちの持っている土地と一緒に，牛を利用してやる農業ってすごくマッチするんですよね……この別海町ですね．拡大しすぎてることに気づかないで農業やっていて，それで適正規模にすることがいかに環境を守る，次の世代に農業をわたしていけるんだということに確信を持ったんですね」[2]．

　I さんの発言の 2 年前，第 6 回目の年次学習会の開催趣旨には「農民的・自主的技術を科学的に検討し，体系化して普及する」「まかたする[3]経営をきずく」「マイペースをとりもどす道をさぐる」「フリーストールと混合飼料の方式を奨め，さらなる多頭化と農家減少を描いている農政に対峙して」だけではなく，「持続的農業・環境保全型農業として」[4] がかかげられた．先の I 夫人の発言はこれらの目標に向けた 2 年間の活動の成果を示している．

　I さんを含めた農家グループは別海町を中心に周辺町村の農家を含めて月例交流会を続けている．この交流会は 1991 年に第 6 回の年次学習会で行われた中標津町の酪農家 M 氏の講演を契機として別海町西春別で始まった．その後 1993 年 2 月には別海町中西別と浜中町，厚岸町の 3 ヵ所で，1994 年 6 月からは根室市と白糠町でも交流会が新たに始まった．このうち 5 ヵ所は毎月それぞれのニュースを発行した．この読者数はピーク時で農家だけで 180 名以上に及んでおり当該市町村の酪農家のおよそ 7％ を占めるに至った．M 農場との交流が始まり，多くの農業者が意識を転換するに至った．

2)　経営改善計画の実在目標
(1) M 農場の概要

　月例交流会のきっかけとなった M 氏は 1968 年の戦後入植農家で 1991 年当時で 46 歳，夫婦 2 人の労働力で，飼養頭数 50 頭，うち成牛 40 頭，経営面積 48ha，出荷乳量 225t であった．根室管内の A 農協の平均値（以下いずれも 1992 年の数値）が飼養頭数 110 頭，うち経産牛 57 頭，経営面積 59ha，出荷乳量 395t であるから，M 農場は中小規模といってよい．個体乳

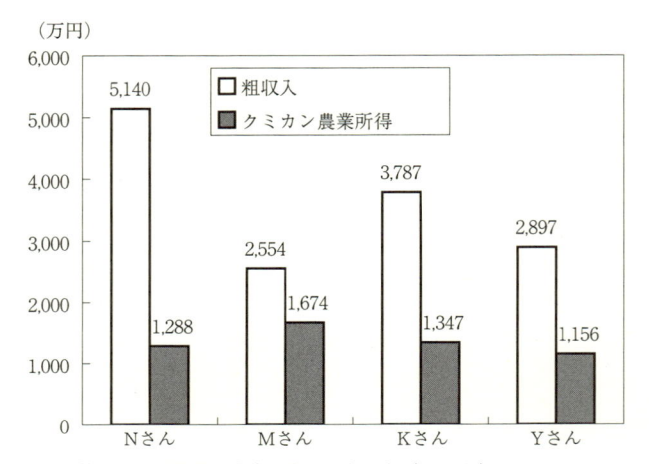

```
                              (万円)
                    6,000
                           5,140          □ 粗収入
                    5,000                 ■ クミカン農業所得
                    4,000                         3,787
                    3,000                                    2,897
                                   2,554
                    2,000                 1,674
                           1,288                   1,347     1,156
                    1,000
                       0
                           Nさん   Mさん    Kさん    Yさん
```

資料：第6回別海酪農の未来を考える学習会（1991年），による．

図5-1　クミカン農業所得の格差（1990年度）

量はおよそ 5,500 kg で農協の平均 6,854 kg と比べると M 農場の生産性は劣っている．しかし換算頭数1頭当たりの購入飼料費は農協平均が 10.4 万円であるのに対して，M 農場は 7.2 万円でしかなく，1ha 当たり肥料代も A 農協が 3.4 万円であるのに対し 1.5 万円と半分以下となっている．しかも過去 5〜6 年のクミカン農業所得率は 60% 程度まで達しており[5]，収益性がきわめて高い（A 農協の平均では 35%）．この数値が 91 年の年次学習会で提示された（図 5-1）．

(2) 技術の数字的な指標

牧草の調製は一番の乾草のみでサイレージはなく，2〜6ha に大雑把に区切った牧区で昼夜放牧を行い，入植以来更新経験のない草地も残っている．一見粗放な管理方法に見える．しかし配合飼料の少ない飼養方法は牛への負担は少なく，重い疾病はほとんど見られない．搾乳方法も単純であり，粗放な昼夜放牧をし，一番だけで二番草を収穫しないため作業は少なく，生活時間に多くのゆとりをもたらしていた．

こうした技術の目標指標は，表 5-1 に示したように M 氏から「数字的な

表 5-1 改善点の数字的まとめ（1991 年）

一番草	60％サイレージ　6/25〜7/10
	40％乾草　7/25〜8/10
二番草	放牧（7/10 までの刈り取り地は 8/15 より放牧可能）
	又は乾草（8/10 までの刈り取り地は 9/15 より乾草可能）
放牧	昼　5/15〜5/20　　11/1〜11/15
	昼夜　5/20〜10/30
堆肥散布	春散布を基本とする．草生適期期間は 5/10〜20
濃厚飼料	年間 1,000kg 以内
乳量	5,000〜6,500kg 程度
分娩	3〜5 月（初産は和牛の仔に．難産を避ける，増頭を抑制，仔牛の安定販売）
牛舎	基本的に 1 舎（いくつもの牛舎に牛を分散させない）

資料：1991 年 5 月　別海酪農の未来を考える学習会（第 6 回）資料，三友盛行「マイペース酪農の実践―根室の大地に根ざした農業とは―」，より転載した．

まとめ」として提示された．

(3) M 農場での経営収支の変化

表 5-2 には入植以来の経営収支の推移を示した．1980 年に負債残高はピークに達したが，その後多頭化は進めなかった．かわりに経営費を 300 万円ほど低下させた．堆肥を完熟させて圃場に還元し，配合肥料を減らすなど，工夫を重ねた結果であった．

乳牛の生産性は低いが，複雑な計算はせず，購入資材の利用が少なく，かつ収益性が高く，生活にゆとりがある．このことが年次学習会の参加者から注目された．M 氏がその実践を講演したことを契機に月例交流会が始まった[6]．

3) 全体技術の評価基準の標準化

学習会活動の技術と管理などに与えた影響として，毎月発行されている「マイペース酪農交流会通信」をもとに，以下の 3 点の特徴をあげることができる．

第 1 に，技術については農家同士が対面で実践を交流して修得された．交流会のテーマは季節に合わせて変わり，1 年目は春の放牧から始まり夏場は

表 5-2　M 農場の経営展開

		1969	70	71	72	73	74	75	76	77	78
機械と施設の変化			・24 頭牛舎新築 ──────────────────────────▶ ・40 頭へ拡張 ・堆肥盤（コンクリート）──────────────── ・T(1/3)・T ─────────────────▶ ・T70 ・T ──────────── ・T45 ・ロールベーラー ・ロードワゴン ・マニュアス									
負債残高（万円）		…	…	…	696	…	…	…	…	1,272	2,256
経営面積（反）		…	400	400	400	400	400	400	400	400	400
総頭数（頭）		…	24	…	…	…	…	31	…	…	…
うち成牛		…	18	…	…	…	…	21	…	…	…
うち育成		…	6	…	…	…	…	10	…	…	…
出荷乳量（t）		46	80	…	94	89	…	94	97	120	116
個体乳量（kg）		…	4,463	…	…	…	…	4,473	…	…	…
資材コスト（円）		27.5	27.9	…	30.2	44.1	…	53.7	63.9	63.7	83.3
飼料コスト（円）		9.2	9.3	…	8.4	11.1	…	18.0	14.0	23.1	22.1
所得率 A 式（%）		13.5	31.6	27.4	45.2	45.1	31.9	55.6	44.7	37.7	23.6
〃　　 B 式（%）		0.9	30.7	19.1	36.1	19.0	27.5	31.7	30.2	26.3	9.8
収入 （万円）	乳代収入	128	324	402	446	486	678	738	885	1,036	1,067
	個体販売	19	4	46	75	188	43	180	101	52	60
	その他	—	—	—	—	—	—	190	—	—	—
	農産収入	—	—	—	—	44	—	28	131	137	133
	農業収入計	147	328	448	521	718	722	1,136	1,117	1,225	1,260
支出 （万円）	労賃	—	—	2	5	1	3	5	24	9	7
	肥料	33	51	77	52	59	99	117	142	102	157
	生産資材	21	17	34	41	68	70	80	142	170	170
	水光熱費*	—	—	—	—	—	—	—	—	—	—
	飼料費	42	75	84	79	99	187	170	135	276	255
	養畜費	11	23	33	21	95	29	39	49	47	100
	農業共済*	—	—	—	—	—	—	—	—	—	—
	賃料料金	6	9	15	6	13	6	3	19	7	48
	修理費*	—	—	—	—	—	—	—	—	—	—
	支払利息	21	17	27	37	28	48	99	77	74	103
	租税公課	1	13	12	29	18	35	30	54	61	87
	他経営費	12	36	71	57	43	66	67	77	99	146
	農業支出合計	148	242	354	327	423	542	608	719	846	1,073
クミカン農業所得（万円）		20	104	123	235	324	230	632	499	462	298
乳代所得　　（〃）		1	100	77	161	92	187	234	267	273	104
元利償還　　（〃）		201	18	29	55	74	229	187	197	195	259

資料：聞き取り調査及び農協の資料（組合員勘定報告票，出荷乳量伝票，営農計画書）を使用．
注：計算式は以下．農業所得＝農業収入－（農業支出－労賃－支払利息）．所得率 A 式＝農業所得/農業
　　T はトラクター，数字は馬力．支出科目のうち * は 1987 年から他の科目から分かれて加わったもの．
　　・のある年次に導入した．

第5章 集団的な経営改善の実践経過

(1968年入植, 1969-92年)

79	80	81	82	83	84	85	86	87	88	89	90	91	92
		・+8ha											
		・育成舎設置 ――――――――――――――――――――――――――――――――――――――▶
		・パイプライン導入 ――――――――――――――――――――――――――――――――――▶
		・バーンクリーナー設置 ―――――――――――――――――――――▶ ・パイプライン更新
―――▶ 堆肥盤拡張(黒ボク) ――――――――――――――――――――――――――――▶
						・T79 ――――――――――――――――――――――――――――▶
				・T62 ――――――――――――――――――――――――――▶
	・T62 ――▶
		・ロールベーラ ――――――――――――――――▶
プレッタ ――――――――――――――――――――――――――――――――――――――▶ ロールベーラ・
...	...	...	...	2,478	2,184	1,552	1,410	...	...	603	869	767
400	400	480	480	480	480	480	480	480	480	480	480	480
...	...	...	...	72	...	...	...	...	...	...	...	50
...	...	...	...	38	38	38	38	40	40	40	40	40
...	...	...	...	34	...	...	...	...	...	...	...	10
...	154	165	166	191	192	190	201	196	187	221	214	225
...	...	...	...	5,026	5,053	5,000	5,289	4,900	4,675	5,525	5,350	5,625
...	76.8	62.7	60.3	54.7	54.2	53.4	49.5	48.1	43.3	41.0	40.3	38.4
...	22.6	16.3	20.1	17.5	21.2	18.5	16.5	16.5	17.9	17.3	15.9	14.4
49.0	43.8	60.8	43.8	51.7	53.2	49.9	57.6	57.7	61.9	66.3	63.3	58.6
23.6	17.0	32.2	34.9	40.3	41.9	40.3	44.0	40.5	44.4	46.9	48.2	49.5
1,342	1,424	1,525	1,539	1,751	1,792	1,700	1,779	1,587	1,457	1,709	1,666	1,710
402	367	267	244	410	433	327	571	620	647	932	639	337
12	80	―	―	―	―	―	―	23	22	51	45	41
252	233	845	―	―	―	―	―	―	―	―	―	―
2,010	2,104	2,637	1,783	2,162	2,224	2,027	2,350	2,230	2,125	2,692	2,350	2,088
15	15	10	10	―	5	5	17	10	15	―	―	―
140	191	224	186	165	161	140	119	94	75	55	85	74
182	287	184	135	144	96	101	133	98	34	37	48	33
―	―	―	―	―	―	―	―	73	66	67	72	77
311	348	269	334	335	407	352	331	323	335	382	340	325
83	85	91	102	133	109	123	130	45	73	49	58	57
―	―	―	―	―	―	―	―	83	87	88	100	105
73	86	82	125	129	140	117	123	47	48	63	68	45
―	―	―	―	―	―	―	―	39	18	49	―	21
153	167	161	147	126	109	77	67	65	24	23	25	24
59	50	56	79	90	115	129	110	60	48	57	60	59
177	134	129	40	50	13	54	51	83	24	61	33	70
1,193	1,364	1,206	1,158	1,171	1,155	1,097	1,080	1,019	848	930	888	888
984	922	1,603	781	1,117	1,184	1,012	1,354	1,287	1,316	1,785	1,488	1,224
317	242	491	537	706	751	684	783	644	647	802	804	846
371	390	400	479	465	789	161	155	967	153	155	149	157

収入×100.乳代所得＝乳代収入−(農業支出−労賃−支払利息).所得率B式＝乳代所得/乳代収入×100.

堆肥作り，気温が下がる秋口に育成管理，年末には経営計画となっていた．そのつど参加者が「始めて昼夜放牧したら……」あるいは「堆肥を切り返したら……」というように経験談を話す．メンバーがM農場の搾乳作業や草地を見た経験談が何度か掲載されている．

第2に，管理については，まず改善計画の目標が実在する農場として明確化したこと．また毎年度末に年間収支や頭数などのデータが収集されて分析されたこと．さらに分析には個体販売を収入に含めない以下の「乳代所得率」が用いられたことである（表5-2の中では所得率B式となっている）[7]．

$$乳代所得率 = \frac{乳代 -(農業支出-支払利子)}{乳代} \times 100$$

この指標は，クミカン制度が一般的な道内の農業者にとっては1枚の表から即座に計算でき，多くの農業者と容易に比較可能な簡易な指標であった．また農業支出から支払利子を引き，「負債が大きいから経営収支がわるい」と考えないように工夫された．年次学習会でも紹介され，ニュースでも紹介された．

第3に学習会活動の内容が大きく変わった．以前は年次学習会では主に研究者の報告，そして政策・技術・生活の3つの分科会で構成していた．92年度からは農業者の実践報告が主体となった．報告は夫婦2人で行われた．月例交流会も夫婦同伴が多く，夫人が積極的に参加するようになった．このため話題は経営問題に限らず農業観や生活観，子育てなどにも及ぶ．生活も含めたより広い分野の交流を意識的に行おうとしてきた．

このように学習会活動での技術習得はデータだけではなく視覚を含めた相互交流で行われるようになり，経営管理については目標が明確化し，分析がなされ，評価指標が明確化した．加えて交流の範囲は，生活を含めた幅広い内容を伴っていた．

第5章　集団的な経営改善の実践経過　　　　187

2. 経営改善の経過

1) 経営収支改善の概要
(1) 縮小による所得増加

　表5-3には月例交流会に当初から参加した12戸と近隣農協の343戸の平均について1993年を，さらに1990年を100とした変化指数を示した．

　まず93年度の交流会グループ12戸の平均は総頭数61頭，経産牛頭数40頭，出荷乳量269tと農協平均と比べて総頭数で52頭，経産牛頭数では19頭，出荷乳量で130t，粗収入では1,000万円程度小さいが，クミカン農業所得[8]では100万円程度の差しかない．交流会グループは出荷乳量1kg当たりで変動費はおよそ8円小さく，クミカン農業所得率は10%ほど高い．きわめて高い効率により，小規模でも所得が確保された．

　また93年の数値を月例交流会を開始する前の90年と比較すると，交流会グループでは飼養頭数は78%へ，出荷乳量は90%へ減少したが，クミカン農業経営費は72%へといっそう大きく減少したため，出荷乳量1kg当たりのコストは79%に低下し，クミカン農業所得は120%に増大した．このように頭数規模や出荷乳量規模の減少と経営改善とが同時に進んだことが学習会活動の成果になる．

(2) 改善経過の多様性

　図5-2には，90年から93年までのこれら12戸の変化を，近隣地域の農協351戸の頭数規模と所得の相関図の上に示した．◇の記号が，グループのモデルとなったM氏の90年の位置になる．交流会グループの特徴として，以下の点を指摘できる．

　まず交流会グループは，○印にあるように収益がもともと極めて低位な水準から高位な水準まで多様であった．その後93年には●印のように，皆が同じ頭数階層では優良な位置に改善された．また変化の大きさは，農業所得が激しく増加した例，わずかしか変化しなかった例，逆に減少した例も見ら

表 5-3 交流会メンバーにおける経営変化の特徴 (1990-93 年)

		1993 年平均		90 年を 100 とした 93 年の指数	
		近隣農家平均	交流会事例平均	近隣農家平均	交流会事例平均
集計戸数	(戸)	343	12	343	12
経営耕地面積	(ha)	58	41	102	102
乳牛飼養頭数	(頭)	113	61	114	78
経産牛頭数	(〃)	59	40	113	97
育成牛比率	(%)	46.5	36.2	101	77
換算1頭当り面積	(a)	71	80	90	115
出荷乳量	(t)	395	269	116	90
経産牛1頭当たり乳量	(kg)	6,674	6,674	103	93
クミカン農業所得率	(%)	38.2	48.6	117	134
換算頭数　クミカン経営費	(千円/頭)	246.6	240.7	94	85
当たり　　飼料費	(〃)	87.3	87.7	88	71
養畜・素畜	(〃)	13	17.3	88	78
面積当たり肥料費	(千円/ha)	35.1	19.9	96	61
農業粗収入	(千円)	34,185	24,156	116	89
乳代	(〃)	31,195	21,490	115	90
クミカン農業経営費	(〃)	21,491	12,422	108	72
肥料	(〃)	1,898	854	98	63
生産資材	(〃)	1,545	609	123	61
水光熱費	(〃)	1,797	1,139	109	91
飼料費	(〃)	7,887	4,494	101	59
養畜費	(〃)	1,097	909	108	66
素畜費	(〃)	63	—	41	—
農業共済	(〃)	1,455	811	131	124
賃料料金	(〃)	2,144	1,358	112	82
修理費	(〃)	1,776	1,037	127	100
租税公課	(〃)	1,434	928	111	155
その他経営費	(〃)	396	282	86	42
クミカン農業所得	(〃)	12,694	11,734	132	120

資料：クミカン，営農計画書による．ただし交流会事例の面積・頭数は聞き取り．
注：農業粗収入＝農業収入－家畜共済金－農業雑収入
　　クミカン農業経営費＝農業支出－労賃－支払利子
　　クミカン農業所得＝農業収入－クミカン農業経営費
　　クミカン農業所得率＝クミカン農業所得／農業収入

(千円)

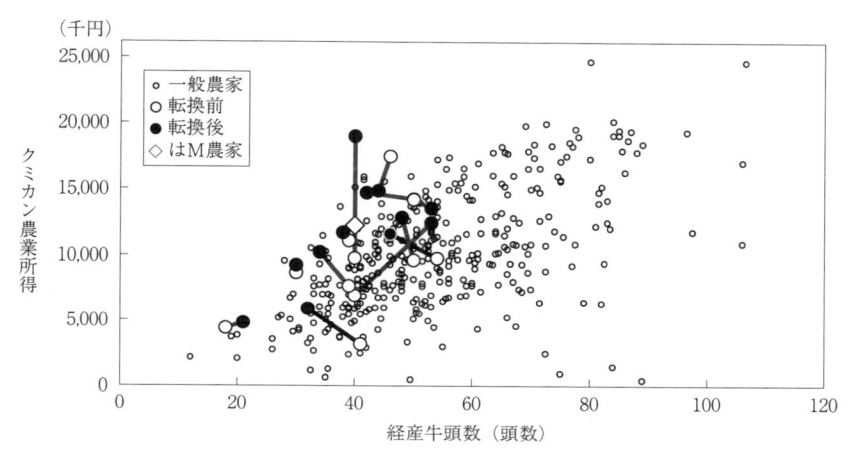

資料：一般農家は農協資料，マイペース酪農交流会のメンバーは聞き取り調査による．
注：一般農家の頭数は91年と92年の平均である．

図 5-2 交流会メンバーの地域における位置（一般1991年，転換1990→93）

れ，一様ではない．

2）技術変化の段階性

そこで，この12戸をもともと収益性が高かったグループと低かったグループとに分けて，技術変化の経過を検討しよう．これまで第2章で示したように収益性が低い農業者では多くの費用が掛けられ，多くの過剰な資材が投入されていたと想定できる．過剰な資材の投入は減少させても生産に大きく影響しない．逆に収益性が高い農業者では資材の投入量はもともと小さく，削減することは困難である．共通の経営モデルに向けて改善する場合の技術変化にも違いがあるよう思われる

（1）転換前の収益性による技術変化の差異

図 5-3(1)～(4)には，12戸の交流会メンバーについて，90年から93年にかけての主な経営変化を示した．メンバーの配列は図5-3(1)で確認できるように，改善前の90年次点での乳代所得率の順に配置した．これらの図から以下の点を指摘できる．

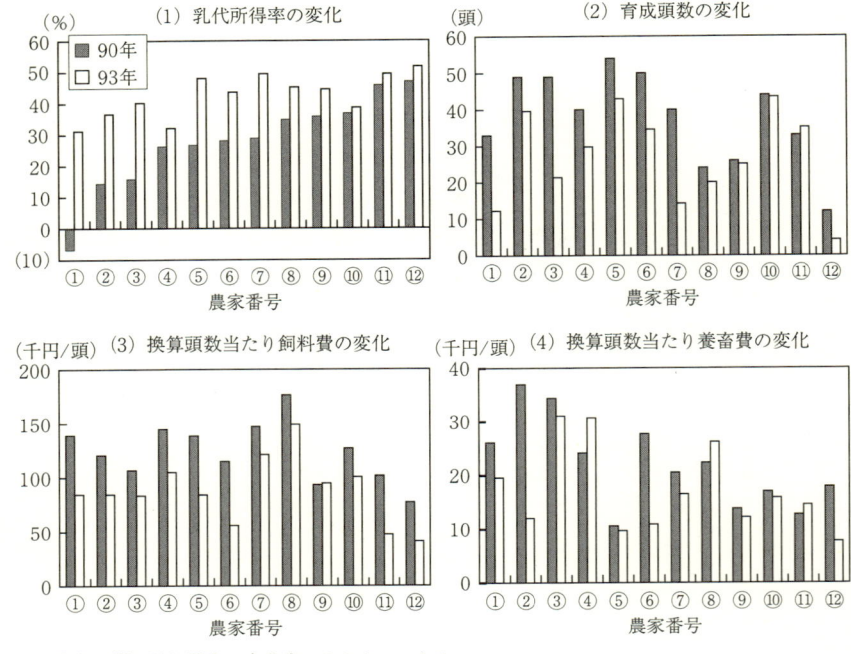

図 5-3 交流会メンバーの経営変化（1990-93 年）

資料：聞き取り調査，各農家のクミカンによる．

　第 1 に，ほぼ全員が一様に低下する費目がある．換算頭数当たりの購入飼料費は，1 戸を除きすべてで減少した．育成頭数も 1 戸を除きすべてで減少した．これらは農業者が意識的に削減した結果である．

　第 2 に，低下にばらつきの多い費目もある．換算頭数当たりの養畜費は，6 戸で減少したが，3 戸で増加し，3 戸で大きな変化が見られなかった．この中身は診療費や授精費用であり，直接農業者が減らすことが困難なものである．

　第 3 に，もともと低所得率な農業者で急速に所得率が改善した．これは図 5-3(1) で明らかだが，図 5-3(3)～(4) などの変化も乳代所得率が低い方が，より大きいことが示しうる．

　もともと収益性の低い農業者で，急速に大きな効果をもたらしたといえる．

(2) 過剰な資材の削減

表5-4～5には，交流会メンバーについて，90年から93年までの技術的な変化を示した．農業者の配列は先の図5-3と同様，もともと乳代所得率が低い方から高い方へと並べている．この乳代所得率の高さで2つのグループに分けて比較すると，低所得率グループでは大きく技術を変えた例が多い．逆に高所得率グループでは大きな変化は見られない．詳しくは，次のようになる．

表5-4には，放牧の変化を示した．低所得率グループのほとんどは，放牧専用地がもともと数ヘクタールと狭かった．これを15ha前後へと拡大した．放牧時間も0～数時間から昼夜放牧へ延長した．放牧の開始時期を早めた例が2例確認できる．これに対し高所得率グループでは，ほとんどが以前から放牧地は10ha以上と大きく，昼夜放牧も多く，放牧開始時期も早かった．そして，大きな変化は見られなかった．

同表には，搾乳牛への飼料給与の変化をも示した．低所得率グループでは以前は1頭1日当たりの配合飼料の最大給与量は12kgに及んでおり，1日の給与回数も3～4回に分けて行い，その他の濃厚飼料を多数給与していた．そして大きく減らした．これに対して高所得率グループでは，以前から配合飼料の給与量，給与回数，濃厚飼料は少なく，微小な変化に止まった．

表5-5には，飼養管理方法に関する変化を示した．低所得率グループでは乳検を中止した農業者が多く，育成牛を飼養する場所が2戸で減少し，搾乳方法が簡素化し，牛舎での作業時間が大きく減少した．これに対して高所得率グループでは，乳検は継続しているか，もともとしておらず，作業時間も大きく変化しなかった．

このように，もともと低所得率な農家では，過剰な資材や作業が行われており，これらは削減しても，乳量は大きく減少せず，コストは低下したと考えられる．

表 5-4 交流会メンバーにおける飼

				低所得率グループ				
農家番号				①	②	③	④	⑤
所属農協				浜中	厚岸太田	標茶	西春別	西春別
経営主年齢（歳）				47	44	44	50	36
経営面積（ha）				33	43	50	47	43
放牧と牧草収穫	放牧について	放牧専用地 (ha)	91年	—	5.1	11.0	7.0	5.5
			93年	16.0	15.2	16.0	15.0	15.0*¹
		時間 (時間)	91年	—	2時間	…	半日	3時間
			93年	昼夜	5時間*²	…	昼のみ	昼夜
		期間 (月/日)	91年	なし*¹	5/25～9/31	…	5/18～10/30*²	6/中～9/中*¹
			93年	5/27～	5/15～10/31*¹	5/10～	5/24～…	5/中～11/上*²
	一番草の刈り取り開始時期 (月/日)		91年	…	6/15	6/15	6/18	6/15
			93年	…	6/23*²	6/24	6/29	7/1*²
濃厚飼料給与	1頭当たり1日最大配合給与量 (kg)	(舎飼期)	前	12	12	9	8*⁴	12
			後	2	4	4	3*⁴	6
	配合給与回数 (回/日)		前	4	3	…	4	3
			後	2	2	…	2	2
	その他濃厚飼料の変化			ルーサン・綿実・大豆糟・圧片大麦・糖蜜中止，パルプ開始	バイパス油脂・圧片大麦・大豆の中止	…	パルプ使用	88年まで蛋白サプリメント＋ビタミン剤給与

資料：聞き取り調査（1993年8月）による．ただし*¹は90年，*²は92年の数値，*³は94年の聞き取

3. 経営変化と意思決定

　生産工程全体の調整を，2人の農業者の意思決定の経過をもとに示す．1例は低い所得率から急速に改善した例であり，もう1例は，経産牛1頭当たり乳量が9,000kgを超え，しかも高い所得率から転換し，農業所得金額は減少した．経営改善の目標を知る上で興味深い例であもある．

料給与の変化（90 → 93 年）

	高所得率グループ						
⑥	⑦	⑧	⑨	⑩	⑪	⑫	
西春別	別海	厚岸太田	中標津	別海	上春別	西春別	
…	42	36	39	41	51	40	
22	41	64	40	54	34	24	
—	12.0	16.0	…	20.0	12.0	12.0	
8*³	12.0	29.0	10.0	20.0	12.0	12.0	
なし	昼夜	2時間	…	昼のみ	昼のみ	昼夜	
昼夜	不変	昼夜		不変	不変	不変	
なし	5/10〜	昼のみ	…	5/20〜	5/10〜	5/13〜	
	…			10/30	10/30	10/30	
5/中〜	5/18〜	5/15〜	5/15〜	5/20〜	5/10〜	5/14〜	
10/	…	10/26	10/下	10/30*²			
…	6/14	6/20	…	6/20	6/20	7/2	
7/5	6/21	7/4	6/下	6/20	6/20	7/2	
12	15	12	7	8	7〜8	4	
	8〜9	4	7	7	7〜8	4	
…	4	4	…	2	2	2	
…	3	2	…	2	2	2	
ビートパルプ給与	…	ビートパルプの増加	…	…	…	変化なし	

りによる．ただし*⁴は1頭当たり年間給与量を305日で割った数字．

1) 低収益な農業者での急速な改善（②番農家）

　低所得率グループのうち，②番農家では，以下のようにまず過剰な作業を削減し，さらに必要な作業を集約化した．その結果，次第に効果が波及した．
　第1に，過剰な作業が削減された．表5-6には，91年から93年までの経営転換の経過を示している．1991年5月25日に年次学習会に参加し，M氏の講演を聞いた．同じ5月にすぐに濃厚飼料の内容や給与回数，放牧面積や時間を変えた．講演直前の91年1月には成牛舎を改造していた．かつての

表 5-5 交流会メンバーにおける飼養管理の変化

				低所得率グループ					
農家番号				①	②	③	④	⑤	⑥
育成管理	管理場所	以	前	育成舎＋本舎	育成舎＋本舎＋カーフハッチ＋預託	カーフハッチ＋放牧	育成舎＋本舎	育成舎＋本舎	育成舎＋本舎＋カーフハッチ
		以	後	不変	育成舎＋本舎	不変	不変	不変	育成舎＋本舎
搾乳牛管理	乳 検	変 化		中止	中止	…	継続	中止	中止
	搾乳方法	前 搾 り 殺 菌 剤 1頭1布 デッピング ペーパー		… … 継続 中止 中止	… 中止 継続 前来無 中止	… … … … …	… … … … …	なし*¹ なし*¹ 全頭1枚 … なし*¹	なし 中止*² … 中止 前来無
作業時間の変化		調査時期 変化時間		8月 ▲50分	2月 ▲1時間35分	… …	8月 ▲2時間	5月 ▲45分	… …

資料：聞き取り調査（1993年8月）による．ただし*¹は94年の*²は95年による．

育成牛のストールに，真空パイプを延長して，バケットミルカーで搾乳していた．1日の作業時間は，冬期で9時間15分に達していた．この過剰な作業の削除により，労働時間が2時間35分減少した．

第2に，必要な作業が加えられ集約化した．育成の飼養頭数を減らして，多くの乾草を，1日に何度か追加した．これまで圃場に投棄していたふん尿を，堆肥場を決めて積み上げ，切り返すようになった．

第3に，費目ごとに異なる早さで費用が低下した．表5-7には，主な費用について90年を100とした指数を示している．意図的に減少させた成牛用の飼料費は転換初年から減少し，93年には90年の30％程度になった．しかし授精費用については，転換初年の91年には若干増加し，1年遅れて低下した．授精費用が増加した理由は，受胎率が一時的に低下したことによる．図5-4に示したように，授精頭数は転換直後に一時的に増加した．これは飼

(90 → 93 年)

	高所得率グループ				
⑦	⑧	⑨	⑩	⑪	⑫
本舎＋カーフハッチ	育成舎	本舎	本舎＋育成舎	本舎	育成舎＋本舎
不変	バンクリーナー設置	不変	不変	不変	不変
実施継続	中止	当初からなし	実施継続	実施継続	もともとなし
前来無	中止*1	…	前来無	継続	…
前来無	…	…	…	…	前来無
継続	前来無	…	継続	全頭1布	前来無
継続	前来無	…	継続	継続	前来無
前来無	前来無	…	前来無	前来無	前来無
…	2月	…	不変	不変	不変
…	＋45分*1	…			

料の変化で発情が見分けにくくなったことによる．これも転換2年目から落ち着いた．

②番農業者が意図的に削減した飼料は，平均的な水準から見て過剰な給与量であった．給与量を減らしても生産量は減らなかった．乳牛の状態は十分に把握できず，獣医師や授精師に依存した．その後，新しい飼養環境での乳牛の観察方法に次第に適応した．このため経営はさらに改善された．育成管理を集約化させたことによる生産効果は，成長して経産牛になった2年後以降に生じた．

このように過剰な費用の削減は短期的に効果が生じ，その後乳牛の生命活動を通じて波及的な効果が遅れて生じることが示しうる．

表 5-6　経営転換の経過（②農家，1979-93 年）

79 年		牛舎 54 頭へ増築
82 年		スチールサイロ・アンローダ導入
89 年		乳検個体乳量が最高値 8,001kg
90 年		育成舎を別棟新築 疾病の増大，個体価格の低下で所得減少．
91 年 1 月		成牛舎を改造し搾乳頭数増加（成牛舎内育成牛エリアに真空パイプ延長） 乳検データをもとに計算，2 種の配合を最高 12kg/日頭給与．
	2 月	1 日作業時間（経営主）9 時間 15 分
	5 月 25 日	学習会参加
	5 月	配合給与量（MAX）12kg/日頭→5kg/日頭へ減少 飼料計算の中止 給与回数　　3 回　　　→2 回へ減少 放牧専用地　2.6ha　　→5.1ha へ倍増 放牧時間　　2 時間/日　→4 時間/日へ延長
	6 月	大麦圧片，バイパス油脂，ビタミン剤給与中止，初産 F1 受精，ハッチ利用の中止
	7 月	配合 2 種から 1 種類へ，通年給与のカルシウム剤中止．
	11 月	放牧期間　1 月延長．
92 年		糞尿移動開始（月 1 回）
	2 月	1 日作業時間（経営主）6 時間 40 分（2 時間 35 分の減少）
	5 月	乳検中止，配合飼料低たんぱくに切り替え 放牧専用地 10.7ha へ倍増．
	10 月	粗飼料給与回数　1 日 3 回→1 日 2 回．
93 年		放牧地 15.7ha へ 50％増加

資料：聞き取り調査による．

表 5-7　主な費用の推移（②農家，1990-93 年）

（単位：1990 年を 100 とした指数）

	90 年	91 年	92 年	93 年
飼料費	100	84	55	47
（成牛用配合）	100	77	42	30
肥料	100	117	130	103
養畜費	100	94	56	56
（授精費用）	100	104	70	67
生産資材	100	102	55	45
賃料料金	100	98	54	52
（放牧預託料）	100	93	—	—
減価償却費	100	99	92	90

資料：②農家の簿記による．

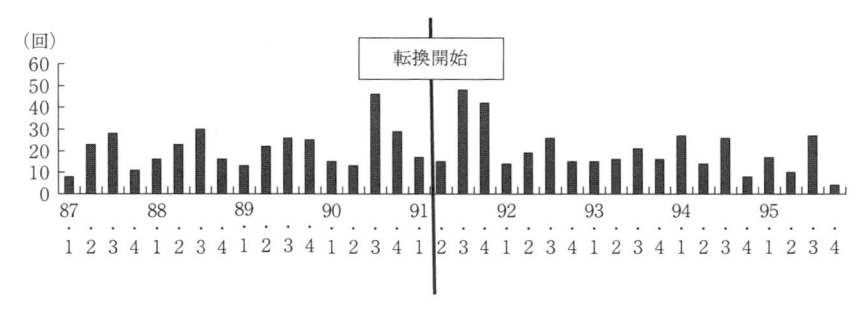

資料：②農家の記帳による．
注：4半期毎の数字を示した．

図5-4 授精回数の変化（②番農家，1985-95）

2) 高産乳・高収益な農業者での緩慢な改善（⑩番農家）

⑩番農家は多投入で高産乳な体系から，低投入で中位の産乳量に変化した事例になる．

高泌乳な能力をもつ乳牛への濃厚飼料の給与量の低下は，危険とされることもある．現実には，次の事例のように，大きな支障はなかった．ただし変化により長い時間を要した．この場合，農業所得は低下したが，周辺地域の同等頭数の中では依然としてトップクラスの農業所得になっている．まず地域全体との比較で，その変化を確認する．

(1) 高産乳・低コストから平均的産乳・低コストへの変化

図5-5〜6には，1990年と2000年について，所属する農協管内で，まず経産牛頭数と農業所得について，次に経産牛1頭当たり出荷乳量と換算頭数1頭当たり農業所得について散布図を示した．いずれもクミカンレベルでの数値になる．

1990年時点では，⑩番農家は高い産乳量と所得を確保していた．まず図5-5(1)では経産牛頭数は平均よりやや小さいにもかかわらず，農業所得は全体のトップ水準にあったことが示される．また図5-5(2)では，経産牛1頭当たり出荷乳量でも，換算頭数当たり農業所得でもトップ水準にあったことが示される．頭数規模は小さいが，低コストで，高産乳な生産技術として体

(1) 経産牛頭数とクミカン農業所得（1990年）

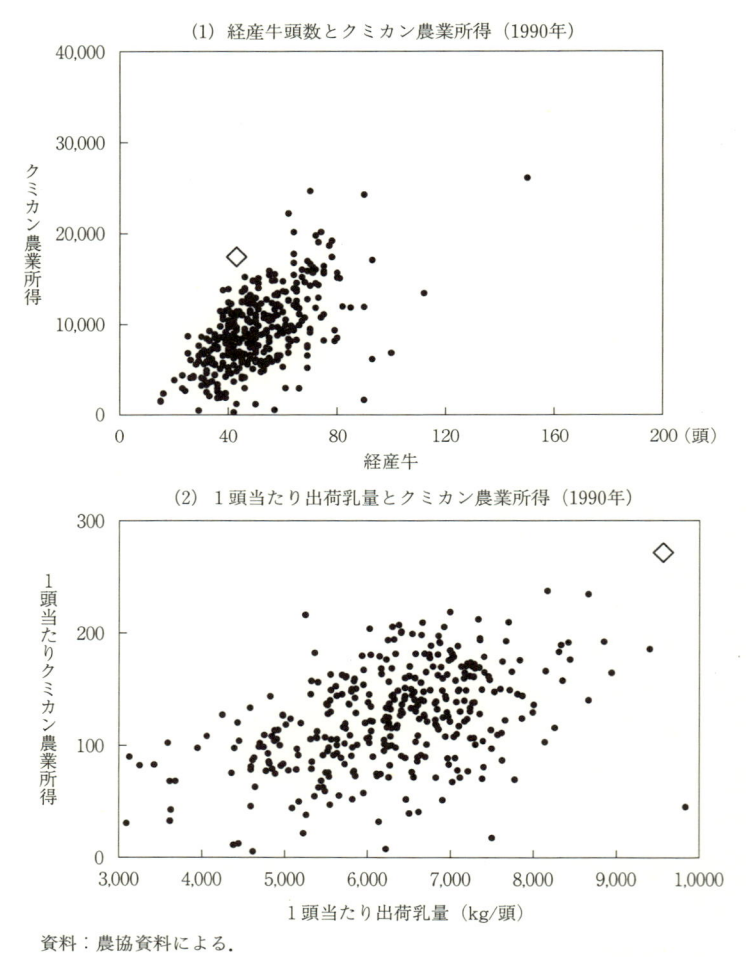

(2) 1頭当たり出荷乳量とクミカン農業所得（1990年）

資料：農協資料による．

図 5-5 クミカン農業所得と個体乳量の地域における位置（⑩番農家，1990年）

系化していたと考えられる．

2000年には，⑩農家の産乳量は低下し農業所得も下がった．まず図5-6(1)では経産牛頭数で⑩農家は少頭数規模になり，農業所得も平均水準になったことが示される．ただし同等規模ではトップ水準であることも確認できる．また図5-6(2)では経産牛1頭当たり出荷乳量は平均水準に低下したが，

第5章　集団的な経営改善の実践経過　　　　　　　　　　　199

(1) 経産牛頭数とクミカン農業所得（2000年）

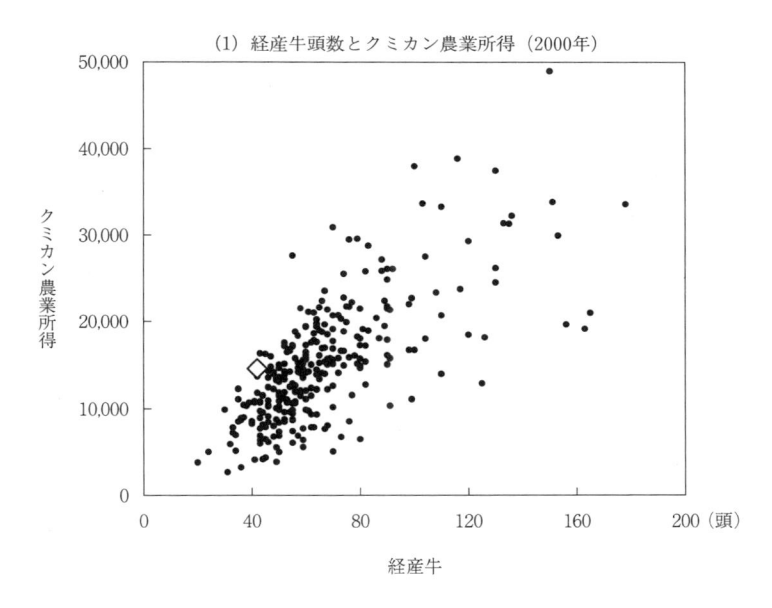

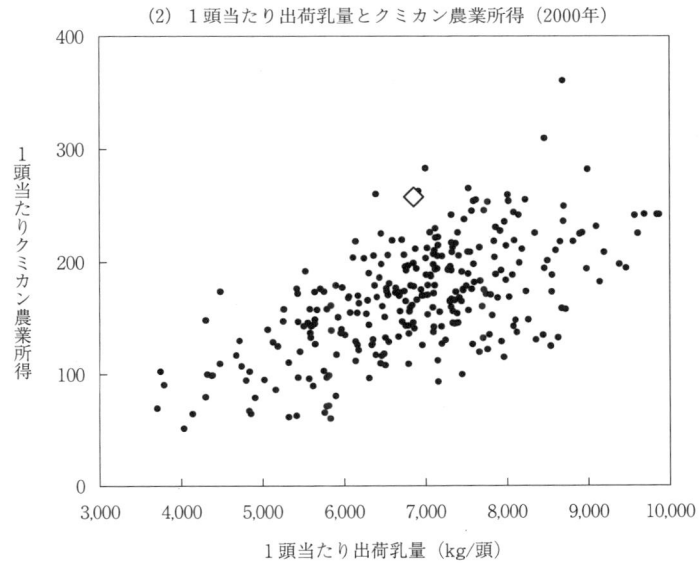

(2) 1頭当たり出荷乳量とクミカン農業所得（2000年）

資料：図5-5に同じ．

図5-6　クミカン農業所得と個体乳量の地域における位置（⑩番農家，2000年）

換算頭数当たり農業所得は高い位置をキープしたことが示される．

(2) 年次的な推移

周辺農家の平均と比較して，やや詳しく変化を検討しておこう．

まず，図5-7には，換算頭数当たり飼料費の変化を示した．1990年前後には，農協平均では10万円程度であるのに対して，⑩番農家は14万円と多投入であった．経産牛当たり9,500kgの高産乳量のために，多くの濃厚飼料を購入して給与した．2000年には，経産牛当たり5万円，およそ3分の1に減らした．

また，図5-8には，出荷乳量1kg当たりの購入飼料費を示した．⑩番農家は，90年前後には，ほぼ平均水準にあった．2000年には10円程度と，平均のおよそ半分に低下した．

さらに，図5-9には，農業所得を示した．⑩番農家は，1990年前後には，平均の2倍近くに達していた．その後2000年には，平均水準に低下した．

⑩番農家は，もともと多投入・低コスト・高所得水準にあった．低コストが持続していたことから，技術は体系化されていたと見られる．しかし，今日では，低投入・低コスト・平均所得水準になった．低コストが持続しており，やはり技術は体系化されている．多投入から低投入への体系的な技術の転換と見ることができる．

(3) 生産工程毎の変化と工程間の調整

表5-9には，⑩番農家の技術的な変化を示している．91年にM氏の講演を聴いた後，毎月の交流会に参加し，2年後の93年から自宅で交流会を主催した．先の②番農家と比べると，変化は急速ではない．両者の違いに注目すると，⑩番農家の変化に，次の特徴を見ることができる．

① 堆肥生産

まず，初年の91年には堆肥場の整備と堆肥づくりを手がけた．それまでふん尿はダンプで圃場に移動し，切り返しのみを目的にした作業はなかった．黒ボク土で堆肥場を整備し，年に3〜4回の切り返しのための作業を堆肥場で始めた．その後も堆肥の生産と利用については，散布機，ユンボ，堆肥盤，

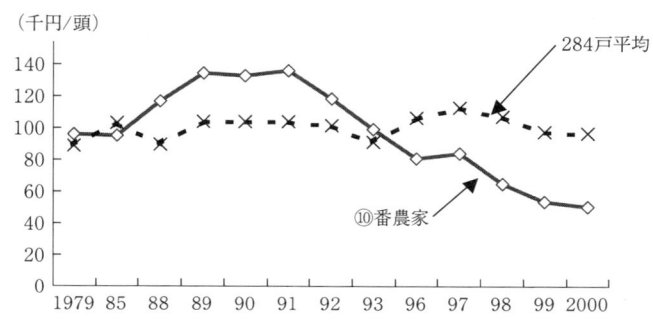

第 5 章　集団的な経営改善の実践経過

図 5-7　換算頭数当たり飼料費の変化（⑩番農家，1979-2000 年）

資料：農協資料による．

図 5-8　出荷乳量 1kg 当たり飼料費の変化（⑩番農家，1979-2000 年）

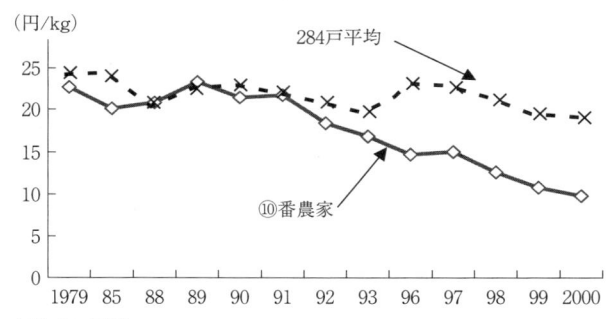

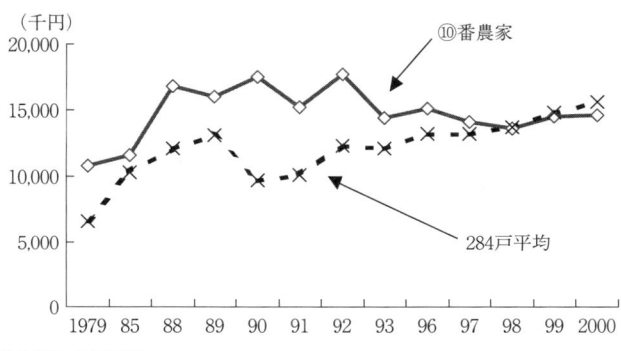

資料：図 5-7 に同じ．

図 5-9　農業所得の変化（⑩番農家，1979-2000 年）

資料：図 5-7 に同じ．

表 5-9 技術的な変化 (⑩番農家, 1988-2001)

	堆肥生産	飼養管理			放牧		草地管理				育成管理		出荷乳量	できごと
		配合給与回数	配合給与量	個体乳量			掃除刈り	草地更新	施肥量	収穫調製	頭数			
										FH+RB				
1988	…	…	…	8,375	…	…	…	…	…	↓	36	…	335	
1989	…	…	…	8,000	…	…	…	…	…	↓	38	…	352	
1990	ダンプで飛び地移動, 切り返しなし	4回/日	…	8,739	昼のみ放牧	15ha15牧区	掃除刈2～3回	採草地8年放牧地5年	採草地60kg 放牧地50kg	↓	44	哺乳3ヶ月	401	
1991	黒ボク堆肥場設置	5回/日		9,524	↓	↓	↓	↓	↓	↓	46	↓	400	マイペース交流会開始
1992	堆肥場3列, 30a	↓	92t/44頭	9,364	↓	↓	↓	↓	↓	FH+RB+RPM	44	↓	412	
1993	スカベンジャ購入	4回/日	80t/44頭	8,409	↓	↓	↓	↓	↓	↓	36	↓	370	交流会を自宅で開始
1994	堆肥場6列, 40a	↓	63t/44頭 乳検中止	8,634	昼夜放牧へ	15ha3牧区へ	掃除刈り1回	放牧地更新中止	採草地40kg 放牧地20kg	↓	37	哺乳2ヶ月	354	
1995	ユンボ購入	2回/日	…	7,442	↓	↓	↓	↓	↓	バンカーサイロ倒壊, カッティングロールベーラ	35	↓	322	
1996		↓	…	7,455	↓	↓	↓	↓	↓	RB+RPM	32	↓	328	
1997	コンクリート堆肥盤・尿溜設置			7,500	↓	↓	↓	↓	↓	↓	30	↓	315	
1998		↓	40t/43頭	6,977	↓	↓	↓	↓	↓	↓	32	↓	300	
1999		↓	↓	6,814	↓	↓	↓	↓	↓	↓	32	↓	293	
2000		↓	…		↓	↓	↓	↓	↓	↓	30	↓	…	
2001														

資料：農文協『農業技術百科追録』1999年, 別海酪農の未来を考える学習会実行委員会『根釧の風土に生きるマイペース酪農』1993年, に聞き取り調査 (1993年, 1995年2月, 1999年10月, 2000年12月) をもとに作成.

注：FH：フォレージハーベスタ, RB：ロールベーラー, RPM：ラッピップマシーン.

尿溜などと充実させた．

②飼料給与

また，飼養管理は遅れて変更した．毎月の交流会を始めた翌年92年には，個体乳量も9,000kgをキープし，出荷乳量は412tと過去最大であった．その翌年93年から，配合飼料の給与量を減らした．ピーク時には次のように5回給与していた．まず1回目は朝に残った牧草を飼槽に掃き寄せた時にトッピング．2回目は搾乳中に追加．3回目は夕方の搾乳前に牧草の残りを飼槽に掃き寄せてトッピング．4回目は搾乳中に．5回目は牛舎を出て帰宅する前に牧草の上にトッピングしていた．その後1回の給与量は大きく変えず，夕方のトッピングを中止，つぎに朝晩の搾乳時の給与を中止した．これに伴い乳量も減少した．ただし給与回数が2回へと減少し得たのは，昼夜放牧が可能になってからであった．

③放牧

放牧は4年目の94年になって変えた．放牧は，草地更新などの管理方法を合わせて全般的に変化した．これまで放牧時間が朝の搾乳後から夕方の搾乳前まで，昼のみの放牧であった．この春からは夜の搾乳後も放牧に出した．以前は放牧専用地の15haを15牧区に分け，1日ごとに牧区を変えていた．以前は掃除刈りを年に2～3回行い，草地更新を5年に1度行い，短草を利用するように心がけていた．94年からは同じ面積15haを3牧区に広げ，掃除刈りは「伸びすぎたところだけ」にし，草地更新を中止した．

④全体技術のバランス調整

昼夜放牧への転換が，草地の管理全般に関係することを，⑩農家は，以下のように説明している．

まず，更新と放牧との関係について，昼夜放牧を始める前年の年次学習会で次のように報告した．「夏は朝7時から夕方4時まで放牧で，夜は舎飼しています．昼夜放牧をしない理由は細かく牧区を区切っているために，放牧地へ牛を連れていくのが大変なことと，草地が新しいために，天気の悪いときなどは特に畑が痛みやすいこと，草地へのふん尿の量が多すぎて食べ残し

が増えてしまうことなどです」[9]．かつて草地更新をした柔らかい草地のまま，掃除刈りにトラクターを3度走らせて，小さな牧区に，高い家畜密度で放牧してきた．同じ状態で，昼夜にわたる長時間の放牧は難しいという判断があった．

また，昼夜放牧が堆肥生産に効果的であった．転換後に次のように示している．「以前は昼放牧だけだったため，夏期間の糞の処理が非常に大変であった．青草を食べているために糞は非常に柔らかく，泥状のため，積み上げることが困難であった．それを解消するために，古い乾草や掃除刈りの乾草をたくさん混ぜ込む必要があり，かなりの労力を必要としていた．しかし，昼夜放牧をすることで，それが一気に解決した．放牧時期の糞の柔らかさには，それなりの意味があって，放牧地に置いて薄く広がる方が分解が早く，有利にも働くと思われる．」[10]

そして配合の削減は，放牧による栄養分の摂取が本格化してはじめて可能となった．もともと効率的な状態からの，生産工程間の調整を意識的に行い，転換はゆっくりと進んだと見られる．

(4) 多様な目標の明確化

多投入から低投入へと，農業所得を低下させてまで進めた理由はなにか．

この技術変化の目的は，農業所得を最大化することにはなっていない．生活の質を高め投入エネルギーの低下を目標にしたことによる．⑩番農家は，次のように，書き示している．

まず，生活については，「様々な投入資材の減少は，そのまま労働の減少につながっているし，生活時間に大きなゆとりをもたらした．したがって，所得減少の500万円はゆとりのために投資をしたと考えている」[11]．

また，外部からの投入エネルギーを減らすことについては，「余分な化石エネルギーを使うこともなく，低コストを実現するためには，乾草と放牧中心の牛飼いの方がよいことは理解している」[12]．投入を低下させることの技術的な意味について，「成分の低い草を高めることは出来ないから，私はそのまま受け入れようと思う．たとえば成分が低いとしてそれを補うために濃

厚飼料を増やしたとする．すると牛は乳も増やしてしまうので，結果として栄養が足りないままになってしまう．同じ足りないのなら，乳が少ない方が牛にとってのダメージは少ない」[13]と評価している．これは経産牛1頭当たり9,500 kgから7,000 kgへと減らしてきた実践に基づいている．

さらに，経営の収支ではなく「農業の収支」という評価軸を示している．「経営の収支ではなく，農業の収支は確実にあがっている．投入エネルギーを小さくしたことが，私の農場内での農業生産をむしろ高めたと，認識している」[14]．

この「農業の収支」は，例えば，次のように説明されている．「遺伝や，草の栄養であがったのならいざ知らず，穀物多給であがったものは実質的な生産ではなく，よそからの物質を付け加えたものだと理解している．牧草中心，すなわちできるだけ自分の農場からの生産物から，乳を生産していきたいと思っている」[15]．

つまり，経産牛1頭当たりからではなく，自給飼料からいかに大きな生産物を獲得するかが目標になっている．技術の評価方法が一般と異なっている．

4. 交流会活動の影響

1) 経営改善の経過

交流会メンバーの経営改善の経過は，いくつかのステップを踏んできたと整理できる．

まず第1に，過剰な資材の投入を削減するステップになる．もともと所得率の低かったグループのように，もともと濃厚飼料や資材の投入量が過剰である場合，これを削減することにより，平均的な水準に近づくことができる．この場合は主にムダな費用を削減したのであり，生産に大きな影響はない．作業時間も減少しやすい．

また第2に，標準的な技術に達するステップになる．過剰な投入の削減により，乳牛の健康や草地の状態が回復する．新しい給与状態によって変わる

乳牛の繁殖状態が回復して，一定の時間の経過後に効果が現れる．また育成段階からの管理の向上は，2年後の成牛になってから遅れて成果が現れる．②番農家のように時間の経過が必要となる．

さらに第3に，体系化のステップとなる．例えば⑩番農家のように所得を落としても構わないという行動は，低投入化という所得の最大化よりも，生活のゆとりや環境への配慮を重視した目標に沿った体系化の行動と理解できる．

実際には，これらが混在しており，かつ農業者のこれまでの到達点により，その後の経営改善の起点は異なると思われる．

それぞれの農業者の価値観により，目標も異なっているように思われる．仮に，関係機関が地域全体に対して経営改善をサポートする場合には，きめ細かな個別対応が必要となるのではないだろうか．これまでの例のように，共通の目標に向けた改善であっても農業者のそれぞれの到達点，価値観などの主体的条件に合わせて，改善は進められてきたからである．

2) 集団的な経営管理

学習会活動は，経営分析はもちろん，以下のように実施，計画に関わる管理過程に大きく影響した．

(1) 営農情報の交流による経営分析

経営分析に対して，学習会活動は大きな影響を与えた．まず，M農場の経営成果を知ったことが，月例の交流会を開始し，低投入化に転換する契機となった．また，毎年度末には経営収支データを集計し，年に1度の「別海酪農の未来を考える学習会」では，主要メンバーがデータを公開して，参加者は自分の位置を確認できた．

(2) 実践を支えた学習会活動

経営改善の実施に対し，学習会活動は以下のように大きな影響を与えた．

まず月例の交流会に毎月集まり，その時期の実践が報告され，種々の成功談，失敗談が交流された．事例にあったように経費は順調に減少するわけで

はない．繁殖が予定通りに可能なわけではない．こうした問題は，深刻にならないうちに他農家の経験により支えられた．

また月例交流会はしばしばメンバーなどの農場で開催した．数値に示すことの難しい情報は，face to face の体験交流によって，交換された．

さらに月例の交流会の討論内容は，開始以来，今日まで欠かさずニュースに記録され，メンバーに郵送された．これらの情報なしには，経営転換は困難であったと考えてよいだろう．

(3) 計画目標の明確化

営農モデルとして M 農場が実在したことは，農業者に大きな支えとなった．改善の初期には M 農場がモデルとなっていたことは否定できることではない．地域にあった酪農のあり方を求めて，長期にわたって求めてきた農業者の集団が 90 年代に入って，そのモデルを見いだし，経営改善の計画目標が明確になった．

3) 主体の性格と意識の転換

経営改善の目標は以下のように，経済的な目標だけでなく，多様な目標として明確化した．

第 1 に，経済的な目標は，最大の収益よりも最低のコストと認識している．農業所得よりも所得率やコストを優先していた．乳代所得率が経営評価の簡易な基準として用いられた．

第 2 に，「農場収支」が技術の重要な基準として提唱され，農場外部からの資材の投入を減らすことを重視するようになった．この点はしばしば学習会活動で討論された[16]．

第 3 に，生活を豊かにすることが目標の 1 つとして明確化された．メンバーは，経営を改善し始めた理由を，しばしば「生き方の表現」であるとし，経済目標とは区別している．

このように農業者の意識では，目標は多様であり，単に所得の増大ではない．多様であるが言葉として明確化し，主張するようになったということで

あろう.

第2節　学習会活動の形成条件

　本節では「マイペース酪農交流会」のメンバーを含めて1971年に開始した学習会活動が，酪農専業地帯に形成して，30年以上経た今日まで継続した要因を明らかにする．この地域において集団的な経営改善がなぜ必要かを明確にしておくことは，その体制整備のために重要な要件である．

　前節から使用してきた「マイペース酪農」という言葉は，抽象的な概念ではなく，「マイペース酪農交流会」[17]という固有の名称をもつ農業者グループの活動などを示してきた．しかしこれまで何人かの研究者から「マイペース酪農」という営農類型が事例をもとに，しばしば報告された[18]経過がある．しかし「マイペース」は「速度」を示すことから，静態的な営農類型とするのには違和感を禁じ得ない．この「マイペース酪農」という言葉の意味は，グループやメンバーの具体的な行動や主張，成果をもとに明確にしておく必要があるだろう．

　ここでは「マイペース酪農交流会」に関係する30年以上の学習会活動で残された記述資料をもとにその変化と一貫性を次のように明らかにする．まず第1に語意について研究者，参加者両者の捉え方から多様性を示し，第2に活動経過の事実に即して語意を吟味し，第3に活動の目的を事実に即して示し，最後に一貫して続いた目標や方法を整理することにより，学習会活動が持続した条件を考察する．

1.　「マイペース酪農」の定義をめぐって

1)　学習会活動の変遷

　この学習会活動は，図5-10に示したように35年以上におよぶ長い歴史に培われてきた[19]．学習会活動の源流は1971年から74年まで4回にわたって

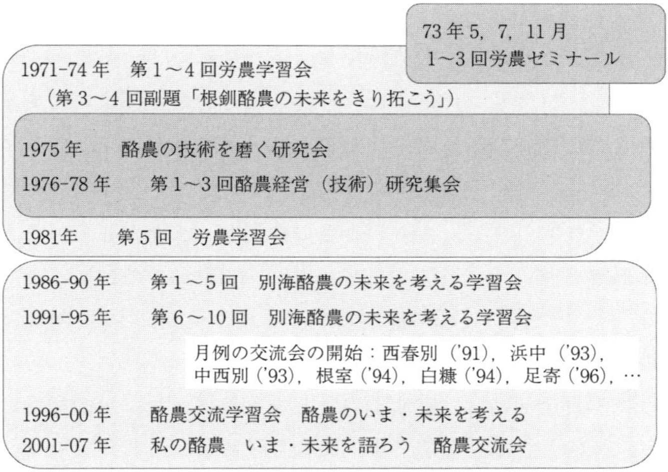

第5章 集団的な経営改善の実践経過

```
1971-74年  第1～4回労農学習会       73年5, 7, 11月
（第3～4回副題「根釧酪農の未来をきり拓こう」） 1～3回労農ゼミナール

1975年    酪農の技術を磨く研究会
1976-78年 第1～3回酪農経営（技術）研究集会

1981年    第5回 労農学習会

1986-90年 第1～5回 別海酪農の未来を考える学習会
1991-95年 第6～10回 別海酪農の未来を考える学習会
          月例の交流会の開始：西春別（'91），浜中（'93），
          中西別（'93），根室（'94），白糠（'94），足寄（'96），…
1996-00年 酪農交流学習会 酪農のいま・未来を考える
2001-07年 私の酪農 いま・未来を語ろう 酪農交流会
```

図 5-10　学習会活動の変遷（1971-2007 年）

開かれた「別海労農学習会」になる．「第1回は午前中，農民を講師にして『酪農における搾取のしくみ』を学び，午後は『社会科学入門』と『教育の諸問題』を教師側から講師が出て勉強」するというもので，「日農の組合員と教師が半々，20名ほどの学習会」というように農民運動と労働運動の接点で築かれた[20]．

第3回には「2人1組，20組が，事前の学習をしたうえで農家をまわり，……実態をまとめ」「農業改良普及員，試験場技師，獣医，農協職員，乳業労働者，研究者，役場保健婦などに参加を求め，専門家集団ができ上がり…参加者も農民71名，労働者53名とふくれあが」[21]った．しかし「事務局長だった人への職場からの圧力，転勤があり，事務局体制が弱体化し」[22]て，1974年の第4回「まかたする経営規模」「そのための農協の役割」のテーマを最後に休止状態になった．

翌1975年から「労農学習会に参加していた後継者青年や農協労働者が自分たちの地域に帰って作った学習サークルが『酪農技術研究会』」[23]である．この「研究会」の第1回では「話し合いたいこと」として「①酪農の未来

は大型でなければならないのか－安定した経営を求めて－，②"生活の豊かさ"とはどんなことか，③牛の故障をなくすために，④よい土・よい草とは，なにか－炭カル・ヨーリンはほんとうに必要なものか，⑤まかたする経営のため，これらの問題を農協・町・農政にどのように要求するか」[24]が上げられていた．

　第2回には「まわりにも，大きい小さいの別なくまかたしている人がいる．……ふりまわされず，マイペースでまかたする経営はできないのだろうか……これをさぐりたい」との開催趣旨が記され，実際に15戸の経営収支，規模などの調査結果が図示されている．

　このように学習会活動は，実態調査などをもとにメンバーの経営の見直しが重ねられ，規模と技術と経済と生活の相互矛盾が一貫したテーマとなってきた．

　その後1986年にかつて「別海労農学習会」の講師をつとめた研究者の来町を機会に全町規模の学習会への動きとなった．これまで「労農学習会に関係した人たちが集まって結成された実行委員会では，あらためて学習会の名称と内容が検討」[25]され，「別海酪農の未来を考える学習会」という名称になった．

　この年次学習会では初期には自由化や消費税など情勢学習が中心であったが，第5回には「農民的酪農経営について－根室地方のマイペース酪農の可能性と展望」がテーマとなり，自分たちの経営の見直しが再開した．この第5回の前にメンバーがM農場を訪ね，M夫婦が年次学習会に参加するきっかけとなった．

　1991年の第6回にはM氏の実践報告「私の農業」が40名程度の参加者を前に報告され，その後月例の交流会が開かれることになった．次の第7回は毎月の交流会の成果とM氏の経営理念をまとめた「風土に生かされて」が報告され，80名の参加者に膨らんだ．その後は経営転換を進めた農家の実践報告が続けられ，第8～9回は100名前後の参加者を数え，テレビ取材も行われた．1995年には第10回を迎えることになった．

第5章　集団的な経営改善の実践経過

2）学習会活動の変化と一貫性

　この一連の学習会活動は一貫して経営改善を進めた運動と捉えることができる．一連の学習会活動とは，1971年に開始した「別海労農学習会」，1975年から開始した「酪農技術研究会」[26]，1986年に開始した「別海酪農の未来を考える学習会」，1991年に開始した「マイペース酪農交流会」になる．交流会は各地[27]にできたが，ここでは別海町内で，この名称を使用している2カ所のみを対象にする．1971年から今日までに学習会活動について，その事務局による多くの記述資料が残されている．30年前にはコピー機はなく，ガリ版や「青焼き」などで印刷し，製本された貴重な資料が残っている．この記述された資料を素材に検討を進めていく．

　ところで運動とは，岩波書店の国語辞典では，「目的達成のために，色々な方面に働きかけて努力すること」とある．運動には，その「目的」と「働きかけ」が必要になる．

　以下では，まず第1に，なぜ「マイペース酪農」を運動と捉えるかを述べる．また第2に，「働きかけ」として行われた農業者への普及や行政への政策提言について経過を示す．さらに第3に，「目的」について運動がめざした内容と，この目的を達成するための目標を示す．これらの分析では「働きかけ」と「目的」について，それぞれの一貫性と変化を示す．一貫性は，運動が持続した条件の考察に役立ち，変化は一面では運動の発展を説明することになり，他面では運動がかかえる課題の考察に役立つ．

3）「マイペース酪農」の運動としての性格

　農業者は「マイペース酪農」を多面的に定義している．これには営農類型，ライフスタイル，運動の意味を含んでいる[28]．この多面的な言葉は，かつて，しばしば一面的に使われてきた．

　(1) 研究者による定義[29]

　研究者は「マイペース酪農」を営農類型として捉えてきた．

　まず，1976年には「マイペース酪農」は，営農類型として次のように評

価された.

「共同利用などで過剰投資をさけ,地力をつけて,『よい土,よい草,よい牛,よい管理』で1頭当たり乳量と経営当たり乳量を高め,しかも良質の乳を実現する国際的中規模・集約的精鋭主義の立体的に奥深いマイペース型堅実酪農が当分圧倒的にすぐれた経営形態である」[30].

また,この他に4人の研究者が,いくつかの事例を「マイペース酪農」の「実践者」として,例えば次のように示した[31].

「新酪計画による800戸の零細農家の切り捨て,規模拡大による巨額の負債,その返済のための過重な労働は,希望に燃えた入植者の心の団結を切り裂き,開拓流転の中で多額の負債にならされてしまった悪しき体質を作り上げてしまった」「こうした事への反省の中から"このまま突き進んでいったら,我々はどうなるのだ""人間らしい農業をしよう""マイペース農業をしよう""牛飼いに生きるおれたちの力で経営改善の道をさぐろう"の声が今……沸きあがってきている.」[32]

この時期には「新酪事業」(正式には「根室区域農用地開発公団事業」,第3章を参照のこと)が進められた.研究者はこの「新酪事業」と対置して,「マイペース酪農」の「実践者」を紹介した.多くの研究者にとって,「マイペース酪農」とは国家政策によるモデルと対置した,別の営農類型と認識された.

しかし,1980年代になると,営農類型としてのこの「マイペース酪農」は,次のように批判された.

「マイペース酪農と新酪入植者を安易に対置することの危険性を十分に認識しておく必要がある.……マイペース酪農のスローガンを"よい土,よい草,よい牛づくり"に集約しているが,新酪入植農家の多くがまさにいまそうした方向で経営実践しており,……マイペース酪農の実践者として紹介されてきた方でさえ,……新酪農村に入植した」[33].

この批判に対して,批判された側から明快な回答はなかった.批判された側は,「"マイペース酪農"は,農民的酪農といいかえることもできよう」[34]

とした．その後,「マイペース酪農」という言葉は，少なくとも農業経済学分野では，ほとんど使用しなくなった[35]．

「マイペース酪農」を営農類型として捉えることは，まさに「危険」であった[36]．

(2) 参加者による定義

交流会活動の主催者は，2つの側面で定義してきた．

第1は，運動としての側面になる．最も新しくは，2000年11月に，交流会の事務局は次のように示した[37]．

「『マイペース酪農』とは，農政その他に振り回されずに『自分の頭で考えて営農しよう』という姿勢の表現です．また，農家個々が創意を発揮して，地域にあった農業，自分にあったやり方を創造していこうという意味も込められています．『マイペース型酪農』と呼ばれたりするので，営農規模などについての定義があるのかと聞かれたりしますが，そういう定義はもちろんありません．定義はありませんが，私たちの酪農を考える共通の認識があります．……それが次の4点です．①自分の考えと責任で営農する．②経営をおろそかにせず，採算をとる．③家族を大切にし，夫婦で営農を決める．④自分の土－草－牛に依拠した生産を」．

この説明では，「マイペース酪農」には「型」，つまり営農類型としての定義はないとしている．「共通の認識」として，営農類型を示しているように見える．しかしよく吟味すると，その認識は「営農する」「決める」などの行動形態を示している．「『マイペース酪農』とは」「姿勢」や「創造」といった行動を示している．営農類型を見いだす行動のスタイル，つまり運動として「マイペース酪農」を捉えている．

第2は，営農類型としての側面になる．この言葉は，絶えず問い返されてきた．

最も古い記録では，1973年2月，第3回労農学習会「開催要領」に「マイペースの酪農」という言葉が確認できる．ここでは「誰にも振り回されずマイペースの酪農を進めてゆくには」と問いかけられた[38]．その後1976年

の第1回酪農経営研究会でもテーマの1つは「マイペースでまかたうする経営はできないのだろうか……これをさぐりたい」とした．さらに1994年には，「マイペース酪農交流会」の事務局が「『マイペース酪農』については今回の学習会でも討議されました」「毎月行っている『マイペース酪農交流会』でも幾度となく出ます」[39]としている．

つまり，「マイペース酪農」は，たえず「マイペース酪農ってなんだ？」[40]と，問い直す行動の対象でもあった．それぞれの時点で，状況に応じて，それぞれの農業者の到達点に立って，問い直される営農類型が「マイペース酪農」のもう1つの側面であった．

営農類型としての「マイペース酪農」は，あるいは政策にも取り入れられたとも言える[41]．しかし，運動としての「マイペース酪農」は政策化されていない．「マイペース酪農」が多くの農業者の共感を受け，参考になるのであれば，その本質を理解することが必要になる．しかし，言葉の定義は，農業者によっても，研究者によっても，多面的で，共通認識にはない．「マイペース酪農」という言葉の運動としての意味を，明確にする必要がある．

2. 運動としての「マイペース酪農」

一連の学習会活動が，周辺の農業者への普及活動や，行政・研究者への政策提言として，まず「働きかけ」る運動であったことは，以下の例から示すことができる．やや煩雑であるが，まず90年代以降の年次学習会，月例交流会を紹介し，次に80年代の年次学習会，さらに70年代後半の「酪農経営研究会」，そして70年代前半の「労農学習会」とさかのぼって示す．

(1) 活発な普及活動

91年に始まった毎月の交流会での討論を，事務局は現時点（最終稿執筆時点2008年5月）まで，毎月文章化し続けている．数回を除き，毎月「マイペース酪農交流会のご案内」あるいは「マイペース酪農交流会通信」（以下「ニュース」とする）として，メンバーに配布した．月例交流会への参加

第5章　集団的な経営改善の実践経過　　　　　　　　　215

者は10名であっても，討論内容は読者50名に普及された．当初は郵便やファックスを使い，近年はインターネットを通じて，メールでも配信している．
　この記録して配布する活動は，30年間一貫して行われたことが，以下のように示される．
　まず，86年から年に1度開く「別海酪農の未来を考える学習会」では，第2回以降，毎回，当日には資料を印刷し，手づくりで製本し配布した．その討論内容は，92年についてはデーリィマン誌に掲載し[42]，その後も93年，97-2007年については，「記録」や「報告・発言集」として，冊子にして配布した．
　また，75年からの「酪農経営研究会」でも，同様に資料を冊子にした．
　さらに古く，「労農学習会」では，71年第1回の報告は『矢臼別通信』という地域誌に克明に記録した[43]．第3回以降は，当日の報告資料が冊子として残っている．第2回の後には「第3回労農学習会への問題提起」という資料に，第3回の後には論文にし[44]，さらに「第3回別海労農学習会への提言」という冊子にし，第4回では「第4回労農学習会の記録」という冊子にした．
　30年間一貫して，学習会や交流会の内容を記録して残した．記録して残し，広く配布する活動，啓蒙あるいは普及活動として，運動が進められた．
　会員は特定せず，1度参加した人は，本人が拒否しない限り，みな会員になる．こうしてメンバーを意識的に増やす活動が続いた．

(2) 活発な情報収集活動

　普及活動には，普及すべき材料が必要となる．
　90年代の「別海酪農の未来を考える学習会」「マイペース酪農交流会」では，このために，事務局が多くの情報を収集した．
　まず，月例交流会のテーマは，年度末には「来年の営農計画について」などにした．何度かは，ニュースに経営収支を年次別に記入する用紙を添付し，「事務局に送って下さい」と記した．
　また，この経営収支は，1991年から2007年にかけて，年に1度の「別海

酪農の未来を考える学習会」で冊子にして公表した．たとえば 2001 年では，9 戸について，13 年間の規模と収支をカラーで図示した．2006 年では 11 戸について最長で 88 年から 05 年までの収支が示されている．年次学習会では，各自から「この図が私の経営の推移です」と経過説明に使用された．

　この経営収支は，次のように，30 年間一貫して収集し公開してきた．

　まず，「別海酪農の未来を考える学習会」では，毎月の交流会が始まる以前の，1987-89 年（第 2～4 回）にも，メンバーの 1 人「Y さんの経営」が 1975 年から各年までの時系列で紹介された．M 氏が初めて参加した 1990 年には，「M さんの楽農」「Y 農場」「K ファーム」の 89 年度実績が細かく比較して掲載された（前節図 5-1 を参照）．

　また，「酪農経営研究会」では，1975 年第 1 回に，モデルとなった F 農場の 74 年の実績を紹介した．76 年第 2 回には，15 戸の「乳量と経営費率」などが図示（図 5-11）され，8 戸の経営の規模と収支を表示した．「まかたする酪農経営とは？」と題して，「S さん」の分析を詳述した．77 年第 3 回で 8 戸の経営規模と収支を表示した．

　さらに，「労農学習会」では，1973 年第 3 回に「およそ 50 戸の酪農家を選び」8 つの項目で「30 頁の調査票ができあがり，主として労働者約 50 名が……調査に入り」「1 戸を全部聞き終わるのに丸 1 日かか」[45]る膨大な調査を実施した．1974 年第 4 回には，町内青年労働者 67 名へのアンケート結果が，農家出身と非農家出身に区分して分析され，「農民の乳価値上げ要求について，当然であるという意見が圧倒的に多かった」とした．町内全域の農家 82 戸への訪問調査から，後継者問題に加え，バルククーラー導入に関する調査が行われた．バルククーラーを導入した農家の導入後の評価，導入していない農家の今後の意向が示された（図 5-12）．

　マイペース酪農運動では，30 年間一貫して，意識的に調査し，公表した．調査結果は個々の参加者の経営改善に生かされた．「マイペース酪農」は，農業者に対して「働きかける」，まさに運動であった．

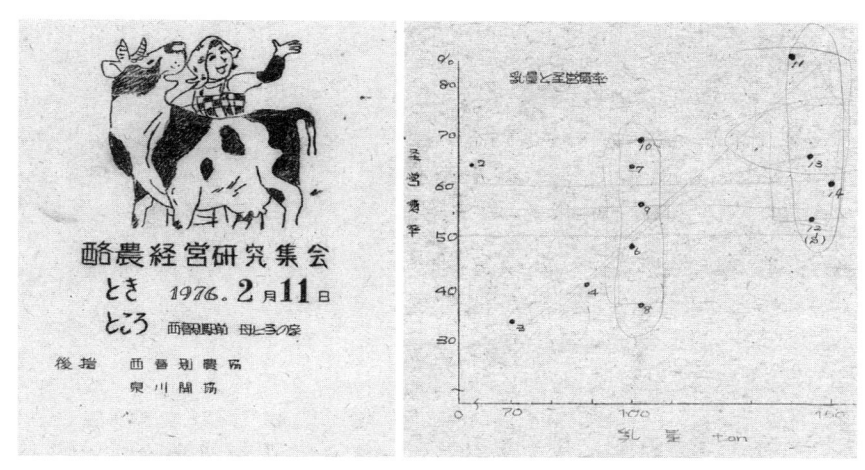

第5章　集団的な経営改善の実践経過　　217

図5-11　「酪農経営研究集会」での経営分析（1976年）

(3) 政策提言と実現

マイペース酪農運動は，90年代には，以下のように酪農政策に反映された．政策への反映は，30年間一貫して直接・間接的に取り組まれてきた．

近年では，1994年6月には，別海町経済部酪農対策室から「マイペース酪農研究会」[46]宛に「別海町農業振興計画策定に伴う意見交換会」が申し込まれた．96年3月に発表された『別海町農業振興計画』には「経営のめざす姿」として，「中心的な経営」「大規模経営」に加えて「小規模経営」が示された[47]．「小規模経営」はその特徴として，「放牧を中心とした草地酪農でゆとり創出」「ふん尿は堆肥化し有効利用」としている．この時期に「マイペース酪農交流会」で目標としていた営農類型が行政策に採用された．

また70年代後半の「酪農経営研究会」では，「Fさんの工夫こらした経営を見学した時のことでした．過去の労農学習会で提起された，ふりまわされずまかたする『マイペース酪農』を現地に見ることができました」「農政がよくなり，よい指導をしてくれるのを，ただ待っているのではなく，私達からむしろ，よい農業の見本を作って『こういう農業をやるための政策を出し，指導せよ』と迫るくらいになりたいものです」と，意欲的であった．

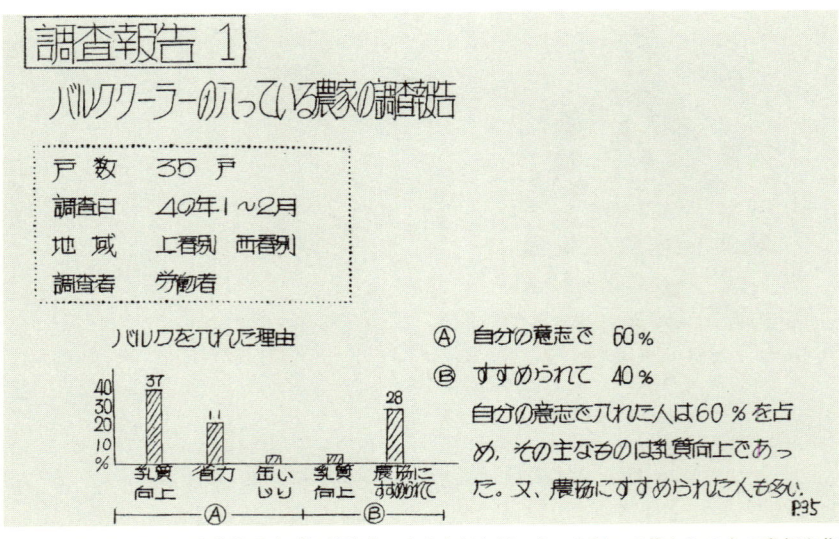

> 【調査報告 1】
> バルククーラーの入っている農家の調査報告
>
> 戸数　35戸
> 調査日　49年1～2月
> 地域　上春別　西春別
> 調査者　労働者
>
> バルクを入れた理由
> (グラフ：乳質向上37、省力11、缶が古い、乳質向上、農協にすすめられて28)
>
> Ⓐ 自分の意志で　60％
> Ⓑ すすめられて　40％
>
> 自分の意志で入れた人は60％を占め，その主なるのは乳質向上であった．又，農協にすすめられた人も多い．
> p.35

資料：第4回別海町労農学習会「根釧酪農の未来を切り拓こう―牛飼いの俺たちの力で乳価を作っていこう」1974年3月10日より．

図 5-12　第 4 回「労農学習会」での調査結果（1974 年）

　古くは，1974 年第 4 回「労農学習会」では，開催主旨で，「基本的課題」を「牛飼いの俺たちの手で乳価を作っていこう」とした．討論の「2 つの柱」の 1 つを「新酪農村建設とバルククーラー導入について」とした．
　まず，乳価については，乳価決定の時期に照準をあわせて，毎回の「労農学習会」は 2～3 月に開催された．第 3 回「労農学習会」では「4500 の署名と 20 万円の大口，小口のカンパが寄せられ，多くの農民の中央動員が行われ」[48] た．
　また，「新酪」については，その「危険な側面」を「A) 自然無視の生産」「B) 農民の健康を忘れた規模拡大」「C) 根釧の酪農の歴史と創意工夫の無視」などに整理した．その後「民主的な酪農郷を作るために」と次の提言をした．「建売牧場は農民の能力・技術に応じて規模を設計し，将来，農民の工夫により規模拡大しうる途を保障すること．特に，草地開発可能な付帯地をつけ

ること」[49]と整理していた.

　さらに、バルククーラーについては,すでに導入している農家35戸の調査をもとに,「入れてよかった人が83％」[50]に達していることが示された. まだ導入していない農家47戸の調査をもとに,現在導入したい人は約半数,現在「入れたくない人も,8割は将来は入れざるを得ないと考えている」[51]と報告した.これをもとに「当面,小規模農家のため,クーラーステーションを存続させ,畜産振興法によるクーラー導入費助成に改め,かつ,乳業メーカーがバルククーラーによって生じるメリットを全額農民に還元させること」[52]が提案された.「バルクに設置に反対か,賛成か,では……ない.……設置するしないにかかわらず,両者がともに酪農経営を守り抜く方向を明らかに」[53]することが主張された.

　「労農学習会」に参加した農業者達は,それぞれの意志で,農協や行政に働きかけた.例えば,第2回の「労農学習会」では,「『別海農協理事は選挙で選ばれていないが,他の農協はどのようにしているのか教えて欲しい……』など他の農協所属の人との交流が自ずと図られ」[54]た.のちに総会で動議がなされ,農協では理事選挙が行われるようになった.「労農学習会の中から農協の理事が部落推薦から選挙制への火口がきられたこと,……が成果となっています」[55]とされた.

　マイペース酪農運動では,組織として直接的な要請運動は行わなかった.情報提供により,個々の参加者の認識を深めた.その認識は,個々の農業者が判断を求められる場で,個々が判断材料とした.政策への反映は,間接的に行われてきたように思われる.

3.「マイペース酪農運動」の目的

　マイペース酪農運動では,綿密な調査をもとに,メンバーが学ぶだけではなく,技術を普及し,政策として実現してきた.なぜ,農業者が外部に対して普及するのか.運動の目的を,農業の経営面,生活面,さらに社会面から

検討していこう．

1) 振り回されない経営をめざして
(1) 「振り回された」農業経営
　詳細な実態調査をし，その結果を積極的に公表したことには，目的があった．

　まず近年では，1994年「マイペース酪農交流会」のニュースに，事務局が次のように示した．「なぜ『マイペース』といわなければならないのか．……私たちが提唱するまでもなく実際どこの地域にも，マイペース型で小規模で自立してやっている方々がおります．しかし，その方々の中には将来を見ることができないでいる人がいます．……私たちは農業の将来を悲観視していないし，こんな健全な農業をやってきた人たちが悲観するような事態を残念に思うのです．そこで，いま，『マイペース酪農』と，その存在を主張しなければなりません．」[56]

　さらに古くは，「別海労農学習会」で，1972年第2回の後で事務局は，「農民が農業に見通しをもてない，もっと悪いことにお互いにバラバラにされている状況にある」[57]と認識した．翌73年第3回労農学習会の「開催要領」には「誰にも振り回されずマイペースの酪農を進めてゆくにはお互いの経営状況を公開し合い，相談しあうこと，又そういうことをざっくばらんに話し合える場こそ第一に必要だ」とした．先の綿密な調査の目的は，「マイペースの酪農はどんなものか」「別海町内でそんな酪農家があれば調査しよう」「その中で誰にでもできるマイペースの技術や経営を公開して行こう」「以上の三点を基本に……開始し」[58]た．

　ここで「振り回された」経験を物語るものとして，第2回「労農学習会」での農業者「Bさん」（パイロットファーム在）の発言を引用しておこう．「250万円借金してパイロットへ入植した．……今10年間を過ごしてみるとその250万円にプラスされてその倍になっている．……38年には倍の面積を持たなければ借金を返せないといわれ，すぐ増反させられ，入植時13町

第5章 集団的な経営改善の実践経過　　　221

だったのが20町になった．償還して行けないから，生活がして行けないからと言って増反させられた．今，38年当時のような空気になってきたような気がする．私は新酪へ行かなければならないような，行かされるような状態になっているような気がする．私は牛飼いが道楽だから……今の生活をいまのままでやっていけるならよいが，行かれないような気がする．次の時代へ踏み切らなければならないような状態，私が拡大するんではなくて，そうではなくて拡大されるような……．どっかで阻止してもらわなければ大変なことになる……．」

当時，すでに，パイロットファームの入植者で離農が多発し，農政に「振り回された」経験があった．選択肢として，バルククーラーの導入と「新酪事業」に直面した．「振り回されず」に，自分なりにどう関わるか．選択肢の決定に参加農家は直面していた．

(2) 目標となった営農類型

「振り回されず」に選択する．この目的にかなった営農類型は，一貫して，次の特徴を示していた．

第1に，大規模ではなく，低コストで農業所得を確保する方法になっていた．

近年では，まず規模については，「適正規模」[59]と表現されている．また低コストについては，91年11月に「交流会」のニュースで，「乳代所得率」が初めて提案された．計算式は（乳代－経費）／乳代×100で，収入から個体販売金額を除いた．これは「乳代で大方の収入を得るような経営構造が望ましい」[60]ことによる．のちに経営費に支払利子を含めないなど，若干修正された．この「乳代所得率」が経営成果の分析手段となった．つまり，大規模ではないが低コストの経営が目標とされた．

この大規模ではない低コスト経営は，30年間一貫して追及された．

まず，90年代の「別海酪農の未来を考える学習会」では，92年第7回の開催主旨に「これ以上の規模拡大は，家族酪農を自ら崩壊に導くもの」とし，93年第8回でも「根釧酪農は……不安が大きくあるために，生産を増やさ

なければならないと追い立てられ，さらに規模拡大に向かっています．規模拡大した人はまた，それ以上に大きな不安定な状態に入っていくというようにエスカレートします」とし，大規模化への評価は低かった．

また，「酪農経営研究会」では，1976年第2回に「大きいことはいいことか……それを追いかけるよりも，自分の今の経営を見直してみては」がテーマとなった．77年第3回にも「『大きさ』を追いかけるのは『まかたする』道なのか!?」がテーマになった[61]．

さらに，「労農学習会」では，1971年第1回で酪農家の武藤四郎さんが「酪農経営の実態」を報告した．ここでは，同じ農業所得を得るために，経費率が高い経営は，より大規模にする必要があること，逆に経費率が低ければ小規模でも持続できることを示した（図5-13）．武藤さんの，この図はのちに何度も引用された[62]．翌72年第2回では「全体会議に……止まるところを知らない大規模経営についての不安が出された」．第3回では「規模拡大した酪農家は大きく重い玉をありったけの力で転がすのと同じで，大きな努力と労力が必要とされます．自分なりのやり方をまもって経営を築き上げてきた人は，小さく軽い玉を転がすのと同じで，肉体的にも，精神的にも，比較的楽になっています」[63]とした．

第2に，営農モデルの対象は，一貫して地域に実在する酪農家となった．

普及対象となる営農モデルは，外国に学ぶのではなく，机上のモデルでもなかった．実態調査をもとに，根室地域に実在する農業者に求めた．具体的なモデル農場は，70年代にはF農場になり，90年代にはM農場へと変化した[64]．それは根室地域に合った酪農のあり方を，一貫して追及してきた結果だった．

90年第5回の「別海酪農の未来を考える学習会」では，テーマを「根室地方のマイ・ペース酪農の可能性と展望」にした．M農場は「根室の自然を生かした農業のあり方」と紹介された．91年第6回の「開催主旨」では「根室の農業として．持続的農業，環境保全型農業として」をテーマとした．92年第7回のM氏のテーマは，「風土に生かされて」となった．94年第9

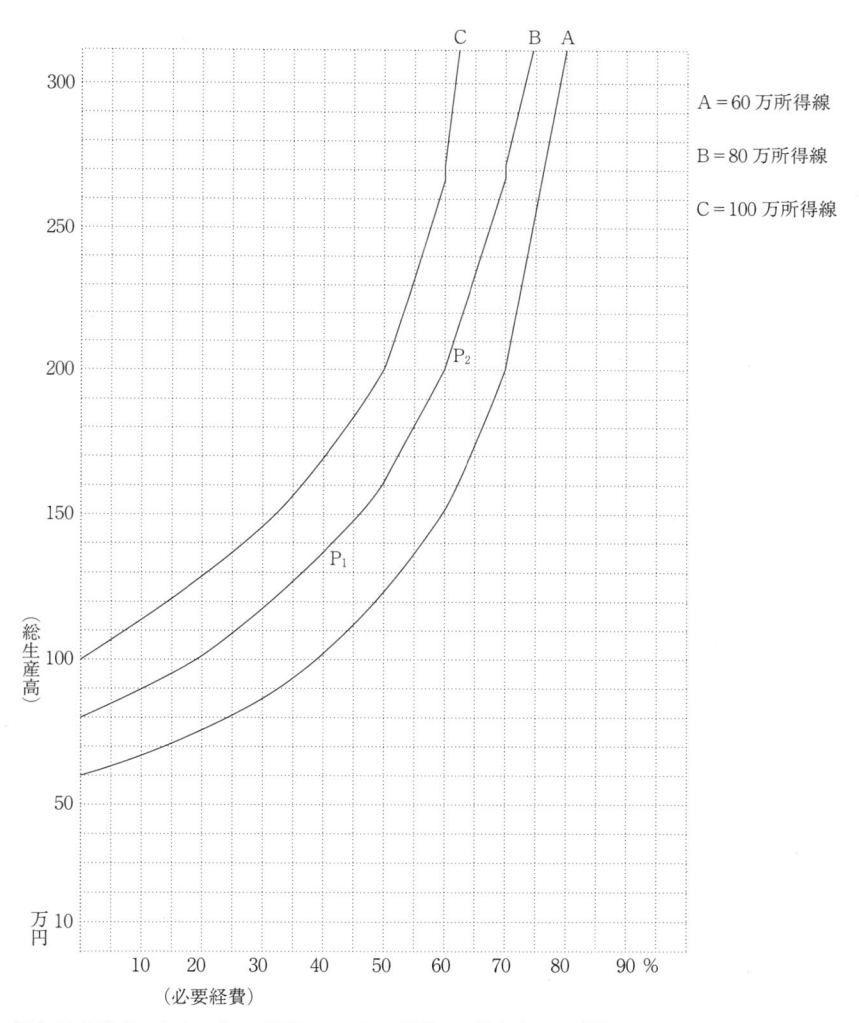

第5章　集団的な経営改善の実践経過　　　　　　　　　　223

A＝60万所得線
B＝80万所得線
C＝100万所得線

（総生産高）万円

（必要経費）

（例）80万所得のためにP₁の農家は　40％の経費で　総生産133万円
　　　　　　　　　P₂の農家は　60％の経費で　総生産200万円
　　仮に経費5％値上がりすると80万円の所得を維持するためにP₁は12万円の増産が必要だが
　　P₂は30万円の増産が必要．
　　○同じ所得の農家の場合，P₂の経営がメーカーにとってありがたい．
出所：北教組別海支会「根こそぎ破壊される農業」1971年10月より転載した．初出は，武藤四郎
　　「酪農経営の実態(中)─酪農業における搾取の仕組み─」道東地域問題研究会『矢臼別通
　　信』第3号，1971年3月で，これに加筆修正されている．

図 5-13　経費率と規模との関係

回開催主旨では「根室に住む農民が考え，実践した農業こそがこの風土における普遍的な農業の営みを築いていける」とした．強烈な地域主義に満ちている．

こうした地域主義は，一貫していた．

古く「労農学習会」では，72年第2回の全体討論のテーマの第1が「根釧にあった酪農を考えよう」になった．討議では，たとえば「根室にあった……よい牛」とは何かが追求された．また73年第3回では大々的な調査を実施したが，その目的は「『根釧原野に見合った酪農を考えよう』というテーマで，……調査活動に励みました」とされている[65]．

第3に，環境とのバランスを意識した，低投入な農業が求められてきた．

近年の「別海酪農の未来を考える学習会」では，91年第6回に「持続的農業，環境保全型農業」が明示された．その具体化は交流会の中で，「適正規模」や「トータルバランス」と表現された．

古くは，74年第4回「別海労農学習会」の資料で，「民主的な酪農郷を作るために」は，次の条件が必要だとした．

「根釧の自然に従い，自然の循環を基本においた酪農の生産基盤，生産技術を作り上げること．多肥多収，機械化のみに頼る高能率農業から，自然を生かし，有機質ミネラルの循環などを見直した健康な土・草・牛による酪農を作り出すこと」．

フィールド学習会の様子（2007年8月29日）

(3) 営農類型を実現する方法

営農類型を実現する方法は，毎月の交流会での意見交換や年に1度の学習会での報告・データの公表だけではなかった．

近年の90年代後半以降には，毎月の交流会はしばしばメンバーの農場で行われた．95年に2農場，96年に2農場，98年に

1農場で，2000年に2農場，2001年には6農場で，2002年5農場，2003年5農場で実施され，続いている．まず，公表された数字で確認できる経営成果があった．また，本人から学習会などで発言があった．さらに，メンバーが自分たちの目で確認した農場そのもの，そこで行われる作業などへの観察があった．

70年代後半「酪農経営研究会」でも，F氏のお宅を訪ねた．

モデルとなった農場は，深い交流と観察の対象となって，個々の経営に生かされていった．

2） 女性の参加による生活面の重視

毎月の交流会では，生活に関する様々な話題が出された．91年に交流会を開始した後の2年間は，放牧や堆肥など技術的な話題に集中していた．その成果が現れた93年以降は，「木を植えた」「大根を作っている」「ベーコンづくりに，ミニバレー」などが話題に上った．94年からはチーズ作りがしばしば話題にのぼった．95年6月には「チーズづくり」をしながら交流会を開いた．いかにゆとりのある生活をしているかが話題となっている．

近年の「別海酪農の未来を考える学習会」では，生活の要となる女性農業者が参加することは，当たり前になっている．まず，92年第7回の参加者名簿によると，95人中女性は18人であった．94年第9回の参加者名簿では，96人中女性は26人で，夫婦は16組となった．2001年の「発言記録集」によると，発言者54人のうち女性は20人だった．また，詳しい実践報告が何度か行われたが，そのたびに，夫婦で報告者席に着き，夫婦での報告を試みた．夫婦で報告者席に着いたカップルは，93年に3

年次学習会での昼食風景（2006年4月23日）

組,94年に1組,95年に2組,97年に1組となった．さらに,95年には「農家チーズを作る会」がM夫人を会長に作られ,交流会の女性参加者を中心に,「チーズトーク in ねむろ」が,97-99年に企画運営された．メンバー45人中女性は25人になっていた．

古く「労農学習会」でも,女性の参加は進んだ．しかし,女性の参加形態は,やや異なっていた．人数の記録は残っていない．

まず,73年第3回に「保健婦をつとめている……若い婦人労働者が立ち,『生活改善—とくに婦人のために』の総括を報告し」[66],「婦人の畜舎での労働時間が増加し」「簡単なインスタント食品が多くなっている」「睡眠時間も減っている」と問題を示した[67]．

また,74年第4回にも第1報告は,保健婦となり,以下の報告がされた．「主婦の家事労働時間は1日3時間．……夏はさらに短くなる」「野菜の自給率は高いが,調理時間がないため……春に投げている」「昭和43〜46年にわたって町内2000人の健康診断の結果,女性の40%が貧血症である」「農家主婦に『1週間の余暇があったら何に使うか』という調査をしたところ『寝ていたい』が一番多かった」．そして,「現実の労働がいかにきびしいかをもの語っている」[68]と問題を指摘した．

かつて,女性は「女性問題」として捉えられる客体だった．近年は客体ではなく,主体になり企画者として活躍している．生活面では,大きく前進したと思われる．

3) 豊かな地域をめざして

地域社会に関するテーマは,毎月の交流会では繰り返し話題になった．97年から開始した米軍の町内での演習については,事務局が記事にした．演習に関わる「移転補償」についても話題となった．97年に否決された町内の農協合併についても話題となった．学校や部落での行事も話題に上った．話題に上ってはいるが,かつてと比べると,地域社会に関する取り組みは,一見明確ではなくなった．

例えば 2001 年の表題から「別海」の文字が消えた．表題は「私の酪農いま・未来を語ろう　酪農交流会」となった．当日のスケジュールは，「資料説明」「自己紹介『私の酪農』」「意見交流」となった．90 年代の「別海酪農の未来を考える学習会」のテーマは，農業者の実践報告と意見交流がメインになった．さらに 98 年から 2001 年については，まとまった実践報告はせず，意見交流をメインとした．

80 年代の「別海酪農の未来を考える学習会」では，研究者の講演の後，3 つの分科会が置かれた．分科会のテーマは，酪農情勢，経営問題，農村生活が基本であった．例えば 1987 年第 2 回では「1．別海酪農と農政：地元の具体的な問題を出し合い，講師を囲んでの討議」「2．酪農家の経営と技術：牛飼いの仲間の交流．経営や技術に関する専門化への相談，税金問題．など」「3．酪農村・別海の生活を考える：酪農食品を地元でもっとたくさん食べられるのでは？　など，酪農村らしい豊かな生活をめざして」となっていた．

70 年代後半の「酪農経営研究会」では，経営問題がメインであった．しかしこのときも 77 年第 2 回で「『まかたする経営』を支える農協，農政は」が 4 番目のテーマになった．

70 年代前半の「労農学習会」では，72 年第 2 回には，「農協の民主的運営とはどういうことか」「農民と労働者が一緒に農業を考えることの意義は何か」と，酪農経営以外のテーマが明示されていた．74 年第 4 回には，「地域における婦人の役割について」が「柱」の 1 つとなった．「具体的な問題提起」の 5 点のうちに「酪農の発展に伴う漁業の問題」「地域に根ざした教育文化・青年の役割」の 2 点が含まれた．

教育，女性，農協，他産業に関しては，今日も，月例の交流会で話題になり，年に 1 度の学習会でも発言されている．しかし，明確なテーマにしていない点が，70 年～80 年代と 90 年代後半との大きな違いになっている．

4. 経営改善運動の成立条件

最後に，運動としての「マイペース酪農」が持続した条件に触れる．

運動が持続した条件は，大きく2つにまとめられる．まず，農業者などの参加者の主体的条件になる．共通の課題があり，それが広がり，事務局体制の担い手が重要となる．次に，経営外部の条件になる．自然と政策，他産業，歴史などの社会条件であり，地域性が強く，農業者個々の力では，変更が困難である．しかし，共通の社会条件の広がりは，より広い地域での学習会運動の持続条件を高める．

(1) 参加主体の条件
①農業者の共通課題

マイペース酪農運動の目的は，「振り回されない経営を築く」ことにあった．つまりこう表現できる．「自律的に判断して，経営の採算をとり，家族の生活を持続させること」．このことは，30年間，一貫して問われ続けた．このために膨大な調査をし，農業者は経営収支を公表した．

生活や社会面での活動は変化した．しかし経営面での活動は一貫した．「振り回されない経営を築く」ことが，農業者の共通課題となり続けた．この共通課題の鮮明さが，今日の「マイペース酪農交流会」が持続している主体的な条件と考えられる．

そして，「振り回されない経営を築く」という目的のために，その手段となる営農類型が調査された．つまり営農類型としての「マイペース酪農」が絶えず求められ，その状況に応じて明確にされた．そして営農類型としての「マイペース酪農」は流動的であったがこれに対し運動としての「マイペース酪農」は，一貫して取り組まれた．

目標とされる営農類型は，その時々の状況に応じて変化した．また，30年間一貫して「振り回されない経営を築く」ことが目的であり，そのための「働きかけ」が続いた．まさに「目的達成のために，色々な方面に働きかけ

第5章 集団的な経営改善の実践経過

て努力する」運動であった．

②事務局体制

このマイペース酪農運動において，一貫して事務局は重要な役割を果たした．代々の事務局長は明確でない場合もある．しかし事務局格は，主に農業者ではなく，農業改良普及員や獣医師が担当してきた．テーマの打合せ，調査票の作成，データの集計，冊子の清書・印刷・製本，案内の発送，集会の運営と昼ご飯の準備．農協・普及所・獣医師など関連機関の職員，地域の教員，婦人が手分けをして，できることを担った．試験場の研究員も参加した．関連機関の職員は，事務局を務めながら，指導者として育っていった．

この担い手として関係機関が的確に機能することが求められている．労農学習会が第4回で中止状態に陥ったきっかけは，「事務局長だったひとへの職場からの圧力，転勤があり……休止してしま」[69]ったことによる．1990年代半ばに町外で成立した学習会グループも，数年の活動期間を経て，現在は事務局体制が整わず定期的なグループ活動を停止している[70]．

ただし，今日は，コンピューターが普及し，資料の作成は時間さえあれば，誰でも可能になっている．別海町での「マイペース酪農交流会」のニュースは，第3節で示した⑩番農家によって作られている．ただしすでに紹介した様に，「ゆとりへの投資」を前提としなければ，農業者自身にこうした作業はできない．

③多様な参加者への拡大

マイペース酪農運動では，女性の参加が進んだ．女性の参加は運動の前進面になる．その前提として，「振り回されない経営」が維持されなければならない．女性が交流会に参加できる時間的なゆとりが必要になる．それを許容する家族内でのゆとりが必要にある．

まず，参加者は階層的に多様化した．90年代の「別海酪農の未来を考える学習会」「マイペース酪農交流会」の参加者は，農業者だけではない．農協職員，普及員，教員，主婦は，70年代から参加してきた．90年代には，さらに地域住民や市民が，環境や食品問題を共通話題として参加した．近所

のお寺の住職さんが「子供のアトピーにいい」と，放牧で育てた牛の牛乳をもらいに来た．都市から農村で就農をめざす新規就農者の参加は，2000年1月までに7名に及んだ[71]．98年にはノンホモの低温殺菌牛乳を東毛酪農から取り寄せて販売している主婦グループの参加もあった．

　また，参加者は地域的に拡大した．年に1度の「別海酪農の未来を考える学習会」には，全道各地から参加者がある．これまでに編集された「発言集」「ニュース」と，一部の出席者名簿に記録されている参加者の市町村名は，全ての根釧市町村に加えて，紋別市，足寄町，札幌市，旭川市，帯広市，北檜山町，豊富町，恵庭市，白滝村，小清水町，浜頓別町，東藻琴，忠類村，瀬棚町，八雲町，幕別町，猿払村と全道各地に広がっている（2002年3月時点まで）．府県からの参加者も見られる．遠方からの参加者の多くは，交流会の主要なメンバーの農場を訪問している．根釧以外でも，啓発されて学習会を行った地域がある[72]．

　地域的な広がりは，一方で，地域社会に関するテーマを不明確にした．96年第11回の報告資料の表紙には，「酪農　交流　学習会─酪農のいま・未来を考える─」と書かれた．主催者も「酪農交流学習会実行委員会」となった．「別海酪農の未来を考える学習会」は通称名になりつつある．「別海」という地域へのこだわりは，表面的にはダウンした．

　地域的な広がりは，他方で，他の地域で学習会運動が成り立つ条件を示している．この条件の広がりは図5-14に示したように，別海町と全道の1戸当たり経産牛頭数規模の格差が縮小したことに現れている（第1章を参照）．かつて別海町は全道の2倍以上であったが，今日は1.2倍にすぎない．と同時に，マイペース酪農運動の主体にとって，運動の広がりは，目的の共有化につながり，運動の目的達成を励ますものとなった．いまは全道各地での学習会活動のネットワーク化が，求められる時期に来ていると思われる．

(2) 地域的な外部条件

　「運動」という側面はなくとも，学習会活動は各地で取り組まれている．国語辞典では，活動は「生き生きと行動すること」であり，外部に「働きか

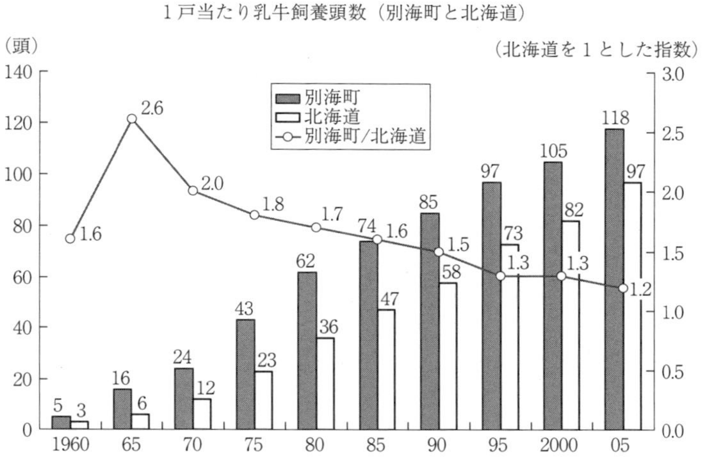

第5章　集団的な経営改善の実践経過　　　231

1戸当たり乳牛飼養頭数（別海町と北海道）

図5-14　別海町と全道平均との規模格差の縮小

けること」を意味しない．なぜ「マイペース酪農交流会」は，学習会を運動として持続してきたのか．最後に，この地域の条件について触れておこう．

別海町において，学習会運動が持続した理由には，この地域の独自性がある．酪農の専業化と大規模化がこの地域で最も急速に進んだ．加えて，最も広い面的範囲において，進んだことが大きな要因と思われる．この地域は日本で最後に残された開発可能地であった．

まず，「労農学習会」が開始した当時は，1970年代には第2次構造改善事業がまず中春別地区（1970-73年）で，ついで西春別地区（1973-75年），別海中央地区（1973-76年）に実施された．事業費は例えば，別海中央地区120戸に対して15億円に達した．この間に進められたバルククーラーの導入は，地域の全農家を巻き込んだ深刻な選択問題となった．酪農専業化が進んだこの地域での農業者に与えられた選択肢は限られていた．他作物への転換はなく，兼業もなかった．酪農を続けるか，挙家離村するかの2者選択になった．

また，別海町では，他の地区にない面的に大きな開発事業が相次いで行わ

れた．1956年から1964年にかけて，パイロットファームに361戸が入植した．11億円の事業費が投じられた．1968年に北海道開発庁が「新酪農村建設構想」を提起し，これをうけて1975年からは「新酪事業」により，1984年までに934億円の事業費が投じられた．事業に乗るか，現状に甘んじるかという選択肢を目の前に突きつけられた．

これらの近代化が進んだ時期，1971年に「労農学習会」は開始した．

さらに，1964年には矢臼別演習場が作られた．パイロットファームの「床丹第1，第2地区に続くものとして……矢臼別第3地区」[73]にであった．ここには既に戦後開拓農家が入植しており，そのうち84戸が，用地買収を選択した．

今日も，演習場周辺では，農業者は選択に迫られている．97年から始まった米軍海兵隊の演習に伴う「移転補償」に59戸が対象となった．2001年度までに25戸が移転して補償を受けた．2000年までの移転者11戸に対しては，約25億円の移転補償が支給された．さらに1999年からは3地区に分けて「国営環境保全型かんがい排水事業」が2015年にかけて実施されており，スラリーストアの導入などが進んでいる．

別海町は，戦後，最後に開発された，最大の未開発地であった．大きな事業によって酪農の大規模化が進められた．地域の農業者は，面的に，なんども「振り回された」．そして，未開発地であった故に，選択の幅は少なかった．事業に乗るか，出ていくかであった．離農は離村につながり，過疎化を進めた．農家数の減少は農協の合併を進めた．中春別農協と根釧パイロットファーム農協が1974年に合併し，西春別農協と西春別開拓農協，泉川開拓農協が1976年に合併した．農村部の人口減少により学校が統合した．労働者の職場環境も流動的で不安定となった．職場を維持するためには，酪農を維持する必要があった．このため，労働者が学習会運動に，積極的に参加した．

1960年代から，「労農大学」づくりが全国的に取り組まれた[74]．釧路・根室支庁においても，釧路教育大学の教員などが毎年，各市町村で講演した．

1968年から1978年にかけては，11カ所で取り組まれた[75]．その結果，「労農学習会」として根付いたのが，別海町のみだった．

最後の開発地域であったことが，この地域で酪農の学習会活動を持続させた外部条件となった．「振り回された」酪農専業者が集積した地域であることが，今後もしばらくはここで運動が持続する条件になると思われる．

全道の酪農家は，面的な広がりは小さくとも，たえず「振り回されて」きた．だからこそ遠方から「別海酪農の未来を考える学習会」に足を運ぶことと思われる．このことは，広い地域の，多くの酪農家が，こんにちも「振り回されない経営を築く」運動を求めていることを示している．規模の大小や地域の違いを問わず，「振り回される」農業者がいる．このためには「お互いの経営状況を公開し合い，相談しあうこと，又そういうことをざっくばらんに話し合える場」[76]としての交流会は必要とされる．そのために「誰にも振り回されない……酪農はどんなものか」「そんな酪農家があれば調査し」「その中で誰にでもできる……技術や経営を公開して行」[77]くことは，ごく自然な取り組みのように思われる．

第3節　集団的な経営管理の必要性

本章では，「マイペース酪農交流会」を対象に集団的な経営改善の経過と条件を次のように明らかにした．

第1節では年1度の学習会に加えて91年から月例の交流会を開始して経営改善を進めた経過を示した．第1に管理面では，まず小規模な農業者が最大の農業所得であったとの分析結果からメンバーの意識が改革され，この農業者が技術を公開して改善モデルとなったこと．さらに全員が分析可能なクミカンをもとに，経費から利子を除いた所得率に評価基準を標準化したこと．第2に技術面では，主要メンバー12戸平均で頭数や産乳量の減少率以上に費用の減少率が大きいため所得が増加したこと．この変化は一様ではなく，かつて低収益な農業者では作業や管理が大きく変化し，例えばパイプライン

に加えバケットミルカーで搾乳していた頭数を削減しても生乳生産量は減少しなかったこと．これに対し収益性の高い事例では変化は緩慢で，例えば草地の更新を中止して踏圧による泥濘化を防いだあと放牧が拡大可能になったなど，生産工程間のバランス調整が重要だったことを示した．第3にこれらの情報は例会で交換され文章化された．数値分析だけではなく，実在モデルの明確化，数値化しにくい情報の交換，改善評価の標準化などの点で，集団的な経営改善が効果的だったことを明らかにした．

　第2節では，「マイペース酪農交流会」の主要メンバーによって1971年から集団活動が継続した条件を，その記述資料から次のように明らかにした．第1に草地開発の余地があり大規模な開発事業が連続したが酪農以外に作物選択の余地がなく事業の度に参加するか離農かの選択に翻弄された地理的条件．第2に経営分析情報が提供されないまま拡大が進み，自主的に経営分析をして公表し，参加者を増やし，判断基準を客観化する必要が生じた経営管理情報の条件．第3に酪農経営の中止が挙家離村，人口減少，農協合併，学校の統廃合など地域の生活問題に及ぶことを避けようとする家族農業としての主体的条件．この3条件の持続が集団活動の継続条件となったことを示した．

　さらに，機械化や施設化，規模拡大といった装備の意思決定だけではなく，これらをいかに組み合わせるかという「装備の適正利用度」[78]が重要性を増した今日，その意思決定には数値的な分析だけではなく，農場でのミーティングを含めた多様な情報収集の必要性が高まったことと考えられる．

　このように本章では，前章で示した多数の農業者の経営管理の不十分さを，克服しうる方法を実践経過から明らかにした．数値分析情報の提供は意識改善には即効的だが，具体的な経営改善には，分析・計画・実施・評価の基本的な管理全体に関わる集団的な活動が効果的なことを示した．

注
1)　『根釧の風土に生きるマイペース酪農－第8回別海酪農の未来を考える学習会

の記録-』(別海酪農の未来を考える学習会実行委員会　1993年11月) より引用した．
2) 同上より引用した．
3) 「まかたする」は北海道弁で採算がとれることを意味する．「マイペース」と同様に農家の間で流行語のように使われ，学習会活動の中でその言葉の意味自体がテーマとなってきたように深い意味合いがある．高橋昭夫「牛飼いで生きぬくための学びあい」(『月刊 社会教育』1990年6月号，国土社) 38頁を参照のこと．
4) これらの開催趣旨は「第6回　別海酪農の未来を考える学習会　資料」(別海酪農の未来を考える学習会　1991年4月) から引用した．
5) クミカンは北海道で一般的に使用されている組合員勘定制度の略．クミカン所得は販売金額－経費で計算されるが，経費には償却費・労賃・支払利子を含んでいない．
6) M氏の講演内容は，三友盛行「風土に生かされて－自然を信頼する農業－」『デーリィマン』(1992年8〜9月号)．三友盛行「北海道・根室酪農における規模拡大の問題点と転換の方向」『デーリィマン』(1993年2〜3月号) を参照のこと．経営・技術については，荒木和秋「風土に生かされた北海道酪農を求めて　上，中，下」『現代農業』(1992年9月〜11月号)，三友盛行「風土に生かされた酪農の実践－私の農業」『現代農業』(1992年12月〜93年12月連載) を参照のこと．なお三友盛行『マイペース酪農－風土に生かされた適正規模の実現－』農文協，2000年には，三友農場の経営・技術・農業観，学習会活動の成果をまとめている．
7) 91年11月に月例交流会のニュースで，「乳代所得率」が初めて提案された．計算式は (乳代－経費)/乳代×100 で，収入から個体販売金額を除いた．これは「乳代で大方の収入を得るような経営構造が望ましい」(「マイペース酪農実践交流会の案内」1991年11月20日，2頁) ことによる．のちに経営費に支払利子を含めないなど，若干修正された．
8) 農協との取引を示す組合員勘定により計算した．農業収入から農業経営費を差し引いたもの．ただし，支払利子は農業経営費に含めていない．
9) 別海酪農の未来を考える学習会『根釧の風土に生きるマイペース酪農』1993年11月，20頁より引用した．
10) 森高哲夫「成牛43頭・育成32頭，放牧型」農文協『農業技術体系　追録』農文協，1999年，4頁より引用した．
11) 同上，2頁より引用．
12) 同上，6頁より引用．
13) 同上，7頁より引用．
14) 同上，2頁より引用．
15) 同上，8頁より引用．
16) 三友盛行『マイペース酪農』農文協，2000年，171頁を参照した．

17) 神田健策「根釧・別海酪農の発展と労農共闘」美土路達雄・山田定市編著『地域農業の発展条件』御茶の水書房，1985年に，1970年代の取り組みが示されている．
18) 表題にマイペースと示されている論文では，古くは，中原：1796年，神田：1976年，桜井：1979など．近年においても，梶井：1994などが確認できる．
19) 歴史的な概要については，以下を参照して頂きたい．高橋昭夫「牛飼いで生きぬくための学びあい」(『月刊 社会教育』1990年6月号，国土社) 34-40頁．高橋昭夫「人間らしい環境と農業を求めて」『月刊 社会教育』第42巻，第10号，国土社，1998年10月，16-25頁．高橋昭夫「土地に根ざした酪農のすすめ」『NODE』No.13, 1999年，67-71頁．
20) 吉野宣和「酪農と基地の中で」(北海道民間教育研究団体連絡協議会『民教』第40号，1976年3月，33頁)．
21) 同上，34頁．
22) 高橋，前掲，1990年，38頁．
23) 同上，39頁．
24) 酪農経営技術研究会(仮称)「酪農の技術をみがく研究会」資料．
25) 高橋，前掲，1990年，39-40頁．
26) この名称は，しばしば変わる．報告資料の冊子表紙には，1975年に「酪農の技術を磨く研究会」，76年に「第1回酪農経営研究集会」，77年に「第2回酪農経営研究集会」，78年に「第3回酪農経営技術研究集会」となっている．以下では名称を「酪農経営研究会」とし，75年を第1回とした．
27) 図5-10を参照のこと．
28) 吉野宣彦「書評 三友盛行著『マイペース酪農―風土に生かされた適正規模の実現―』」北海道農業経済学会『北海道農業経済研究』2001年11月，56-59頁を参照のこと．この本では「マイペース型」という表現が随所に見られることは，営農類型であることを示している．また「酪農の学習会が，人々の生き方，人生観の話にまで発展し」「実は酪農は生き方の表現だと多くの人が気づき」との表現はライフスタイルであることを示している．さらに「マイペース酪農がめざしてきた」という表現は，運動の主体を示している．このように多面的な意味が込められている．
29) 行政では次のように使用されている．別海町のホームページには「近年……豊富な草地資源を生かした放牧主体の飼養形態が見直されている．……『放牧主体型』とは，高度な草地管理技術等に基づき放牧を最大限に活用している経営(いわゆるマイペース酪農を含む)をいう」(別海町『別海町の酪農』2000年7月より)．また広く民間でも使われ，例えば「この農法は地元では，『マイペース酪農』と呼ばれ，酪農家が知恵を出し合い確立してきました」(中小企業家同友会全国協議会「中小企業家しんぶん」2004年1月15日号とされている．
30) 桜井　豊「日本酪農再興への道」『酪農事情』1976年1月号，18頁，から引用

した．この他に，以下の論文に確認できるが，すべて営農類型としての評価になる．山田定市「新酪農村建設事業をめぐって」『戦後北海道農政史』北海道農業会議，1976年，566頁．山田定市「マイペース酪農のすすめ」『デーリィマン』1976年3月号，9頁．中原准一「根釧原野でがんばるマイペース酪農」『あすの農村』1976年4月．神田健策「根釧原野に息吹くマイ・ペース酪農」『北方農業』1976年5月．田畑保「当面する酪農経営の問題を考える」『北方農業』1976年5月，17-20頁．山田定市「『新酪農村』と農民的酪農」『デーリィマン』1979年3月号，13頁．中原准一「根室専業草地酪農地域におけるマイ・ペース型経営の展開」桜井・三田編『酪農経済の基本視角』1979年．

31) 神田：1976年，中原：1976年，山田：1976年，各前掲論文にFさんをはじめ，いくつかの農業者が紹介された．

32) 神田健策「根釧原野に息吹くマイ・ペース酪農」『北方農業』1976年5月．

33) 宇佐美繁『広域農業開発事業と地域農業』農政調査委員会，1980年，8頁より引用．

34) 山田定市「『新酪農村』と農民的酪農」『デーリィマン』1979年3月号，13頁．

35) 田代洋一「農業政策の再構築と地域農政」『農林業問題研究』第117号，1994年12月，6頁，でも「『マイペース酪農』の追求」というように，営農類型になっている．荒木和秋「マイペース酪農から日本農業を再考する」『全酪新報』1994年6月20日では，明確に「風土に根ざした酪農のスタイルを確立しようという運動がマイペース酪農である」と捉えている．この他，ペンネーム北斗星で「いいたい放題 マイペース酪農に学ぶ」『デーリィマン』1985年8月号，に掲載されたことがある．また教育学分野では，多面的に使用されている．鈴木敏正「生涯学習計画化への『地域づくり学習』」では，まず「近代可能性を批判しつつも農民的酪農（マイペース酪農）を対置してきた」（280頁）と営農類型ととらえている．また「70年代後半から意識的に追求されるマイペース酪農の学習と実践は，基本的に『自己意識化』の自己教育活動であった」（289頁）と活動ないし活動主体ととらえられている．さらに「その方向はマイペース酪農が追求してきたものと重なりあってくる」（297頁）では明らかに運動主体を示している．ただし営農類型と運動とを明示的に区分していない．この他，木村純「農民学習運動の展開過程」，朝岡幸彦「学習の構造化と農民の主体形成」でも，「マイペース酪農」は同じ意味で多用されている．いずれも，山田定市編著『地域づくりと生涯学習の計画化』北大図書刊行会，1997年に所収されているので，参照していただきたい．

36) 山田定市「新酪農村建設事業をめぐって」『戦後北海道農政史』北海道農業会議，1976年，566頁，においても「『マイペース酪農』を自分たちの力でつくろうという運動」としている．ここでも「マイペース酪農」は営農類型と捉えられている．

37) 高橋昭夫「マイペース酪農を実践し21世紀の別海酪農を考える」『マイペース

酪農交流会のご案内』2000年11月10日，より．

38) ただし，「マイペース酪農」という言葉は慎重に使用された経過が，三宅信一「酪農危機の中の学習運動」『労農の仲間』全農協労連，1974年4月号に次のように示されている．第3回労農学習会の「スローガンの決定には大変な苦労がありました．」としている「『マイペース酪農とはなにか』……という文案も出したが，これも異論があって不採択，難航のすえ，『牛飼いに生き抜く』農民を主語に，『経営改善』を探求課題とするよう，素直に表明しようと言うことになりました．」

39) 髙橋昭夫「別海酪農の未来を考える学習会—マイペース酪農交流会—」『農家の友』1994年6月号，22-25頁．

40) 同上．

41) 北海道『北海道農業・農村のめざす姿』北海道，1994年，114頁には，スタンチョンで経産牛40頭の「現状の生産方式で効率的な酪農を目指す経営」が「経営類型」として掲載された．新酪事業で目標となった50頭より小規模になった．

42) 三友盛行「風土に生かされて—自然を信頼する農業—」『デーリィマン』(1992年8～9月号) となった．

43) 武藤四郎「酪農経営の実態」上・中・下『矢臼別通信』道東地域問題研究会，1971年1月2号，3月3号，10月5号．

44) 第3回別海労農学習会事務局「根釧酪農の自主的発展をめざして」北海道経済研究所『北海道経済』1973年5月号としてまとめられた．

45) 第3回別海労農学習会事務局，同上，1973年5月号による．

46) 公民館利用のため町への登録団体としては「マイペース酪農研究会」となっている．

47) 別海町『別海町農業振興計画』8-9頁に掲載されている．

48) 第4回別海町労農学習会資料より．

49) 「第4回別海労農学習会への提言」1973年12月26日より引用した．

50) 第4回別海町労農学習会「根釧酪農の未来を切り開こう 牛飼いの俺達の力で乳価を作っていこう」1974年3月より引用した．

51) 第4回別海町労農学習会「同上」1974年3月，40-42頁より引用した．

52) 第4回別海町労農学習会「同上」1974年3月，9頁より引用した．

53) 三宅信一「酪農危機の中の学習運動」『労農の仲間』全農協労連，1974年4月号，30頁より引用した．

54) 「第3回労農学習会への問題提起」に記録されている．

55) 「第3回労農学習会開催要領」から引用した．

56) 髙橋昭夫「別海酪農の未来を考える学習会—マイペース酪農交流会—」『農家の友』1994年6月号，22-25頁，として掲載されている．

57) 第3回別海労農学習会事務局「根釧酪農の自主的発展をめざして」北海道経済研究所『北海道経済』1973年5月号から引用した．

58) 第3回別海労農学習会事務局，同上，1973年5月から引用した．
59) たとえば，三友盛行『マイペース酪農―風土に生かされた適正規模の実現―』農文協，2000年の書名に表されている．
60) 「マイペース酪農実践交流会の案内」1991年11月20日，2頁から引用した．
61) 「まかたする」という言葉は，採算がとれるという意味．ただし利潤を獲得するという企業的な採算性とは異なる．当時は「マイペース」と並んで，流行語のように使用された．
62) 武藤四郎『頑張れ!! 日本農業丸物語』1994年，58頁に掲載．自費出版した．
63) 第3回労農学習会副実行委員長小林秀雄，第3回労農学習会資料のあいさつ文から引用した．
64) 藤原さんが新酪の建売牧場に移転入植したことにより，「マイペース酪農」の定義が不明確であることが研究者から指摘されてきた．この点はすでに触れた．しかし，学習会のメンバーは，移転後も数度藤原さんを訪問していた．メンバーの獣医師は，移転後も交流は続き，「藤原さんは移転した後もやはり『マイペース』だった」と言っている．ホルスタインではなく，パイロットファーム入植以来のジャージ種と掛け合わされた雑種を飼養し，病気も少なかった．その日の診療担当区域が藤原さんの地区になった時は，病気が少なく，仕事が楽なので「やー助かった」と言っていたとのことであった（2002年3月27日の聞き取り）．
65) 吉野宣和「酪農と基地の中で」『民協』40号，1976年3月，33-34頁から引用した．
66) 三宅信一「酪農危機の中の学習運動」『労農の仲間』全農協労連，1974年4月号から引用した．
67) 第3回別海労農学習会事務局「根釧酪農の自主的発展をめざして」北海道経済研究所『北海道経済』1973年5月号から引用した．
68) 「第4回別海町労農学習会記録」1974年3月開催から引用した．
69) 高橋昭夫「牛飼いで生きぬくための学びあい」『月刊 社会教育』国土社，1990年6月，39頁から引用した．
70) 例えば浜中町では1993年5月～1999年4月まで交流会が続き，ニュースが発行されていたが，その最終号にはこう書かれている「今回共済組合の人事異動で事務局を支えてくれた久保田獣医が転勤になりいまの事務局体制でニュースの発行を続けるのは時間的にも事務的にも大変なので今回を持って中止することになりました．……ニュースの発行は中止しますが交流会は続きます」．
71) 「マイペース酪農交流会のご案内 森高宅」2000年1月12日から引用した．
72) 根釧以外では，97年9月「マイペース酪農交流会通信」に八雲町で「八雲スマイル交流会」が始まったことが紹介された．
73) 農用地開発公団『根室区域農用地開発公団事業誌―新酪農村建設の記録』1984年，4頁から引用した．
74) 教育学分野からの労農学習会への実践については，朝岡幸彦「学習の構造化と

農民の主体形成」山田定市編著『地域づくりと生涯学習の計画化』北大図書刊行会，1997年，388頁に触れられている．
75) 三宅信一「地域の課題をさぐり生活を考えた釧路労農大学」釧路民間教育研究団体連絡協議会『釧民教20周年記念　灯火をもやしつづけて』1983年6月，49-50頁に活動記録が掲載されている．
76) 第3回労農学習会「開催要領」1973年2月から引用した．
77) 第3回別海労農学習会事務局「根釧酪農の自主的発展をめざして」北海道経済研究所『北海道経済』1973年5月号．
78) 金沢夏樹「家族農業経営の現在」金沢夏樹編集代表『家族農業経営の底力』農林統計協会，2003年，4頁から引用した．

終章

家族酪農における経営改善の方策

　本書では，これまでに経営改善の可能性，阻害要因，実践の成果を以下のように示した．まず第2章で収益性の低い要因には個別農業者で変更可能な作業や管理も関係していることから経営改善の可能性を示した．また第3章では大規模開発事業によって急速に多頭化して管理が複雑化した半面で，経営管理のサポート体制が整備されなかったことが経営改善を阻害したことを示した．さらに第4章では経営分析の情報を提供した結果，多頭数グループでの利用水準は高くないこと，意識改善は大いに進んだが経営収支の改善に至らなかったことを示した．そして第5章では，経営分析に加えて，計画・実施・評価に関わる集団的な活動が経営収支の改善に必要なことを明らかにした．

　終章では，まず簡単なシミュレーションを加えて経営改善の重要性を示した上で，第1に経営改善の可能性と阻害要因を総括し，第2に経営改善に農業者集団がいかに影響したかを考察し，第3に経営改善を実現するための実践的な体制整備を示す．最後に，酪農経営の管理論的な研究に関して付加した新しい知見を整理した．

1. 経営改善の必要性と可能性

1) 経営改善の必要性
　第1章では，同じ規模でも経営収支の低い農業者が多数存在すること，そして多頭数規模では収益性が低下していることを示した．

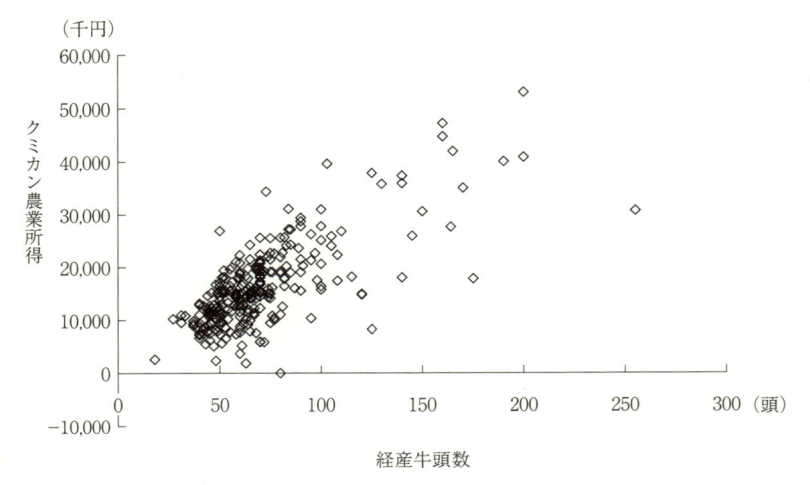

資料：農協資料による．

図 6-1　頭数と所得の関係（2002 年実績）

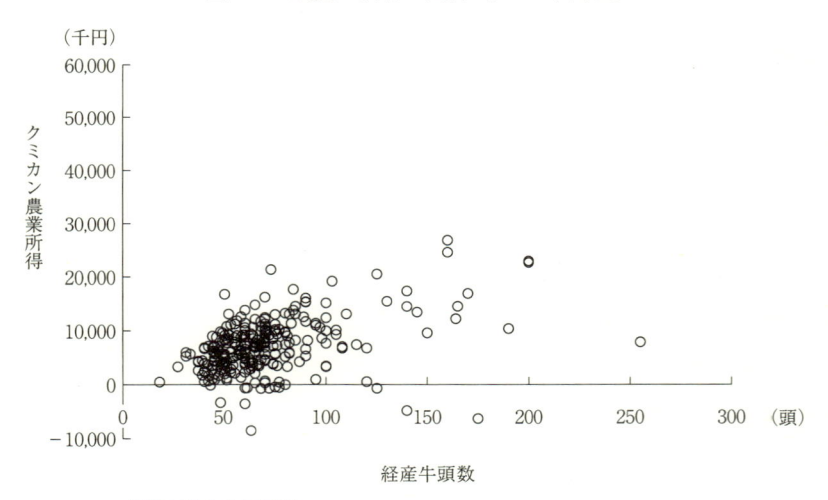

資料：図 6-1 に同じ．

図 6-2　乳価低下の影響（収入 20% 低下時）

終章　家族酪農における経営改善の方策　　　　　　　　243

収益性が低い農業者にとって，今後の乳価低下の影響は極めて甚大である．図 6-2 には，2002 年の実績（図 6-1）をもとに，費用はそのままで収入を 20％低下した結果を示している．全体的に所得は下がるが，規模の増加に対する所得増加はより小さくなる．大規模での絶対額の減少が激しい．このことは経費を上昇させても同じ結果となる．規模の大小を問わずいかに費用を低下させるかが重要な課題となっている．費用を低下させることは地域全体に共通の課題といえる．

2）経営改善の可能性

経営改善の可能性は本書全体で以下のように整理できる．

まず第 2 章で収益性の低い要因に個別農業者の作業や管理が関係していることで大きな投資を伴わずに可能なことを示した．また第 3 章では多くの農業者が分析をせずに費用節減より多頭化を優先してきたことを示した．さらに第 5 章では集団的な分析，計画，評価などによって経営改善を実現した事例を示した．これらの事実は図 6-3 に整理できる．

例えば収益性の低い A の位置にいる農業者は，これまで多頭化を進めながら農業所得を高めてきた．つまり O から A への変化になる．多頭化によ

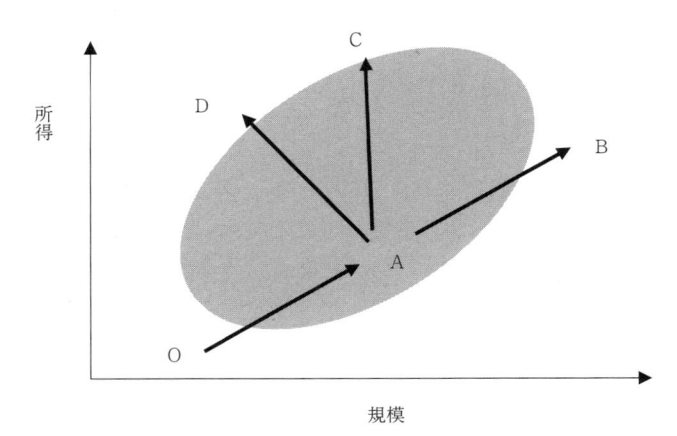

図 6-3　経営改善方向の多様性（概念図）

って農業所得が増加した経過は，自分の経験で知っている．しかし通常，全体における自分の経営の位置を知る情報は持っていない．今，乳価の低下や経費の高騰という情勢の悪化を目前にして，農業所得を高めるためには，通常はこれまでの経験を延長して「もっと多頭化しよう」と考え，AからBへの計画を立て進めることになる．これらは第3章で新酪事業で入植整備した農業者，とくに離農した農業者に見られた特徴になる．自分の過去の経営分析からのみでは，この方向は否定しにくいからである．

　しかし周辺地域の中で自分の位置を確認できる情報が得られると状況は変わる．Aの位置にいる農業者はきわめて低い効率で現在に至ったことを知る．第4章でクミカン分析シートを配布した農協での結果のように，この位置の農業者の多くは，「費用削減が必要」と自覚し得た．ただし費用削減のために作業や管理をどう変更するかという具体的な実施内容はこの分析から知ることは難しかった．このため経営改善は実現できなかった．そこで第5章の「マイペース酪農交流会」での実践のようにCやDの位置の農業者の作業や管理方法についてのきめ細かな情報が入手できると経営改善を具体的に計画し，同じ計画の下に行動する農業者との交流により，実施成果の評価や見直しが可能になる．

　この図ではAの位置の農業者は，多頭化をしなくともCのように，同じ頭数規模で農業所得を増加する可能性があり，場合によってはDのように，頭数を減らしても農業所得を高めうる．このように費用を削減して所得を増加することが，CやDの位置にいる農業者にとって困難なことは，第5章の事例で収益性の高い農業者の改善経過で示した．逆にCやDに比べるとAの位置の農業者の改善はより急速に可能と考えてよい．

　また経営分析情報の提供によって，農業者が自分の位置を知ることにより，コスト削減だけではなく，多様な戦略を考えることもできる．例えば将来の自分にふさわしい選択肢は，果たしてBなのかCなのか，あるいはDなのかを考えることができる．そして3年間でDに行き，そのノウハウをもとに5年後にはCに行く，という戦略もありうる．

規模等が欧米水準に達した今日では，経営管理を欧米水準に引き上げるためにDHIのような経営分析の情報提供が必要な時期にきている．さらに国際的に低コストなオーストラリアやニュージーランドなどで活発に行われているディスカッショングループ[1]などのように個別の農業者の経験を広く交流して効果的に経営を改善する必要性は高まっている．第5章で示した「マイペース酪農交流会」での取り組みは，日本においてこのような情報提供の体制がない条件の下で，自主的に情報を収集し，分析し，公開し，参加者を増やし，評価の客観性をより高めようとした萌芽的な取り組みと捉えることができる．

2. 意思決定への集団活動の影響

本書の課題は，酪農技術と家族経営という特性に制約された経営管理の実態を把握し，これらの特性を活かしながら進めた経営改善の経過から，今後のサポート体制を明らかにすることにあった．

1) 意思決定の項目

まず経営管理の実態は極めて複雑である．細かい点で曖昧ではあるが，あえて全体を俯瞰するため，意思決定と技術変化の過程として図6-4のように模式化した．

図中の直線矢印は意思決定の項目を示す．まず横向きの直線矢印は，各作業工程に関する決定であり，①作業の時期・量，②生産手段の購買，③中間生産物の売却の決定などになる．また縦向きの矢印は，④作業工程間のバランス調整となる．

意思決定項目の全てに対して第5章で示した「マイペース酪農交流会」の活動は影響した．放牧を導入し，穀物飼料を減らすなどの給餌工程の変更は，他の工程の意識的な変更を伴いながら進められた．繁殖成績の低下などへの影響は，継続的な交流の中で情報交換され，次第に時間を掛けて改善されて

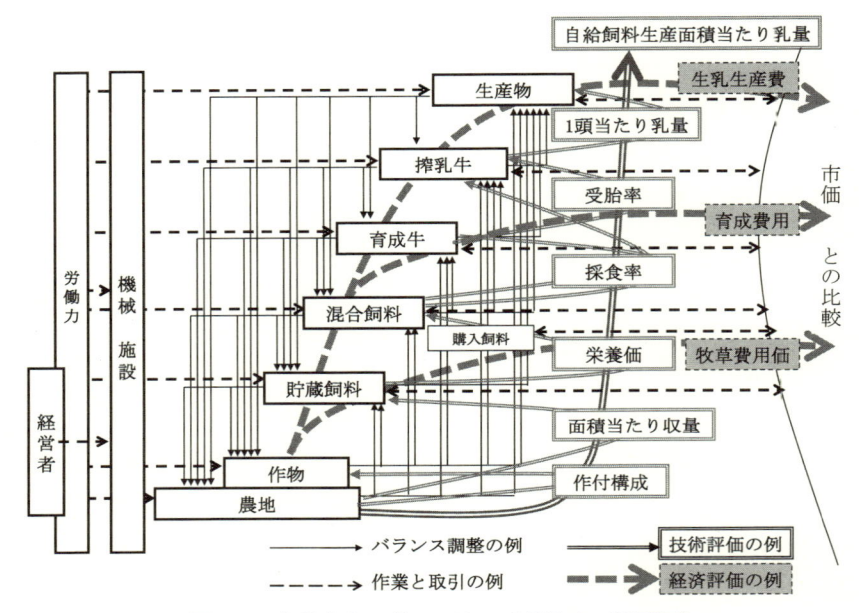

図 6-4　生乳生産工程における意思決定（概要図）

経営成果となって現れた．各自の改善前の当初の状況などに合わせて，変化する工程の順序，開始時期などの進捗状況には違いが見られた．

2）　評価基準

表 6-1 に意思決定の評価基準の難易度や正確さを示した．この評価の困難さや曖昧さは第 5 章で示した集団的な活動で，以下のように単純化されて容易になり，正確に把握された（表中（　）で示した）．

第 1 に全体について，経済的評価（①）は緻密な記帳が必要で困難だがクミカン収支の比較分析で単純化して容易にし，技術的評価（②）の困難さや曖昧さも「乳代所得率」に標準化し単純化した．

第 2 に，各生産工程では，部分的に緻密化した技術評価を中止し（④），放牧などにより生産工程を結合して経済的評価を減らし（③），単純化した．

表 6-1 意思決定の評価基準の難易度と緻密さ

	経済的評価	技術的評価
全 体	①困難で緻密 (経営収支の比較分析・公開)	②困難で曖昧 (基準の標準化)
生産工程	③困難で曖昧 (工程結合で単純化)	④容易で緻密 (緻密な技術情報の省略)

注：( ) 内は集団活動の影響．

このように評価基準に，集団的な取り組みが影響し，意思決定が適切化したことを示しうる．

3) 意思決定と技術変化の経過

意思決定と技術変化の経過は，図6-4を参考にすると大きく2つに分けることができ，それぞれに課題がある．

第1に，特定の工程の技術分析から開始して，他の工程へ波及させ，全体の成果を得ようとする場合となる．この場合の課題は，評価基準となるデータが明確で入手が容易な工程，とくに飼養管理に大きく左右されてバランスを崩しやすいことである．これに対応するには他工程の情報を次つぎに充実することが必要になる．多くの大規模開発事業では，特定工程の機械化から開始して，この経過を辿った．ただし他の工程の情報は十分には充実しなかった．

第2に，全体の経営分析から開始して，工程間のバランスを観察して，工程作業の改善に至る場合になる．「マイペース酪農交流会」ではこちらの経過を辿ったとみてよいだろう．この場合は，困難な全体の経済分析から開始し，複雑なバランス調整を経る．ここでの課題は，まず全体の経営分析の実施体制，そして工程間のバランス調整の表現についての共通認識を作ることなどとなる．そのためには少なくとも地域での集団的な分析を始めとする交流活動の育成が必要になる．

3. 経営改善への地域的な体制整備

このためには地域的に経営改善を進める体制が整備される必要がある．

1) 地域的な経営改善体制の必要性

経営改善を進めるための地域的な組織の必要性は，第3章で示した．つまり大規模開発事業に伴い，計画当初は「畜産基地管理センター」が構想されたが廃案となったこと．しかし事業の実施に並行して集団的な経営管理の取り組みが「入植者協議会」として自主的に進められたこと．これらは集団的な経営管理に農業者から高いニーズがあったことを示していた．

2) 地域的な管理組織の役割

この組織的な管理の役割は第5章で示した．まず経営分析によって経営改善の必要性を農業者が認識し，さらに実在する優良なモデルにより改善目標が明確になり，そして改善の実施成果が把握されて評価され，次の対応を明確にすることにある．

このためには，まず経営情報のデータベース化と分析および結果の公表が必要になる．さらに農業者間の交流を深める組織の設立と組織を運営する事務局体制の整備が必要になる．さらに目標となるモデルの明確化が必要となる．いわゆる「成功農家」と言った効率のよい安定した農業者の経営収支の分析や，そこに至る経過がわかりやすくまとめられなければならない．

3) 地域組織の協力と人材の育成

第4章第1節に示した「クミカン分析プログラム」を利用することなどによって，経営分析は広く可能になり，農業者の意識改善に大きな効果がある．このためにはプログラムの開発と改善を進め，農業者の意識改革に適した図表を作成し，農業者に問題点を的確に指摘できる能力が必要となる．

第5章で示した「マイペース酪農交流会」では，経営分析に加えて農業者同士の対面的な交流によって経営改善が進められた．交流の内容は毎年の報告書や毎月の通信に詳細に記録されてきた．そして交流会の討論を記録し，公開する作業は，農業者に加えて，主に獣医師，ときに大学教員，農協職員，普及員によってなされており，農業者のみでは困難な作業といえる．

これまで大規模開発が多数実施された酪農地域では，関係機関の多くの業務は，大規模な予算の伴う，新規性のあるハード事業の企画や実施が中心になっていた．新規性はないがすでに今日は地域の中にきわだって経営成果の高い農業者が実在しており，事例のように直接的に比較し，他の農業者の経営改善の参考になっている．こうした農業者を分析し，交流会を組織して運営するなどソフトな事業を，これからは地域の関係機関が共通目的として実施することが，今日強く求められている．

4. 酪農における家族経営の改善

本書では酪農経営の管理について以下の新しい知見を付加した．

第1に，酪農技術の特殊性を迂回性として明確にした．これまで酪農の多頭化は技術を飼料生産部門，飼養管理部門などに対立的に区分して一部門の拡大が他部門の拡大を「連鎖的」「不可逆的」に引き起こすと説明されてきた．本書では，迂回的な生産工程のバランス調整を適切にすることにより，ある時は頭数の減少を伴って可逆的に改善しうる実態を示した．その可能性が多くの農業者にあることを示した．

第2に，家族経営という主体を基礎にした経営改善の手法を示した．これまで家族経営による管理は，例えば「どんぶり勘定」に象徴される企業的でない曖昧さが強調された．そして企業的な経営管理を普及する重要性が強調されてきた．しかし本書では家族経営であればこそ比較分析，評価基準の標準化，実在するモデルの公開，親密な情報交流など，集団的な改善活動が可能であり効果を発揮することを示した．これらは経営収支などの個人情報を

利用する活動であり,「家族経営の柔軟性」[2]を基礎に可能な活動であると言える[3]. この「家族経営の柔軟性」は経営管理において,数値化されにくい生産工程間のバランス調整を含めた農業者集団の情報交流によって発揮されうることを示した.

注

1) 例えば,ミネソタ大学のDairy extention のホームページには,ディスカッショングループへの参加率はニュージーランドとオーストラリアでは農家の51%とされ次の紹介がある. Several years ago while on a study leave in Australia, I had the good fortune to attend a discussion group meeting at which each farmer received their annual financial and farm management analyses from the advisor. Not only did they each receive their own report, but they also had a summary of every farm in the group, and the reports were identified by name. Contrast that to our farm management groups where summary reports typically report averages and usually a top and bottom group. These Australian farmers trusted each other enough to share their specific financial and management information with the group. That trust had to be earned, but it was highly valued. (Build Your Farm a Management Advisory Team with a Dairy Discussion Group, Chuck Schwartau, Regional Extension Educator-Livestock, June 9, 2007).

2) 金沢夏樹「家族農業経営の現在」金沢夏樹編集代表『家族農業経営の底力』農林統計協会, 2003年, 7頁を参照した.

3) 諸外国においては,農業者の経営費各分析,農業者の交流組織化が多様に取り組まれてきた. アメリカにおいてDHIは広く知られている. 天間征「アメリカ酪農のDHIサービスとその機能」天間征編『酪農情報の経済学』農林統計協会, 1991年, 137-151頁を参照. イギリスについては,不十分ながら経営分析について, 吉野宣彦・朴紅・坂下明彦「ヘッジの丘を歩く―2003年2月イングランド・デボン酪農調査日記―」北海道農業研究会『北海道農業』No.30, 2003年, を参照して頂きたい. 日本においては地縁的な組織が中心となり,経営改善に関する組織についていくつか報告されている. 志賀永一『地域農業の発展と生産者組織』農林統計協会, 1994年,『地域農業研究叢書No.38 農業者の自主的研究活動を通じた経営発展』(社)北海道地域農業研究所, 2002年を参照して頂きたい.

参考文献

阿部正志「白糠マイペース酪農通信」(1994年7月10日〜1995年3月6日)
新井肇『畜産経営と農協』筑波書房，1989年
荒井道夫「なぜ搾りたいだけ搾れないのか―酪農の現実から北海道農業を考える―」日教組第37次・日高教第34次教育研究全国集会報告書
荒木和秋『世界を制覇する ニュージーランド酪農』デーリィマン社，2003年
荒木和秋「飼料生産・TMR製造協業による農場制農業への取り組み」『農―英知と進歩―』農政調査委員会，2001年
荒木和秋「マイペース酪農から日本農業を再考する」『全酪新報』1994年6月20日
荒木和秋「風土に生かされた北海道酪農を求めて 上・中・下」『現代農業』(1992年9月〜11月号)
淡路和則『経営者能力と担い手の育成』農林統計協会，1996年
石沢元勝「循環する酪農は自然の恵み―資材多投入の工業的農業からの脱却」(シリーズ低コスト酪農への招待『デーリィマン』1994年6月号，28-29頁)
磯貝保「酪農経営の現状と展開(1)〜(2)」『畜産の研究』第50巻第10〜11号，1996年
磯辺秀俊『農業経営学 改訂版』養賢堂，1984年
磯辺秀俊『新編 畜産経営学』恒星社厚生閣，1974年
磯辺秀俊『農業経営学―変革期における経営改善―』養賢堂，1971年
市川治編著『資源循環型酪農・畜産の展開条件』農林統計協会，2007年
伊藤紘一『ふたたび 酪農―自然のリズムと科学に生きる』デーリィジャパン，2008年
伊藤紘一『フリーストール』養賢堂，1989年
伊藤紘一『酪農―自然のリズムと科学に生きる』デーリィジャパン，1984年
伊藤俊夫編『北海道酪農の研究』農業総合研究所，1951年
伊藤俊夫『酪農経済論』川崎出版社，1951年
伊藤正彦「根室私の酪農交流会ニュース」(1994年6月〜1999年4月 毎月)
糸原義人『農業経営主体論』大明堂，1992年
稲本志良「『新しい農業経営』の理論的課題」日本農業経営学会『農業経営研究』第38巻第4号，2001年3月，6-14頁
井上晴丸「農業生産力の特殊性について」五味仙衛武編『昭和後期農業問題論集 生産力構造論』農文協，1984年，p5-30
岩片磯雄『有畜経営論』農文協，1982年

岩片磯雄『農業経営学通論』養賢堂, 1981 年 (17 版)
岩崎徹・牛山敬二編著『北海道農業の地帯構成と構造変動』北海道大学出版会, 2006 年
岩崎勝直「農業技術と経営技術」『農業経営学講座1』朝倉書店, 1963 年, 29-49 頁
岩元泉「家族農業経営の会計構造の特質と変貌」松田藤四郎・稲本志良編著『農業会計の新展開』農林統計協会, 28-40 頁, 2000 年
鵜川洋樹『北海道酪農の経営展開：土地利用型酪農の形成・展開・発展』農林統計協会, 2006 年
鵜川洋樹「1990 年代における根室酪農の構造変動とその要因」『北海道農業』No. 27, 2001 年, 13-22 頁
宇佐美繁「草地酪農の資本形成と生産力構造」美土路達雄・山田定市編著『地域農業の発展条件』御茶の水書房, 1985 年
宇佐見繁「広域農業開発事業と地域農業」『地方競馬益金補助事業 畜産研究会報告 8』農政調査委員会, 1980 年
宇佐美繁「北海道酪農の動向とその性格」『農業経済研究』日本農業経済学会, 第 40 巻第 4 号, 1969 年, 168 頁
宇佐美繁『規模拡大制度資金 日本の農業—明日への歩み 86』農政調査委員会, 1973 年
牛山敬二・七戸長生編著『経済構造調整下の北海道農業』北大図書刊行会, 1991 年, 279-289 頁
NHK 釧路放送局局長 目谷勝「別海町長佐野力三殿」『べつかい』No. 421, 1998 年 11 月, 別海町
「NHK ドキュメント 北海道・新酪農村の 25 年目の夏」1998 年 9 月 4 日放送
大竹秀男「低投入型放牧酪農の経営と暮らし (7) —低投入型放牧地の土壌動物—」『畜産の研究』第 55 巻第 2 号, 2001 年 3 月
大谷省三『自作農論・技術論』農山漁村文化協会, 1973 年
岡井健・吉野宣彦「家族酪農の適正規模は土・牛・人の健康が基本—大規模でも高泌乳でもないが安定・ゆとりある経営方向—」(1993 年 8 月,『デーリィマン』34-36 頁)
小河孝「北海道の風土に根ざしたゆとりある酪農—『マイペース酪農』の実践—」『日本の科学者』1994 年 2 月, 26-27 頁
荻間昇「急増するフリーストール飼養技術の特徴と課題」中沢功編『家族経営の経営戦略と発展方向』北農会, 1991 年, 129-146 頁
荻間昇「大規模開発・新酪経営の負債問題」牛山敬二・七戸長生『経済構造調整課の北海道農業』北大図書刊行会, 1990 年, 358-374 頁
大久保正彦「草地からの乳・肉生産をめざして」グラース, 第 47 巻, 2003 年, 3-8 頁
小沢国男他編『畜産経営学』文永堂, 1984 年
小野寺孝一他「『等身大』の酪農」上・中・下『北海道新聞』1998 年 4 月 7〜9 日

小野寺孝一「北海道農業21世紀を占う マイペースに酪農」『日本経済新聞』1997年10月2日

小野寺孝一・浩江「小特集 放牧でゆとりを生み出す―"昼夜放牧"楽を実感」『現代農業』1994年6月号，234-237頁

小野寺孝一・岩崎和雄「『マイペース酪農』で生き生き」農民運動全国連合会『農民』No. 33，1993年12月，56-62頁

梶井功「マイペース酪農―酪農の未来を開くか―」（農村と都市をむすぶ編集部『農村と都市をむすぶ』1994年9月号），37-46頁

梶井功編『畜産経営と土地利用 実態編』農文協，1982年

金沢夏樹『日本農業経営年報 No.2 家族農業経営の底力』農林統計協会，2003年

金沢夏樹『農業経営学講義』養賢堂，1983年

金沢夏樹編『農業経営学講座1 農業経営の体系』地球社，1978年

加用信文『農畜産物生産費論』楽游書房，1976年

河合知子『北海道酪農の生活問題』筑波書房，2005年

河上博美・干場信司他「経営的収益性及び投入化石エネルギー量による酪農場の複合的評価」『酪農学園大学紀要』第22巻第1号，1997年10月，159-164頁

神田健策「根室地域新酪農村の現状と問題点」『北海道経済』1978年8月号

神田健策「根釧原野に息吹くマイ・ペース酪農」『北方農業』1976年5月，21-26頁

菊地泰次編『農業経営学講座4 農業経営の規模・集約度論』地球社，1985年

北倉公彦『北海道酪農の発展と公的投資』筑波書房，2000年

北出博「新酪農村の建設―入植者自らの手でここまできた」『デーリィマン』1980年5月号，42頁

木村伸男「農業経営指導の今日的視点」『新 農業経営ハンドブック』1998年

木村伸男『成長農業の経営管理』日本経済評論社，1994年

釧路民間教育研究団体連絡協議会『釧民教20周年記念 灯をもやしつづけて―釧民教20年の軌跡』1983年6月5日

釧路労農大学再開準備委員会「釧路労農大学の再開をめざす学習集会ご案内」1986年1月27日

久保田学「低投入型放牧酪農の経営と暮らし（4）―低投入酪農における繁殖管理」『畜産の研究』第54巻第11号，2000年11月，1162-1167頁

久保田学「低投入酪農への転換技術」『追録第21号』農文協，2002年，技220の2-13頁

久保田学・石原毅・笠川充・清水洋道「多投入から低投入酪農への転換」『北獣会誌』第41巻，1997年，384-388頁

久保嘉治『酪総研選書 ここまでできる家族酪農経営』酪農総合研究所，2003年

黒河功編著『地域農業再編下における支援システムのあり方』農林統計協会，1997年

黒澤西蔵『国際収支と北海道開発』学校法人酪農学園酪農大学，1968年

児玉賀典『農業経営管理論』地球社，1980年
児玉賀典編『農業経営学講座 5 農業経営管理論』地球社，1980年
小林信一・黒崎尚敏・高橋武靖・並木健二・畠山尚史著『酪総研特別選書 No.68 経営支援 酪農の強力なアドバイザー』酪農総合研究所，2001年
五味仙衛武編『昭和後期農業問題論集 生産力構造論』農文協，1984年
坂下明彦「根室地域における農地移動の地域的性格」『北海道農業』No.27，2001年3月，23-34頁
崎浦誠治・鈴木省三監修『酪農大百科』デーリィマン社，1990年
櫻井守正編著『北海道酪農の経済構造―十勝における共同研究』農水省農業総合研究所，1953年
桜井豊「労働生産力と土地生産力」五味仙衛武編『昭和後期農業問題論集 生産力構造論』農文協，1984年，31-68頁
桜井豊「マイペース酪農の課題と原則」『日本酪農の活路と対策』酪農事情社，1979年，116-125頁
桜井豊『酪農政策論』農文協，1977年
桜井豊「日本酪農再興への道」『酪農事情』1976年1月号，16-18頁
桜井豊「北海道酪農再興の課題と方向」『北方農業』1975年11月，5-9頁
桜井豊「酪農確立の課題と方向」『酪農事情』1967年10月号，12-13頁
桜井豊『農業生産力論』八雲書店，1948年
佐藤衆介「低投入型放牧酪農の経営と暮らし（3）―低投入型放牧酪農の技術的課題―」『畜産の研究』第54巻第10号，2000年10月，1078-1086頁
佐野力三「町民の皆様へ」『べつかい』No，421，1998年11月，別海町
沢村東平『農場経営の意思決定』富民協会，1971年
沢村東平『農業経営ハンドブック』朝倉書店，1965年
志賀永一「自給飼料生産地帯のＴＭＲセンター」『畜産の情報（国内編）』2002年8月号，4-13頁
志賀永一『地域農業の発展と生産者組織』農林統計協会，1994年
志賀永一・黒河功「乳検情報の活用と情報内部化の諸条件」天間征『酪農情報の経済学』農林統計協会，1993年，66-87頁
志賀永一『地域農業の発展と生産者組織』農林統計協会，1994年
七戸長生『農業機械化の動態過程』亜紀書房，1974年
七戸長生編『経営発展と営農情報』農林統計協会，1990年
七戸長生・萬田富治『日本酪農の技術革新』酪農事情社，1989年
七戸長生『日本農業の経営問題』北海道大学出版会，1988年
七戸長生「北海道における大型酪農の動向と展望―とくに70年代以降の経営構造の変化を中心に―」『特別研究 日本農業の構造と展開方向研究資料 第10号』農業総合研究所，1983年，5-27頁
七戸長生「畜産における土地利用技術の展開と中心課題」中央畜産会『畜産における

土地利用の展開』1981 年，3-24 頁
七戸長生「農業経営と農業技術」吉田寛一・菊元冨雄編『農業経営学』文永堂，1980 年，22-43 頁
七戸長生「『再編成期』における農業生産力展開の特質と構造」川村琢・湯沢誠編『現代農業と市場問題』北大図書刊行会，1976 年，399-444 頁
篠原久「低投入型放牧酪農の経営と暮らし (10)―まとめにかえて―」『畜産の研究』第 55 巻第 11 号，2001 年 11 月，1155-1158 頁
篠原久「低投入型放牧酪農の経営と暮らし―生態的持続性への検証―」『畜産の研究』第 54 巻第 8 号，2000 年 8 月，845-851 頁
芝田重郎太「原野に生きる―別海町の牛飼いたち―」『あすの農村』1975 年 2 月，117-129 頁
白川雄三『農業情報システム論』中央経済社，1998 年
白糠町農業振興推進会議『ゆとりと農業と生活を築くために 平成 5～9 年 白糠農業振興計画（普及版）』1994 年
末広昭『ファミリービジネス論―後発工業化の担い手―』名古屋大学出版会，2006 年
鈴木敏正「『不足払い法』下の牛乳『過剰』の性格について」『農業経済研究』第 45 巻 1 号，1973 年，9-17 頁
鈴木敏正「農業生産力構造論の方法論的検討」安達生恒『農林業生産力論』御茶の水書房，1979 年，25-57 頁
関川宏平等「牛ちゃん教室 新酪農村に入植しての巻」『デーリィマン』1976 年 7 月号，46-47 頁
全日本農民組合連合会西春別支部「第 5 回定期総会議案」1971 年 2 月 21 日
相和宏「新酪農村の 25 年を振り返って―入植者のこれから―」北海道農業研究会『北海道農業』No. 27, 2001 年 3 月，128-147 頁
相和宏「フリーストール牛舎を創意工夫で改造する」『THE NEW FARMERS』No. 189, 農業研修生派米協会，1990 年 6 月号，11 頁
高橋昭夫「マイペース酪農を実践し 21 世紀の別海酪農を考える」『マイペース酪農交流会のご案内』2000 年 11 月 10 日
高橋昭夫「土地に根ざした酪農のすすめ」『NODE』No. 13, 1999 年，67-71 頁
高橋昭夫「人間らしい環境と農業を求めて」『月刊 社会教育』第 42 巻第 10 号，国土社，1998 年 10 月，16-25 頁
高橋昭夫「別海酪農の未来を考える学習会―マイペース酪農交流会―」(『農家の友』1994 年 6 月号，22-25 頁
高橋昭夫「マイペース酪農実践交流会の案内」(別海・西春別)（1991 年 5 月～2001 年 4 月，毎月）
高橋昭夫「牛飼いで生きぬくための学びあい」『月刊 社会教育』国土社，1990 年 6 月，34-40 頁

滝川康治「北海道酪農の糞尿問題と問われる農政」『月刊 自治研』1995年7月
田先威和夫監修『新編 畜産大事典』養賢堂，1996年
田代洋一「農業政策の再構築と地域農政」『農林業問題研究』第117号，1994年12月，144-151頁
田畑保「酪農経営の展開と農家経済構造―昭和50年代北海道酪農の展開の特質―」『農総研季報』No. 1，1989年，29-58頁
田畑保「北海道酪農の現状とその問題―根釧大規模酪農の再検討―」『農業総合研究』第30巻2号，1976年，101-132頁
田畑保「当面する酪農経営の問題を考える」『北方農業』1976年5月，17-20頁
千葉燎郎・湯沢誠編『限界地農業の展開構造』農業総合研究所，1963年
中央酪農会議『平成16年度 酪農全国基礎調査結果概要（北海道編）』2005年
坪井信廣「農業経営発展と経営管理」『新版 農業経営ハンドブック』1993年，299-315頁
天間征「農業の経営者能力に関する研究」『農業経営理論 I』農文協，1984年，173-193頁
天間征編著『酪農情報の経済学』農林統計協会，1993年
徳川直人「低投入型放牧酪農の経営と暮らし(9) ―マイペース酪農交流会の意味世界とその特質―」『畜産の研究』第55巻第5号，2001年5月，556-560頁
長尾正克など『地域農業研究叢書No. 34，根室酪農の展開過程と今後の展望』(社)北海道地域農業研究所，2001年
長尾正克，History of the Mitomo Farm: Successful Case of Low-input, Sustainable Dairying, Farming Japan, Vol. 33-4, 1999年，50-52頁
長尾正克「家畜糞尿の完結的農地還元法の効果―三友循環農法に学ぶこと―」『北農』第63巻4号，1996年10月，54-57頁
中島征夫・大泉一貫編著『経営成長と農業経営研究』農林統計協会，1996年
中春別農業協同組合『合併25周年史 東雲』2001年3月
中原准一・坂下明彦「大規模草地開発と交換分合」牛山敬二・七戸長生編著『経済構造調整下の北海道農業』北海道大学図書刊行会，1990年，313-322頁
中原准一「根室専業草地酪農地域におけるマイ・ペース型経営の展開」桜井・三田編『酪農経済の基本視角』1979年，245-279頁
中原准一「根釧原野でがんばるマイペース酪農」『あすの農村』1976年4月，43-49頁
中村静治『技術論入門』有斐閣，1977年
並河澄ほか『文部科学省検定済 高等学校農業科畜産』農文協，1993年
西村和行「低投入型放牧酪農の経営と暮らし(5～6)―低投入型経営の乳牛―マイペース酪農の有利性と乳牛改良の点で(1～2)」『畜産の研究』第54巻第12号～第55巻第1号，2000年12月～2001年1月
農文協編集部『モデル農業の崩壊』農文協，1981年

農用地開発公団『根室区域農用地開発公団事業誌 新酪農村建設の記録』1984年
農用地開発公団「根室区域経営実態についての資料」1981年11月20日
農用地開発公団『根室区域 交換分合事業誌』1981年
農林水産省『酪農及び肉用牛生産の近代化を図るための基本方針』2005年
農林水産省農林水産技術会議事務局編『日本飼養標準（1999年版）』中央畜産会，1999年7月
農林水産省農林水産技術会議事務局編『昭和農業技術発達史 第4巻 畜産編/蚕糸編』農文協，1995年
長谷部正・永木正和・松原茂昌編著『農業情報の理論と実際』農林統計協会，1996年
畠山尚史・志賀永一「企業的酪農経営の雇用調達と労務管理に関する事例研究」北海道大学農学部『農経論叢』第61巻，2005年，247-258頁
服部宗一「伝えたい 酪農家の声」『北海道新聞』1995年8月15日
浜中町酪農交流会実行委員会『牛のいる北の大地―浜中酪農交流会の記録』（1995年7月発行）
浜中町酪農を考える学習会実行委員会編『ゆとりある農業をめざして―第2回これからの酪農を考える学習会の記録―』（1994年3月）
浜中町酪農実践交流会「学習会ニュース」（1993年3月～1998年3月，毎月）
原政司・佐藤寿一「経営改善」『体系 農業百科事典』第Ⅴ巻，1965年，286-287頁
樋口昭則『農業における多目的計画法』農林統計協会，1997年
福田紀二「北の大地で自然の調和した酪農経営」全国農業経営コンサルタント協議会編『農業経営成功のアプローチ』農文協，1999年，43-52頁
藤田直聡「省力化視点から見たフリーストール・ミルキングパーラー方式の経営評価」吉田英夫編『農業技術と経営の発展』中央農業総合研究センター，2002年，137-152頁
藤田勝昭「別海町のたたかい―農業破壊のすすむ中で―」北教組第21次合同教研第22分科会資料
別海町『別海町農業振興計画―豊かでゆとりのある農業と快適な農村をめざして―』1996年3月
別海町教育研究協議会僻地教育サークル『酪農関係資料集』1979年1月26日
別海町『別海町百年史』1978年
(有)別海町酪農研修牧場「事業報告書」平成9～12各年度
別海農業協同組合「ゆめと誇りが持てる酪農生活の創造―第6次地域農業振興計画・JA経営3カ年計画」2005年
別海農業協同組合『風雪の半世紀史―未来への翔き―』1999年
別海酪農の未来を考える学習会実行委員会「私の酪農 いま・未来を語ろう 酪農交流会資料」（2001～06年）
別海酪農の未来を考える学習会実行委員会「私の酪農 いま・未来を語ろう 酪農交流会発言集」（2001～06年）

別海酪農の未来を考える学習会実行委員会「別海酪農の未来を考える学習会 報告・発言集」2000年5月7日，事務局
別海酪農の未来を考える学習会実行委員会「別海酪農の未来を考える学習会 報告・発言集」1997年5月11日，北海道教育大学釧路分校編
別海酪農の未来を考える学習会実行委員会「酪農交流学習会 資料」(1996〜2000年)
別海酪農の未来を考える学習会実行委員会『根釧の風土に生きるマイペース酪農―第8回別海酪農の未来を考える学習会の記録―』(1993年11月)
別海酪農の未来を考える学習会「第6回別海酪農の未来を考える学習会 資料」1991年4月
別海酪農の未来を考える学習会実行委員会「別海酪農の未来を考える学習会 資料 第2回〜第9回」(1986〜94年)
別海酪農研究集会「俺達の酪農をどうするか」1976年2月11日
別海酪農経営技術研究会（仮称）「酪農の技術をみがく研究会」資料，1975年
別海町労農学習会実行委員会（第5回）「第5回労農学習会 根釧酪農の未来を切り開く 牛飼いの俺達の力で混迷する酪農の打開の道を探ろう」1981年3月1日
別海労農学習会事務局「第4回労農学習会の基本的性格」
別海労農学習会事務局「バルククーラー導入意識調査」調査票，1974年1月1日現在
別海労農学習会事務局「民主的な新酪農村建設(案)」1974年
別海労農学習会「バルククーラ導入意識調査 調査票」1974年1月1日
別海労農学習会事務局（第4回）「第4回別海町労農学習会記録」1974年3月開催（文責石田）
別海労農学習会実行委員会（第4回）「第4回労農学習会 根釧酪農の未来を切り開こう 牛飼いの俺達の力で乳価を作っていこう」1974年3月
別海労農学習会事務局（第4回）「第4回別海町労農学習会資料」1974年
別海労農学習会（第3回）実行委員長丹羽宏「趣意書」1973年
別海労農学習会実行委員会（第3回）「第3回労農学習会 根釧酪農の未来を切り拓こう―牛飼いに生きる俺達の力で経営改善の途を探ろう」1973年2月11〜12日
別海労農学習会（第3回）副実行委員長小林秀雄，第3回労農学習会資料のあいさつ文
別海労農学習会事務局（第3回）「根釧酪農の自主的発展をめざして」北海道経済研究所『北海道経済』1973年5月号
別海労農学習会事務局（第3回）「第3回労農学習会 開催要領」1973年2月
別海労農学習会事務局（第3回）「第4回別海労農学習会への提言」1973年12月26日，より
別海労農学習会事務局（第3回）「根釧酪農の自主的発展をめざして」北海道経済研究所『北海道経済』1973年5月号
別海労農学習会事務局（第2回）「第3回労農学習会（中西別）への問題提起」1972

北斗星「いいたい放題 マイペース酪農に学ぶ」『デーリィマン』1985年8月号，14頁
干場信司「私的大発見」『農業施設』第26巻第3号，1995年12月，1-2頁
北海道『平成5年度農用地整備公団事業計画推進に関する調査委託事業 根室新酪農村建設事業参加農家経営実態報告書』1993年，6頁による
北海道「議題2 資料の説明内容」『54・55 新酪入植者選考』，1988年9月19日
北海道「昭和54年度及び昭和55年度根室区域公団営個別建売牧場入植者の選定について」『54・55 新酪入植者選考』1979年
北海道「根室区域公団営個別建売牧場入植者選考調書」1975，1976年度入植者分による
北海道『49・50 入植者選考』綴り，1974年
北海道開発局『根室地域広域農業開発事業開発基本計画 添付書』1974年
北海道開発局農業水産部農業計画課『広域農業開発基本調査 根室中部地域 管理センター構想策定調査報告書』1971年11月
北海道農政部酪農畜産課「新搾乳システムの普及状況について」2002年6月
北海道農政部酪農畜産課「新搾乳システムの普及状況について」2000年3月
北海道『北海道農業・農村のめざす姿』北海道，1994年
北海道農業協同組合中央会『酪農全国基礎調査結果報告書（北海道版）』1992年，34頁による
北海道農政部「酪農経営実態調査の概要」1981年
北教組根室支部別海支会「たたかいの原点―矢臼別共闘」1972年10月
北教組別海支会国民教育運動部「農業破壊にたちむかうたたかい―資料を中心に―」1971年
北教組別海支会国民教育運動部「根こそぎ破壊される農業」1971年10月
北教組釧路支部白糠支会教文部「地域に根ざした教育をどう進めるか―白糠における地域共闘と教育運動―」
マイペース酪農交流会「『風土に根ざした適正サイズ』から、ゆとりある酪農が見えてくる！―根室・釧路に広がる『マイペース酪農交流会』―」『GUIDE POST HOKKAIDO』vol. 12 SPRING 1994年，11-12頁
増田萬孝『農業経営診断の論理』養賢堂，1983年
松中照夫「土地面積あたりの乳生産という考え方」『酪農ジャーナル』2007年2月号，13-15頁
松中照夫・近藤誠司「北海道の採草地1haから期待できる乳生産量-土地面積あたりで乳生産を考える」『畜産の研究』養賢堂，第60巻，2006年，641-648頁
松野弘『北海道酪農史』北海道農政部畜産課，1964年
三国英実・佐々木忠・近藤武夫「別海町における酪農『近代化』と労農共闘」全農協労連『農村現地調査の報告』1973年，15-36頁

三島徳三「農産物需給調整の展開」美土路達雄監修『現代農産物市場論』あゆみ出版，1983年，345-380頁
三島徳三「北海道農畜産物の市場環境（中）」『北方農業』1981年2月
三塚昌男「20世紀 北の記憶」『北海道新聞』1998年6月10日付，7面を参照
三友盛行「木を植え，チーズをつくり，後継者が集う，『酪農適塾』を構想」『現代農業』2001年1月，72-75頁
三友盛行「21世紀は自然への償いで人々が生かされる時代に」全林協『現代林業』2000年12月
三友盛行『マイペース酪農―風土に生かされた適正規模の実現―』農文協，2000年
三友盛行「寒さの夏はオロオロ歩き―風土に生かされた楽しい農の生活」中国農試験『中国農業試験場畜産部60周年記念講演会記録』1999年4月
三友盛行「酪農経営の適正規模を今，一人ひとりが考える時―根室管内中標津町・三友盛行さん―」『農家の友』1994年6月号，3-5頁
三友盛行・他「私の酪農経営論と将来へ」『酪農ジャーナル』1994年1月
三友盛行「借金があるから牛が減らせないのか―風土に生かされた酪農への道案内①―」（『現代農業』1994年5月号～連載）
三友盛行「提言持続的酪農の条件とその将来」酪農学園大学エクステンションセンター『酪農ジャーナル』1994年5月号，13頁
三友盛行ほか「新春座談会 私の酪農経営論と将来への視点」酪農学園大学エクステンションセンター『酪農ジャーナル』1994年1月号，16-24頁
三友盛行「北海道・根室酪農における規模拡大の問題点と転換の方向」『デーリィマン』（1993年2～3月号）
三友盛行「自然風土に生かされた農業の実践」酪農学園大学エクステンションセンター『くらしのサイエンス』1993年，54-57頁
三友盛行「北海道・根室酪農における規模拡大の問題点と転換の方向」『デーリィマン』（1993年2～3月号）
三友盛行「酪農家訪問―北海道中標津町 三友盛行さん」酪農学園大学エクステンションセンター『酪農ジャーナル』1992年7月号
三友盛行「風土に生かされた酪農の実践―私の農業」『現代農業』（1992年12月～93年12月連載）
三友盛行「風土に生かされて―自然を信頼する農業―」『デーリィマン』1992年8～9月号
三友盛行「規模拡大の問題点と転換の方向」（第7回別海酪農の未来を考える学習会資料 1991年4月12日）
三友盛行「風土に生かされて」（第7回別海酪農の未来を考える学習会資料，1991年4月12日）
三友盛行「私の農業」（第6回，別海酪農の未来を考える学習会 資料，1991年5月26日）

三友由美子「農家チーズ」(1995 年 7 月～1999 年 10 月 5 日)
三友由美子「自然風土に生かされて」酪農学園大学エクステンションセンター『くらしのサイエンス』1992 年 9 月, 92-93 頁
美土路達雄・山田定市編著『地域農業の発展条件』御茶の水書房, 1985 年
三宅信一「地域の課題をさぐり生活を考えた釧路労農大学」釧路民間教育研究団体連絡協議会『釧民教 20 周年記念 灯火をもやしつづけて』1983 年 6 月, 49-50 頁
三宅信一「根釧の学習運動が学んだもの」『あすの農村』1975 年 8 月, 44-48 頁
三宅信一「新酪農村建設事業の現段階」1974 年 3 月 10 日, 第 4 回労農学習会レジュメ
三宅信一「酪農危機の中の学習運動」『労農の仲間』全農協労連, 1974 年 4 月号
武藤和夫「経営管理論的意思決定の方法」児玉賀典編著『農業経営学講座 5 農業経営管理論』地球社, 1980 年, 66-93 頁
武藤四郎『頑張れ!! 日本農業丸物語』1994 年
武藤四郎「酪農経営の実態」上・中・下『矢臼別通信』道東地域問題研究会, 1971 年 1 月 2 号, 3 月 3 号, 10 月 5 号
桃野作次郎編『農業経営学講座 3 農業経営要素論・組織論』地球社, 1979 年
森高哲夫「ゆとりこそ最高の幸せ」『北海道新聞』2001 年 1 月 1 日
森高哲夫「成牛 43 頭・育成 32 頭, 放牧型」農文協『農業技術百科』追録, 1999 年
森高哲夫「『農業としての酪農』を基本に考えたシステム-施設とトータルシステム—森高哲夫牧場」『デーリィマン』1993 年 8 月, 30-31 頁
森高哲夫「マイペース酪農交流会のご案内 森高宅」1993～2006 年 2 月による
矢臼別平和委員会「矢臼別演習場のたたかい—1958 年～1970 年まで—」
矢臼別平和委員会『演習場のど真ん中から』(2000 年-2007 年)
矢臼別平和委員会『矢臼別 ここにいたいのです』2001 年
八代田真人・藤芳雅人・中辻浩喜・近藤誠司・大久保正彦「草地型酪農地域の酪農家における土地利用方法と土地からの牛乳生産の関係」Grassland Science, 第 47 巻, 2001 年, 399-404 頁
山田定市編著『地域づくりと生涯学習の計画化』北大図書刊行会, 1997 年
山田定市「北海道農業と日米安保」『北海道平和学校・木曜講座』1990 年 5 月 24 日
山田定市「『新酪農村』と農民的酪農」『デーリィマン』1979 年 3 月号, 13 頁
山田定市「マイペース酪農のすすめ」『デーリィマン』1976 年 3 月号, 9 頁
山田定市「地域開発と農村整備・むらづくり」『戦後北海道農政史』北海道農業会議, 1976 年, 557-571 頁
山田定市「集送乳『合理化』のねらいと問題点」第 4 回別海町労農学習会資料, 1974 年
山田定市「『牛乳過剰』と乳業資本」『日本農業年報 第 19 集』御茶の水書房, 1970 年, 204-233 頁
山本康貴「個別経営間における生産費格差とその要因」日本農業経済学会『農業経済

研究』第66巻第3号，1994年，135-143頁
湯沢誠編『北海道農業論』日本経済評論社，1984年
吉田寛一編『農業経営学講座2 農業の企業形態』地球社，1979年
吉田忠編著『農業経営学序説』同文館出版，1977年
吉野宣和「酪農と基地の中で」北海道民間教育研究団体連絡協議会『民教』第40号，1976年3月，24-35頁
吉野宣彦「フリーストール牛舎による多頭化の効果と課題」岩崎徹・牛山敬二編著『北海道農業の地帯構成と構造変動』北海道大学出版会，2006年，388-398頁
吉野宣彦：北海道根室支庁管内の大規模酪農地帯形成の帰趨—大規模開発と農民のエネルギー—，戦後日本の食料・農業・農村編集委員会『戦後日本の食料・農業・農村 第16巻 農業経営・農村地域づくりの先駆的実績』農林統計協会，2005年，307-350頁
吉野宣彦「草地型酪農における技術の迂回化と経営管理」『酪農学園大学紀要』第30巻第1号（酪農学園大学），2005年10月，119-127頁
吉野宣彦：草地型畜産における経営調査，日本草地学会，草地科学実験・調査法22.2，日本草地学会 総ページ587，453-458頁（2004）
吉野宣彦「酪農経営における経営改善のための情報提供に関する研究—北海道・大規模酪農地帯・別海町を対象に—」『酪農学園大学紀要』28(1)，2003年10月，85-115頁
吉野宣彦・朴紅・坂下明彦「ヘッジの丘を歩く—2003年2月イングランド・デボン酪農調査日記—」北海道農業研究会『北海道農業』No.30，2003年
吉野宣彦「北海道酪農における農協情報の経営改善への利用」『農業経営研究』第40号第1巻，日本農業経営学会，2002年6月，83-86頁
吉野宣彦「『マイペース酪農交流会』の成果と経過」『地域農業研究叢書No.38』（社）北海道地域農業研究所，2002年，27-76頁
吉野宣彦「書評 三友盛行著『マイペース酪農—風土に生かされた適正規模の実現—』」北海道農業経済学会『北海道農業経済研究』2001年11月，56-59頁
吉野宣彦「低投入型放牧酪農の経営と暮らし（2）—北海道酪農専業地帯における低投入型酪農への転換過程—」『畜産の研究』第54巻第9号，2000年9月，959-964頁
吉野宣彦「酪農専業地帯における食品加工研修センターの役割」『農村生活環境施設の高度利用による地域活性化方策調査研究報告書』北海道地域農業研究所，北海道農政部委託調査，2000年3月，69-126頁
吉野宣彦「酪農経営における収益性格差の要因」『酪農学園大学紀要24 (1)』1999年10月，117-134頁
吉野宣彦「低投入持続型酪農への実践—根釧に生き抜く『マイペース酪農』の取り組み—」(日本農業経営学会『農業経営研究』第33巻第2号，1995年9月)
吉野宣彦「酪農規模拡大構造の再検討」北海道農業経済学会『北海道農業経済研究』

第4巻第2号，1995年5月
吉野宣彦「大規模酪農地帯における経営再編に関する一考察」北海道大学『農経論叢』第50号，1994年3月，205-221頁
吉野宣彦「北海道酪農の『めざす姿』を見つけるために―出口よりも入口を―」『デーリィマン』1994年6月号，22-23頁
吉野宣彦「所得拡大は多頭化と高泌乳化だけか?―求められる営農情報の体系化と経営理念の確立」『農家の友』1994年6月号，12-16頁
吉野宣彦「家族酪農の規模と展開方向」北海道中央農業試験場経営部『農業研究資料』第7号，1994年3月
吉野宣彦「収益性から見た多頭化と高泌乳化からの転換」堀内一男・荒木和秋監修『日本型酪農のデザイン』酪農学園大学エクステンションセンター，1994年3月1日，133-151頁
吉野宣彦「低投入持続型酪農経営の可能性と放牧技術の課題」北海道立中央農業試験場『農業経営研究資料』第7号，1994年3月，6-15頁
吉野宣彦「家族酪農の規模と展開方向」北海道中央農業試験場経営部『農業研究資料』第7号，1994年3月
吉野宣彦，市川治，浦谷孝義「白糠農業の構造と展開方向」北海道地域農業研究所『地域農業研究叢書』No. 13，1993年5月
吉野宣彦「規模縮小も可能性のある選択肢」『デーリィマン』1993年3月号，18-19頁
吉野宣彦「最近の北海道酪農の構造変化をどうみるか」北海道農業会議『北方農業』1992年4月，9-13頁
吉野宣彦「酪農の規模拡大と生産力の構造」牛山敬二・七戸長生編著『経済構造調整下の北海道農業』北海道大学図書刊行会，1990年，279-289頁
頼平編『農業経営学講座7 農業経営計画論』地球社，1982年
ルース・ガッソン，アンドリュー・エリングトン『ファーム・ファミリー・ビジネス―家族農業の過去・現在・未来―』筑波書房，2000年
綿織英夫「農業経営改善の考え方」綿織英夫・岩崎勝直・森秀男『農業経営学講座1』朝倉書店，1963年
渡辺兵力『新版 農業の経営学―若い営農家のために―』養賢堂，1976年
渡辺基「低投入型放牧酪農の経営と暮らし(1)―放牧型酪農経営(岩手県岩泉町中洞牧場)―」『畜産の研究』第54巻第8号，2000年8月，847-851頁
實示戸雅之「低投入型放牧酪農の経営と暮らし(8)―低投入型酪農の土と生き物：土壌と牧草，環境への影響を物質循環の視点から―」『畜産の研究』第55巻第4号，2001年4月，459-464頁
『畜産飼料新給与システム普及推進事業 平成9年海外調査報告書 英国における混合飼料及びコントラクターの普及状況』畜産技術協会，1998年
「共生の新世紀 第1部夢のあとさき1」『日本農業新聞』1997年4月1日付

「マイペース酪農交流会」りんゆう観光『カムイミンタラ』1996年9月
「明日の厚岸酪農を考える学習会」1996年2月10日
「規模縮小で所得増—道東の『マイペース酪農』」『朝日新聞』1995年7月17日夕刊
『平成4年度畜産先端技術開発調査促進事業海外調査報告書 イギリスにおける省力的酪農経営 』（社）畜産技術協会，1993年
『フリーストール・ミルキングパーラー方式導入農家 経営分析結果』北海道畜産会，1993年
「酪農崩壊招くは必至」『北海道新聞』1988年4月16日付
「夢では食えない 借金苦の新酪農村」『北海道新聞』1987年10月7日付
「牛ちゃん教室 新酪農村婦人の生活と労働の巻」『デーリィマン』1977年12月号，58頁
「原野たかく 全日本農民組合西春別支部 全日農支部結成10周年記念集会」1974年5月5日
労農ゼミ資料「バルククーラー導入問題について」1973年11月11日
第1回弟子屈労農大学習会　1973年4月22日
「マイペースで規模拡大する大神田牧場」『酪農事情』1970年7月号

あとがき

　本書は，農協の営農相談担当者，農業普及指導員，酪農を営む農業者，酪農を目ざす若い方々にとくに読んで頂きたいと思って刊行することにした．そして例えばフリーストールで高い生産乳量を上げている大規模な方も，規模が小さくても放牧によって営農を成り立たせている方にも共通するテーマを示すことをめざした．多くの農業者や関係者の情報交換のちょっとした潤滑剤になることを願って書いた．本文は平易に書いたつもりなのだが，読み直すと退屈な部分がずいぶん多い．しかし掲載した資料にはかなり貴重なものが含まれており，研究会で報告するたびに「内容はともかく，データを早く出しなさい」と，諸先輩から叱咤激励されてきた．

　本書の主張は，農業者同士の交流の必要性であり，その交流への関係機関によるサポートの必要性である．類似した地域条件で最も効果的に成果を上げている経営を探し出し，その生産方法を明確にして，農業者同士が交流して理解し合い，言葉は悪いが模倣する形で軌道を修正する．いわゆる直接比較法による経営改善の仕組みを作ることを主張した．これからの酪農のあるべき姿は，こうしたやり方で見出し，実践して行くことで次第に実現すると思われる．その交流会には，もちろん消費者が参加することもあり，酪農のあるべき姿に多くの消費者から理解が得られる必要性は高まると思われる．

　この研究を開始した理由は，酪農経営の負債累積問題に解決策を示すことにあった．酪農専業地帯に生まれ育った研究者の必修科目と素朴に信じていた．大きく前進したと実感した転機が2度あった．

　まずひとつは農協の業務データを使って経営分析をする「クミカン分析プログラム」を作成して農協で試験的に実用化できたことである．㈳北海道地域農業研究所に在職していた1994年に「酪農経営再建対策についての調査

研究」が与えられ，負債対策農家が何戸かでも立ち直る成果を期待された．離農直前の農家を訪ねて搾乳作業を見せて頂いていた時に，ある経営主から「あんたどうしたらいいと思う？」と聞かれた．その時に規模と所得の散布図（図3-14参照）を見て頂いてその農家の位置を示した．その方は「これを早く見ていたら，こんなに無駄な多頭化はしなかった」と残念そうにお話しをしてくれた．結局その方は離農した．そのころ地域との共同研究で白糠町，追分町，清水町，豊富町，八雲町，紋別市といくつもの酪農地帯で同じ分析を必要とした．また酪農学園大学へ赴任することとなり，誰もがこうした図表を即座に作成するプログラムが必要と感じた．表計算ソフトを使って作成を試みたが，他人には使えず，時間もかかった．その素人作業を見かねて，仕事の合間を縫って休みも返上してプログラミングを一手に引き受けてくれたのが高田穣さん（当時地域農業研究所研究部長）だった．そして図表は本当に即座にできるようになり，いまは農協で女性職員が全農家の分析結果を毎年プリントアウトしている．高田さんにはプログラミング勉強会の先生もして頂いたのだが，私に与えられた課題をクリアすることは難しく，さっぱり身につかなかった．その代わり，高田さんのプロ級のカラオケは，どういう訳か今もしっかり耳についている．

　もうひとつは，この散布図を作るきっかけである．年に一度の「別海酪農の未来を考える学習会」には1992年4月に初めて参加した．学習会での話題の一部に過ぎなかった「同じ頭数規模でももうかっている人もいれば，もうかっていない人もいる」という点を検証した結果が先の散布図だった．かつて新酪事業の頃に「建売牧場」と「マイペース酪農」は，将来の酪農の姿として，つまり「ゴール」として対立的に扱われた．フリーストールの建築が進んでいた90年代前半も「フリーストール」と放牧に転換した「マイペース酪農」は対立的に見えた．しかしフリーストール牛舎を利用してかつ放牧している方もおり，両者を対立させることは不可解だった．その頃に，朝にはフリーストール牛舎で，晩には放牧後のつなぎ牛舎で搾乳作業を見せて頂き，お話をうかがって歩いて回った．いずれの方からも，ていねいに施設

あとがき

と作業,経営収支,改善経過を教えて頂いた.お話しが弾んで,しばしば農協や技術普及,将来の地域農業のあり方に及び,大きな農業観の違いを感じた.そして両者が対立せずに共通話題にできることは何かを考えた.それは「収益性」であり「経営改善」だった.将来の理想的な酪農技術と酪農村のあり方は,この共通話題を基にしだいに明確になると思っている.理想像について答えを明示してはいないため,本書はよく言うと謙虚で,悪く言うともの足りない.この答えを用意するには,消費者と農業者の生活視点を加えなければならないと思っている.

したがって反省点を1つ書かなければならない.この研究のための調査を開始した頃,農家のお母さんから,「どうしてあなたはわからないのか? 私たちは利益を目的に行動してきたのではない.生き方の表現として農業をしているのだ」としかられた.調査では改善経過を経営者の戦略や戦術,企業的な費用概念などで説明するために,農業者の行動や発言を引き出そうとしていた.農業者も企業的に行動するという規範に偏った単純な先入観があった.考えてみれば私たちも日々の研究や教育の作業を,「給料を高めるためにやっている」と評価されたならば,暗澹たる気持ちになりはしないだろうか."生き方の表現",そんな豊かな言葉を多くの人が共有できるテーマが,この後のライフワークに組み込まれなければならないのだと思う.

本書は,北海道大学大学院に提出した学位論文(2007年12月)をもとにし,㈳北海道地域農業研究所の出版助成を得て世に出ることになりました.掲載した資料の調査は1992年に始まっています.ご指導などを頂いた方々はあまりに多く,ここに氏名をあげることができません.北海道大学農学部農業経済学科の諸先生と同窓の方々,北海道農業研究会のメンバー,㈳北海道地域農業研究所の方々,酪農学園大学の教職員と卒業生,各地の農協や役所など関係機関の職員の皆様,そして全国に広がるたくさんの農業者の皆様,別海町につながり住み生まれ育った皆様,本当にお世話になりました.また出版のラストスパートで日本経済評論社の皆様,とりわけ担当の清達二さん

には力強く背中を押して頂きました．この場を借りて心からお礼を申し述べさせて頂きます．かつて 17 年前には決してできなかったことが，ようやく今できるようになったことに喜びを感じ，感謝を致します．

2008 年 8 月 6 日　研究室にて

吉 野 宣 彦

初出一覧

第1章「生産技術の到達点と地域性」岩崎徹・牛山敬二編著『北海道農業の地帯構成と構造変動』北海道大学出版会，2006年，359-368頁

第2章
　第1節「規模と収益性の概要」『地域農業研究叢書』No. 34，北海道地域農業研究所 2001年3月，120-129頁
　第2節「酪農経営における収益性格差の要因」『酪農学園大学紀要24（1）』1999年10月，117-134頁

第3章
　第1節「草地型酪農における技術の迂回化と経営管理」『酪農学園大学紀要』第30巻第1号（酪農学園大学），2005年10月，119-127頁
　第2, 3節「北海道根室支庁管内の大規模酪農地帯形成の帰趨―大規模開発と農民のエネルギー―」戦後日本の食料・農業・農村編集委員会『戦後日本の食料・農業・農村 第16巻 農業経営・農村地域づくりの先駆的実績』農林統計協会，2005年，307-350頁

第4章
　第1節1．「北海道酪農における農協情報の経営改善への利用」『農業経営研究』第40巻第1号，日本農業経営学会，2002年6月，83-86頁
　第2節「酪農経営における経営改善のための情報提供に関する研究―北海道・大規模酪農地帯・別海町を対象に―」『酪農学園大学紀要』28（1），2003年10月，85-115頁

第5章「『マイペース酪農交流会』の成果と経過」『地域農業研究叢書』No. 38, （社）北海道地域農業研究所，2002年，27-76頁

上記を除く章，節は書き下ろしである．なお既出論文はすべて加筆修正した．

[著者紹介]

吉野　宣彦
（よしの　よしひこ）

酪農学園大学教授．1961年北海道に生まれ．1990年北海道大学大学院農学研究科博士課程退学．㈳北海道地域農業研究所専任研究員を経て1995年より現職．博士（農学）．主な共著に，岩崎徹・牛山敬二編著『北海道農業の地帯構成と構造変動』北海道大学出版会，2006年．戦後日本の食料・農業・農村編集委員会『戦後日本の食料・農業・農村 第16巻 農業経営・農村地域づくりの先駆的実績』農林統計協会，2005年．牛山敬二・七戸長生編著『経済構造調整下の北海道農業』北海道大学図書刊行会，1990年など．

家族酪農の経営改善
根室酪農専業地帯における実践から

［北海道地域農業研究所学術叢書⑪］

2008年8月30日　第1刷発行

定価（本体4200円＋税）

著　者　吉　野　宣　彦

発行者　栗　原　哲　也

発行所　株式会社 日本経済評論社
〒101-0051 東京都千代田区神田神保町3-2
電話 03-3230-1661／FAX 03-3265-2993
振替 00130-3-157198

装丁＊渡辺美知子　　　太平印刷社・山本製本所

落丁本・乱丁本はお取替いたします　　Printed in Japan
© YOSHINO Yoshihiko 2008
ISBN978-4-8188-2015-9

・本書の複製権・譲渡権・公衆送信権（送信可能化権を含む）は㈱日本経済評論社が保有します．

・JCLS 〈㈲日本著作出版権管理システム委託出版物〉
本書の無断複写は著作権法上での例外を除き禁じられています．複写される場合は，そのつど事前に，㈲日本著作出版権管理システム（電話 03-3817-5670，FAX03-3815-8199，e-mail：info@jcls.co.jp）の許諾を得てください．